세계의 도시를 가다 2

아시아,
아메리카,
오세아니아의
도시들

「이 도서의 국립중앙도서관 출판예정도서목록(CIP)은 서지정보유통지원시스템 홈페이지(http:/seoji.nl.go.kr)와 국가자료공동목록시스템(http://www.nl.go.kr/kolisnet)에서 이용하실 수 있습니다. (CIP제어번호: CIP2015002577)」

세계의 도시를 가다 2

국토연구원 엮음

아시아, 아메리카, 오세아니아의 도시들

CITIES OF ASIA, AMERICA & OCEANIA
PLANNERS' EYES ON CITIES OF THE WORLD

한울
아카데미

인류 역사상 처음으로 세계 인구의 절반 이상이 도시에 살게 된 21세기는 도시의 세기로 지칭된다. 하버드대학교의 글레이저 교수는 『도시의 승리』라는 책에서 도시가 인간의 가장 위대한 발명품 중의 하나라고 말한다. 도시는 경제발전의 견인차이고 창의적인 아이디어의 원천이며 주민들의 삶의 질을 좌우하는 공간이다. 각 도시는 진화하는 유기적 생명체로서 역사, 사회, 경제, 문화, 환경적 특성을 달리한다.

『세계의 도시를 가다』에서는 대륙별로 분류된 총 54개 도시를 2권에 나누어 소개한다. 각 도시가 지닌 다양한 속성을 쉽게 이해할 수 있도록 하기 위해 인위적인 분류를 피하고 해당 도시의 개성이 드러나는 제목을 부여해 그 도시를 이해하는 키워드를 제시했다.

이 책에 수록된 원고들은 국토연구원에서 발간하는 ≪월간 국토≫에 연재되었던 '세계의 도시' 원고들 중에서 선정됐다. 국토연구원에서는 '세계의 도시' 시리즈를 통해 1998년 8월 베를린을 시작으로 2012년 7월까지 167곳의 다양한 해외 도시를 소개했으며, 이 중 일부 원고를 묶어 2002년에 단행본으로 펴낸 바 있다. 2002년 이후 연재된 100여 편의 원고 중 도시계획가의 전문적 시각에서 바라본 도시를 중심으로 『세계의 도시를 가다』를 구성했다. 일부 원고가 누락된 것은 이러한 이 책의 기획의도와 맞지 않았기 때문이다.

　원고를 집필한 필자들은 모두 해당 도시에서 유학했거나 관련된 연구를 수행해 그 도시에 대한 해박한 지식을 지닌 전문가들이다. 이들의 원고는 각 필자의 경험과 애정을 바탕으로 한 삶으로서의 도시읽기라는 점에서 여행안내서나 블로그, 인터넷 카페 등에서 접할 수 있는 도시정보와는 차별화된다. 물론 일부 독자들에게는 도시계획가적 관점 자체가 딱딱하게 느껴질 수도 있겠지만 새로운 자극과 폭넓은 시야를 제공해줄 것으로 믿는다.

　이 책이 발간되기까지 많은 분들이 수고해주었다. 가장 먼저 옥고를 선뜻 내어주고 수차에 걸친 수정 요구를 흔쾌히 수용해주신 필자들께 감사드린다. 원고검토와 편집을 맡아주신 국토연구원의 김동주 부원장과 문정호 글로벌개발협력센터 소장, 천현숙 주택·토지연구본부장, 권영섭 선임연구위원, 김호정 선임연구위원, 김성수 책임연구원, 한여정 전문원께도 감사드린다. 끝으로 이 책을 흔쾌히 출간해주신 도서출판 한울 김종수 사장께 감사드린다.

국토연구원 원장 김경환

세계의 도시를 가다 1 · CONTENTS

Kazakhs

Turkey

I. 아시아

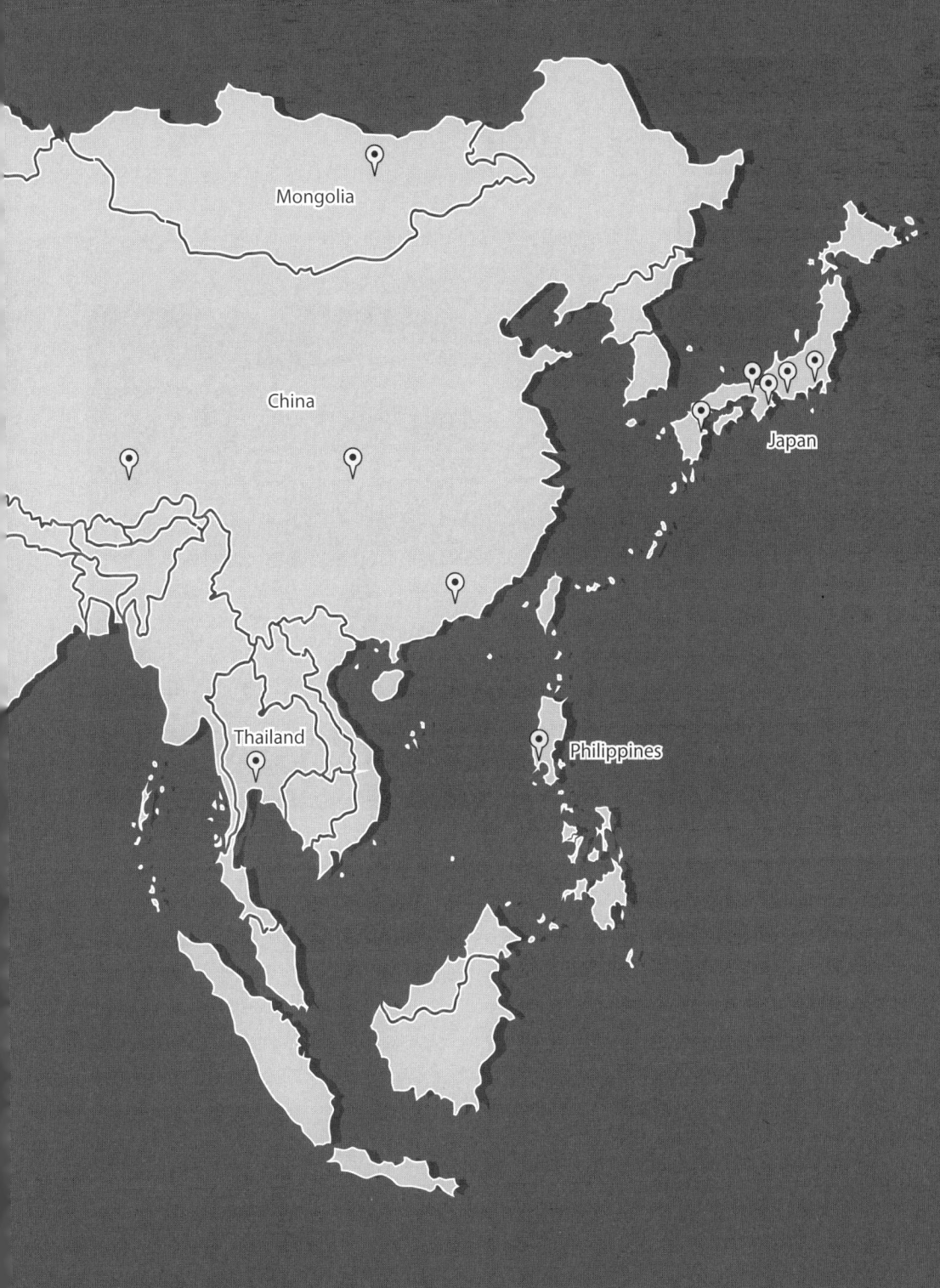

중국 개혁·개방의 교두보
광저우

Guangzhou

▌ 광저우 시 전경

광저우 시의 개황과 역사

광저우廣州 시는 중국 광둥 성廣東省의 수도이자, 중국 대륙 남부의 관문도시로 화난華南 지역의 정치, 경제, 문화 및 교통의 중심지다. 개혁개방 이후 가장 두드러지는 광저우의 도시 이미지는 중국 대륙 동남부 주장 강珠江 삼각주의 북부에 위치한 중심도시로서, 홍콩과 마카오의 자본과 기술 도입을 기초로 추진된 개혁개방정책의 중심도시이자 배후도시라는 점이다. 광저우 시는 남으로는 선전深圳과 주하이珠海 경제특구, 홍콩, 마카오와 인접하고 있으며, 도시행정구역 면적은 7434.4㎢로 서울시 면적의 12배이고 인구는 1270만 명이다.

광저우 시 일대 중국 서남부지역은 아열대 기후에 속해 연평균 기온이 20~22℃이고, 여름이 약 6개월간

(4월부터 10월까지) 지속되고 무덥다. 그러나 바람이 불고 비가 자주 내려서(연평균 강우량은 1600㎜) 찌는 듯한 더위는 없다. 겨울에도 혹독하게 추운 날이 없고 마치 봄 날씨 같은 기후다.

중국에서는 도시를 성시城市라고 부르는데 도시가 성城과 시장市으로 상징되기 때문일 것이다. 광저우는 기원전 9세기 주周나라 시기부터 현재 광저우의 '백월百粤' 사람들과 양쯔 강揚子江 중하류지역의 초楚나라 사람들 간의 거래가 있었고, '초청楚庭'이란 성城을 건립해 명실공히 성과 시장이 있는 도시로 자리 잡게 된다. 그 후 진시황 33년(기원전 214년)에는 영남嶺南을 통일해 남해군南海郡을 설립했고, 226년에는 손권孫權이 국가통치를 위해 원래의 지아오저우交州를 지아오저우와 광저우로 구분했다. 이때부터 광저우란 이름을 갖게 됐으며 1921년에는 광저우에 시정부가 설치됐다.

광저우는 양성羊城 혹은 수성穗城, 또는 사시사철 꽃이 핀다고 해서 화성花城으로도 불린다. 전설에 의하면 주조周朝 때 광저우는 해마다 흉년이 들어서 백성들이 안심하고 생활할 수 없었다. 그러던 어느 날 남쪽 하늘에서 다섯 송이 채색 구름 위에 다섯 선인이 다섯 마리의 양을 타고 이 지방에 내려왔다. 다섯 선인은 백성들에게 가져온 곡식을 나누어주며 풍년五穀豊登 永無飢荒을 기원했다. 다섯 선인이 떠난 후 다섯 마리 양은 돌로 변했는데 웨시우越秀 공원에는 이 전설을 기념하려는 후세 사람들이 '오양석상'을 세웠다고 한다. 이때 선인들이 내린 원생암석原生巖石 위에는 큰 발자국이 남겨져 있는데, 전설에 의하면 선인이 양에서 내릴 때 남긴 것으로 민간에서는 이를 '선인의 발

기이한 석조 경관을 자랑하는 렌화산(蓮花山)

자국仙人拇迹'이라고 부르고 있다. 또 다섯 선인을 기념하기 위해 이 지방을 '5양성'이라고 이름 짓고, 선인이 채색 구름에서 내린 곳에는 사당과 동상을 세워 해마다 제사를 지내고 있다. 이곳이 지금의 광저우 시 혜푸로惠福路의 우샨관이다.

위치 중국 주장 강 삼각주 북부
면적 7,434㎢
인구 12,700,800명(2011년 기준)
주요 기능 경제산업

China

Lhasa   Chengdu

Guangzhou

개 혁 개 방 의   최 전 선

중국 고대에는 두 갈래 '비단길'이 있었는데 한 갈래는 시안西安에서 시작하는 육로 '비단길'이고, 또 다른 한 갈래는 광저우에서 시작하는 해상 '비단길'이다. 한당漢唐 이래 '해상 비단길'의 출발 항구였던 광저우는 중국 역사상 제일 먼저 개방됐고, 이후 무역, 통상, 항구 기능이 폐쇄된 적이 없다.

이러한 광저우의 특성은 지금까지도 이어져 개혁개방 이후 중국정부의 각종 실험정책을 실현하는 실험장 역할을 하며 급속하게 경제가 발전하고 있으며, 이에 상응해 관련 투자환경의 개혁과 변화가 매우 활발하고 빠르게 진행되고 있다. 즉, 중국정부가 개혁개방정책을 채택한 이후 선정한 4개 경제특구 중 선전, 주하이, 산터우汕頭 3개 경제특구가 모두 광둥 성에 입지하고 있다. 그중에서도 광저우 시의 동남쪽, 홍콩으로 가는 길목에 설치한 선전 경제특구는 홍콩을 포함한 세계와의 개방적 교류와 그에 따라 추진하고 있는 각종 개혁개방정책의 실험장 및 인큐베이터 역할을 수행해왔다.

광둥 성 경제특구 설치가 결정된 중요한 계기는 1979년 4월 5일부터 28일까지 베이징에서 개최된 국무원 중앙 공작회의였다. 당시 광둥 성공산당 서기 시중쉰習仲勛은 당 중앙의 지도자들에게 "만일 광둥 성이 하나의 독립된 국가라면, 수년 내에 경제를 급성장시킬 수 있다. 그러나 현재의 체제에서는 쉽지 않다"고 보고했다. 이어서 그는 중앙정부의 권리를 지방으로 이전하고, 홍콩과 마카오에 인접한 선전과 주하이 그리고 산터우 시에 수출가공구 설립을 요

▌ 국제회의전시센터

청하는 동시에 광둥 성에 대외경제무역 활동상의 자주권을 달라고 요청했다. 회의기간 중 시중쉰은 예젠잉葉劍英의 주선으로 당시 최고지도자인 덩샤오핑鄧小平의 자택에서 덩에게 광둥 성 위원회의 구상을 보고했다. 덩은 이에 대해 지지하면서 "그게 바로 특구 아닌가? …… 단, 중앙정부는 돈이 없다. 당신들이 스스로 노력해 필사적으로 혈로를 개척하라殺出一條血路"고 격려했다.

경제특구 지정 이후, 1984년 중국 중앙정부는 광저우 시를 대외개방과 전국 과학기술 개혁 및 금융체제 개혁과 시장경제체제 개혁의 시점도시로 선정해, '특수 정책과 융통성 있는 방식'의 발전전략을 택했다. 이어서 광저우 경제기술개발구와 첨단기술산업단지, 난사南沙 경제기술개발단지, 광저우 보세구 및 수출가공단지를 설립해 본격적으로 개혁개방정책을 추진함에 따라, 광저우는 중국 개혁개방의 중심배후도시로, 그리고 화난지역의 공업과 상업무역 중심으로 발전하게 됐다.

개방적이고 활발한 광저우의 특성을 상징하는 것으로는 광저우 수출상품교역전시회(이하 광교회廣交會)를 꼽을 수 있으며, 매년 봄과 가을에 광저우에서 진행된다. 광교회는 중국에서 역사가 가장 길고 규모가 제일 크다. 상품 종류도 다양하고 참여율이 높으며 교역효과도 좋은 국제무역 교류행사라고 할 수 있다. 광교회는 47개 교역팀으로 구성돼 있으며, 무역회사, 생산기업, 과학연구단위, 외국인투자기업 및 민영기업 등을 포함한 수천 개의 기업이 참여한다. 무역방식은 전통적인 교역방식 외에 인터넷을 이용하는 등 다양하다. 광교회는 수출을 위주로 하지만 수입무역도 진행되며, 상품무역외 경제기술, 보험, 운수, 광고, 자문 등 업무에 관한 합작과 교류의 장소이기도 하다.

도 시 건 설   및   발 전 계 획

개혁개방 이후 20여 년 동안 광저우가 도시건설 분야에서 이룬 성과는 매우 크다. 광저우의 발전과 현대화를 주요 통계지표로 살펴보면 우선, 광저우의 인구는 전국의 200분의 1에 불과하나 전국 세수입의 8분의 1을 차지하고 있다. 광저우 항구는 지난 2001년 교역물동량 규모로 전 세계 10대 항구에 들었고, 광저우에 본부를 두고 있는 남방항공공사南方航空公司는 전 세계 항공업체 중 여객운송량을 기준으로 30위를 차지

┃ 광저우아시안게임 주 경기장

했다. 또한 광저우 공항은 아시아에서 가장 크고 현대화된 공항 중의 하나이고, 아시아 제1위와 세계 제2위의 회의전시센터會展中心가 광저우에 위치하고 있다. 이러한 발전추세를 기반으로 광저우는 선전 경제특구와 함께 홍콩 특별행정구와 인접하고 있는 이점을 이용해, 중국에서 가장 먼저 현대화를 실현한다는 목표를 추진 중이다.

광저우의 도시건설은 신속하게 추진, 발전하고 있다. 버스를 위주로 하고 지하철과 궤도교통을 핵심으로 하는 종합적인 도시교통 시스템이 형성됐고, 산, 강, 농지, 바다 등 자연경관을 토대로 주장 강을 따라 발전하는 다중심형과 네트워크형 도시형태를 형성하고 있다. 광저우 도시총체계획(2003~2020년)에 의하면 미래 도시계획은 선전 경제특구와 홍콩을 향해 남쪽으로는 개척·확장하고, 동쪽으로는 전진하며, 북쪽으로는 기존의 우위 기능을 더욱 강화하고, 서쪽으로는 연합시켜나간다는 전략을 기조로 하고 있다.

광저우 남부지역은 향후 광둥 성과 광저우 시의 중점 건설지역 중 하나로 꼽힌다. 지하철 1, 2, 3, 4호선과 징주京珠(베이징-주하이) 고속도로 및 룬도우侖斗-롱쉐다오龍穴島 도시쾌속도로 등을 선두로 대학도시大學城, 신도시廣州新城, 난사 임항공업단지南沙臨港工業園, 파저우 국제회의전시센터琶洲國際會展中心, 해양과학기술단지, 광저우 국제

생물섬廣州國際生物島 등의 건설에 따라 광저우 남부지역은 미래 광저우의 중심지역과 주장 강 삼각주의 새로운 경제성장기지로 발전할 것이다.

21세기 광저우의 중심업무지구CBD 건설과 도시발전이 동쪽으로 이동함에 따라 원래 도시중심부에 있던 전통산업을 황푸黃浦-신탕新塘 등 광저우 동부지역으로 이전해 제조업 위주의 도시기능을 강화하고, 광저우 경제기술개발구를 기초로 한 첨단기술산업의 발전을 추진해 동부지역을 국제적 연구개발과 산업화기지로 발전시킨다는 계획이다.

또한 북부지역은 광저우 바이윈 공항廣州白雲機場의 건설과 더불어 현대화 물류중심으로 발전시킨다는 목표다. 이 지역은 광저우의 수원지로서 주로 도시형 농업, 임야업 그리고 생태형 특성관광업을 추진해 생태보호기능을 강화하게 된다.

그리고 서부지역은 고속도로와 궤도교통 등 기반시설의 복사기능을 충분히 이용해 포산佛山, 난하이南海, 싼수이三水 등 도시와의 연결과 합작을 강화하고 광포廣佛 도시권을 형성해 지역발전을 추진할 계획이다. 아울러 서부 구시가지老城區의 내부공간을

┃ 광저우의 야경

개조해 인구와 공업을 분산시키고, 문화유산 보호를 추진하게 된다.

이와 같이 광저우는 경제중심, 문화중심 도시로 발전해 광둥 성과 중국 화난지역의 발전을 이끌고 나아가는 동남아의 현대화 대도시로 자리 잡는다는 계획이다.

광둥요리의 본고장

중국은 각 지방별로 요리에 특징이 있고 종류가 다양한데, 그 중에서도 광둥요리와 쓰촨四川요리가 유명하다. 쓰촨요리는 매운맛을, 광둥요리는 담백한 맛을 특징으로 한다. 광저우 시 중심가인 완데로文德路 입구에는, "백성은 먹는 것을 하늘로 하고, 음식은 맛을 우선으로 한다民以食爲天 食以味爲先"라고 쓰어 있다. 중국의 다른 지방 사람들 사이에서도, "먹는 것은 광저우에서吃在广州"라는 말이 있을 정도로 광저우의 음식문화는 유명하다. 광저우 사람들은 희귀한 음식과 요리를 즐기는데, 음식의 맛뿐만 아니라 색, 향, 모양 그리고 영양가치 모두를 중시한다.

광저우 사람들의 식생활 습관과 문화에 대해 "다리 네 개 달린 것 중에는 책상만 빼

| 원타이 화원

고, 하늘을 나는 것 중에서는 비행기만 빼고 모두 음식의 재료다"라는 말이 있다. 2003년에 발발한 사스^{SARS}도 광저우 사람들이 즐겨 먹는 야생 너구리의 일종인 귀지리^{果子狸}란 짐승을 요리하는 과정에서 발생했다는 설이 유력하다. 광저우 사람들이 이처럼 식생활을 즐기는 것은 이곳의 습기 찬 기후와 수렵시기부터 이어져온 생활습성 등 지리적·전통적 풍습 등과도 연관이 있다고 한다.

광저우는 중국의 4대 '불야성^{不夜城}'이라 불리는데 불야성의 형성도 식생활과 밀접하게 연관된다. 광저우의 음식문화는 그야말로 하루 24시간 끊임없이 이어진다. 찻집^{茶館}, 주점^{酒店}, 식당, 소음식점 등이 아침부터 늦은 밤, 또는 이른 새벽까지 문을 열고 있다. 중국 내 다른 지방에서는 차를 마시자고 하면 찻집에서 차를 마시는 정도를 이야기하지만, 광저우에서는 식사 혹은 밤참이 포함된다. 광저우 사람들의 하루는 보통 새벽 6시부터 시작되는 '자오차^{早茶}'에서 시작해, 오전 10시쯤 '자오차' 시간이 끝나면 곧 점심식사 시간이 시작되며, 오후 2시 이후에는 다시 '우차^{午茶}'가 시작돼 오후 5시쯤에는 가장 중요한 저녁식사 시간이 시작된다. 저녁식사 후에 다시 '시차^{夕茶}'를 마시러 가면서 젊은 세대들의 야생활^{夜生活}이 시작된다. 그리고 밤이 깊어 심야에 달하면 '밤참^{夜宵}'시간이 된다. 밤참시간은 새벽 6시까지 계속된다. 밤참이 끝나면 또 새로운 하루의 '자오차'가 시작된다. 이 같은 광저우 사람들의 24시간 식생활문화는 먹는 것을 중시하는 중국 내 다른 지방 사람들도 놀랄 정도다.

광저우의 도시문제와 향후 전망

광저우 시는 전통과 현대가 조화롭게 어울려 있다. 현대화 과정 중인 광저우는 매년 수많은 사람들을 끌어들인다. 매년 춘운^{春運} 기간(춘절 기간의 교통, 귀성인파로 인해 전국의 교통수요가 가장 많은 기간임) 광저우에서 전국 각지로 가는 기차표는 가장 구하기 어렵고, 평소에도 혼잡하기로 유명한 광저우 시내의 기차역에서는 기차표를 구하려는 사람들로 더욱더 붐비고 혼잡하다. 이처럼 광저우 시는 도시화에 따른 여러 가지 문제들에 직면하고 있다. 예를 들면 도시 치안문제와 각 지방에서 모여든 주민들의 불안정하고 빈곤한 생활상, 기타 도시유동인구 문제 등이 갈수록 심화되고 있는 실정이다.

인구의 급속한 증가는 광저우의 고용악화를 초래해 실업인구가 지속적으로 증가하고 있으며, 이에 따라 치안도 매우 불안한 편이다. 특히, 광저우역 앞은 치안문제가 가장 심각한 곳이다.

도시호구城市戶口 없이 농촌에서 도시로 이주해 건설공사장 인부나 도시 내 비공식 부문에서 날품팔이 등의 일을 하며 생계를 유지하는 농민공農民工들의 주택문제와 자녀교육문제가 가장 두드러지는 문제다. 광저우 시뿐만 아니라 중국 내 모든 대도시에서 가장 심각한 도시문제로 직면하고 있는 것이 '농민공' 문제다. 광저우 시에서도 외지인, 특별히 농민공 자녀들이 학교에 들어가려면 매년 그 학교에 적게는 수백 위안元 많게는 수천 위안을 납부해야 한다.

광저우 시가 직면하고 있는 이 같은 문제들은 정도의 차이는 있을지라도 급속한 산업화, 도시화 과정 중에 있는 중국 내 모든 도시들이 공통적으로 직면하고 있는 과제다. 개혁개방 이후 광저우 시를 중심으로 하는 주장 강 삼각주의 경제특구와 주요 도시들에서 추진돼온 개혁개방 실험의 최전선이자 중심도시에서, 이 같은 도시문제에 대해 어떠한 '중국식' 또는 '중국만의' 대처방안이 창출되고 전개될 것인가? 이 질문에 대한 대답은 중국은 물론 세계의 관심거리다. 크게 보면 주장 강 삼각주의 홍콩-선전-주하이-광저우 도시네트워크는 광역대도시권으로 기능통합과 공간구조상의 연계가 강화돼나갈 것이며, 그에 따라서 '중국식 사회주의'와 '중국식 시장경제'의 구체적인 모습과 실체도 점진적으로 형성·발전돼나갈 것이다.

• 사진 제공: 중국국가여유국

/ 조순애(중국 광저우 화남농업대학교 박사)

중국 서남부의 성장동력
청두

Chengdu

▎청두 시 진장(錦江) 구의 안순 다리(安順廊橋)(ⓒ BenBen, 위키피디아)

1992년 수교 이후 한중관계는 지속적으로 확대· 발전돼왔다. 중국은 현재 한국의 최대무역 대상국이 됐으며, 대외투자국 순위에서도 1위를 차지하고 있 다. 지리적 근접성으로 인해 많은 관광객이 중국을 방문하고 있으며, 중국인들도 일본 다음으로 한국을 많이 방문하고 있는 실정이다. 이러한 여건 변화 속 에서도 언어문제나 정보습득의 어려움 등으로 인해

유럽이나 미주의 도시에 비해 중국의 도시에 대한 소 개는 상대적으로 적은 실정이다. 향후 중국도시에 대 한 체계적인 소개와 지속적인 연구가 필요할 것으로 생각된다.

중국의 행정구역은 베이징北京, 톈진天津, 상하이 上海, 충칭重慶을 포함한 4개 직할시, 22개 성, 소수민 족이 밀집해 거주하는 5개 자치구, 홍콩香港과 마카오

Macao 등 2개 특별자치구로 이루어져 있다. 그중 청두成都는 사천요리로 유명한 쓰촨四川 성의 성도省都이며 윈난雲南 성과 구이저우貴州 성을 포함하는 서남부 지역의 대표적인 과학기술, 교역, 금융, 교통통신의 중심지라고 할 수 있다.

2300년의 역사를 가진 문화도시

비옥한 분지지형으로 이루어진 청두 평원의 중심부에 위치한 청두 시에는 오래전부터 인류가 살았던 것으로 추정되고 있다. 현재 시가지 내에서 선사시대의 고고학적 유물발굴이 진행되고 있는데, 같은 지층에서 신석기시대와 청동기시대의 무기류, 장신구, 생활용품 등의 유물이 다량 출토됐고, 매머드의 뼈와 상아도 발굴됐다. 2002년 이후 현재까지 발굴이 진행 중이나 필요한 전시공간도 확보하지 못한 실정이다. 유물들은 아직 임시로 보관 중인 상태이며 일반시민이나 관광객들에게는 공개되지 않고 있다.

청두 시의 역사기록은 약 2300년 전으로 거슬러 올라간다. 기원전 256년 이빙李氷 부자의 통치 아래 사람들은 민장 강岷江 유역에 모여 살기 시작했으며, 기원전 61년부터 이미 천연가스를 발굴해 사용했다는 역사기록이 있다. 후한시대(25~220년)에 청두는 금란金襴[1] 과 다양한 색실로 짠 주단으로 유명했다. 후한의 붕괴로 위, 촉, 오로 이루어진 삼국시대(3~4세기 초)에는 촉나라의 수도가 됐다. 현재 무후사武侯祠에는 제갈공명과 유비·관우·장비의 묘가 안치돼 있는데, 국내외 관광객들에게 유명한 관광코스가 되고 있다. 사당 내부에는 제갈공명을 모시는 상이 있고 그 뒤로 도원결의桃園結義를 맺은 유비·관우·장비의 상이 나

란히 놓여 있다.

당나라 시대(618~907년)에는 이곳으로 중국의 문학가들이 모여들었고 불교가 융성했다. 한편 당이 쇠망한 결정적 계기가 된 안사의 난[2]이 발생했을 때 현종玄宗이 이곳으로 피신한 바 있으며, 중국을 대표하는 시인 두보杜甫도 난을 피해 이곳에서 초당을 지어 생활했다고 한다. 두보가 기거하던 집터가 발굴돼 복원된 상태이며 현재는 유명한 관광코스가 됐다. 복원된 건물에는 중국의 시대별, 사회계층별 복장의 특성을 알 수 있는 의복들이 전시돼 있다. 한편 송나라 시대(960~1279년)에는 제지와 인쇄기술이 번성했고, 원나라 시대(1271~1368년)부터 이미 서남부지역의 정치, 경제, 군사, 문화의 중심지로 자리 잡았다.

위치 중국 쓰촨 성
면적 12,390㎢
인구 14,047,625명(2010년 기준)
주요 기능 경제산업

제갈공명과 유비·관우·장비의 묘가 안치된 무후사(왼쪽)와 중국의 대표시인 두보 초상(오른쪽)

도 시 현 황 과 경 제 성 장

중국의 도시는 일반적으로 중심도시와 주변의 농촌지역을 포함하는 하나의 도농통합시를 행정구역으로 설정하고 있는데, 청두 시의 경우도 예외는 아니다. 청두 시 행정구역은 중심지역에 9개의 구區가 있고, 주변지역에 4개 시市와 6개 현縣이 있다. 전체 면적은 1만 2390㎢로서 수도권 면적 1만 1730㎢보다 약간 큰 수준이며, 시가화된 도시 면적은 438㎢다. 2005년 현재 1082만 명의 인구가 등록돼 있으며, 도시화율은 59.9% 수준이다. 또한 비농업종사인구가 전체 인구의 약 절반 수준인 544만 명이다.

청두 시는 중국 내륙 깊숙이 자리 잡고 있고 상하이, 베이징, 선양瀋陽 등 중국 내 주요 도시에 비해 거리도 상대적으로 멀어 우리에게는 비교적 생소한 도시였다. 그러나 2001년부터는 아시아나항공의 직항노선이 개설돼 현재 주 5회 운항되고 있으며 비행시간도 약 3시간 30분에 불과해 한국의 관광객도 매년 조금씩 증가하는 추세다. 2005년을 기준으로 연간 약 6300만 명의 중국인과 50만 명

청두의 고층빌딩(자료: 중국국가여유국)

의 외국인이 방문해 1억 8000만 달러의 관광수익을 기록했다.

청두 시는 중국 내에서도 접근성이 상대적으로 낮은 지역이었으나 현재는 중국 서남부의 물류중심도시에 걸맞은 양호한 교통체계를 가지고 있다. 시내에서 약 20㎞ 떨어진 쌍류双流 국제공항은 중국에서 여섯 번째로 이용객이 많은 공항이다. 현재 중국 내 약 70개 도시의 공항과 연결되고 있으며, 20개 이상의 해외 도시와도 직접 연결되고 있다. 또한 중국의 주요 지점을 연결하는 6개의 고속도로가 청두 시를 통과하고 있으며, 쓰촨 성의 주요 지점을 연결하는 8개의 고속도로망이 완성됐다. 도시 내부에는 1만 6676㎞의 간선도로망이 구축됐고, 이중 438㎞는 고속도로다. 전체적으로 대도시의 전형적인 교통망 형태인 환상방사형 도로망체계를 갖추고 있는데 3차 외곽순환선이 완성돼 도시 내 주요 지점까지 1시간 이내에 도달할 수 있다고 한다.

▌ 진리(錦里) 거리의 야경(자료: 중국국가여유국)

성장의 동력 국가산업지역

중국의 다른 도시들처럼 가장 중점을 두고 있는 분야는 경제발전으로서 2005년 현재 1인당 국내총생산GDP이 2768달러까지 증가했다. 외자유치를 위한 투자환경을 지속적으로 개선하면서 2005년 말까지 3455개의 외국계 기업에 대한 투자유치에 성공했다. 현재 세계 500대 기업 중 100개 기업의 지사가 청두 시에 있다. 직접 투자유치에 성공한 규모는 14억 5000만 달러로서 이미 5억 5000만 달러가 투자된 실정이다.

현재처럼 해외자본과 다국적 기업의 투자유치에 성공하고 급속한 경제성장을 달성할 수 있었던 결정적 요인은 우리의 공업단지와 유사한 산업지역을 지정하고 개발한 결과라고 할 수 있다. 투자효율성을 높이기 위해 과거 지정된 116개의 개발지역을 21개 산업지역으로 통합했는데, 그중 청두첨단산업개발지역과 청두경제기술개발지역은 국가산업지구로 건설되고 있다.

먼저 청두 시의 남부지역과 서부지역에 위치한 청두첨단산업개발지역의 개발규모는 82㎢에 달하는데, 충남 연기·공주에 건설하고자 하는 행정중심복합도시보다 큰 규모다. 개발지역은 유치 업종과 공간적 특성에 따라 다시 남부와 서부로 세분된다. 남부지역은 도시계획을 통해 청두 시의 부도심지역으로 육성하고자 하는 지역으로서 면적은 47㎢다. 주력 업종은 과학기술 분야로서 이와 관련된 업종의 인큐베이터로 육성되고 있다. 서부지역은 국제 제조업의 중심기지로 개발하고 있다. 전자정보산업과 중국의 전통의료산업을 육성하기 위한 공간으로서 개발면적은 35㎢다. 총 32억 8000만 달러가 투자돼 600개 이상의 외국기업이 유치됐으며, 특히 미쓰비시, 코닝과 같은 세계 500대 기업 가운데 18개 기업이 이 지역에 유치됐다. 약 4억 5000만 달러의 외국자본이 투입됐고 2005년 3억 7000만 달러의 해외수출이 이루어졌다.

청두 시의 동쪽에는 청두경제기술개발지역이 건설되고 있다. 총면적은 26㎢로 해외수출용 과학기술제품을 생산하는 데 초점을 맞추고 있다. 20개국으로부터 500개 이상의 기업이 입주해 기계류, 건축자재, 의료기기제품 등을 생산하고 있다.

2006년 사회·경제발전 지표

2005년 대비 2006년에 도달하고자 한 사회·경제 부문의 성장 관련 지표는 한국에서 경제성장이 최고조에 달하던 시기의 목표치와 유사했다. 전년 대비 GDP 증가율 12% 이상, 수출입 증가율 18% 이상, 소매업 증가액 13% 이상 등 비약적인 경제성장을 목표로 하며 가족계획의 지속적 추진을 통해 인구증가는 0.3%로 억제한다는 것이었다.

도시의 역동성은 시가지 내에서 쉽게 찾아볼 수 있다. 시가지 내부에서 가로망 정비나 재개발사업 등이 활발히 진행되고 있다. 한편 급속한 경제성장을 달성하기 위해 산업클러스터 개발방식이 추진되고 있다. 청두첨단산업개발지역에는 집적회로, 소프트웨어, 의료산업클러스터를 추진하고 있으며, 청두경제기술개발지역에서는 자동차제조 및 우주산업클러스터가 추진되고 있다. 이외에도 다른 19개의 산업지역에 대해서는 항공클러스터, 금속클러스터, 가구클러스터 등 산업별 클러스터가 추진되고 있다.

〈표〉 청두 시의 2006년 사회·경제지표

지표		목표치	최대치
GDP 증가율		12% 이상	13%
신규 고용규모/실업률		10만 명/4% 이하	
소비자물가 상승률		3% 내외	
총 수출입 증가율		18% 이상	20%
수출증가율		20% 이상	25%
외국인 투자 증가율		30% 이상	40%
고정자산에 대한 투자액		20% 이상	26%
소매업 증가액		13% 이상	13.5%
지방세수 증가율		14% 이상	16%
1인당 가처분소득 증가율	도시	8% 이상	
	농촌	8.5% 이상	
도시화지역 면적 증가율		1% 이상	
인구증가율		0.3% 이하	

산업지역 내에 위치한 개별 기업에 대해서는 기업규모와 특성에 따른 차별화된 전략을 요구하고 있다. 독자적인 기술개발 능력을 갖춘 대기업에 대해서는 독자적인 브랜드를 가진 제품을 생산하고 브랜드의 가치와 지명도를 높일 수 있는 방안을 찾도록 요구하고 있다. 중소기업에 대해서는 '집중', '정밀', '전문화', '혁신'의 개발모델을 따르도록 요구하고 있다.

이중도시 청두

고도경제성장을 지속하고 있는 청두 시가 직면한 가장 심각한 문제는 지역별·직업별·산업부문별 소득격차다. 도시 내에서도 중심지역과 주변의 농촌지역, 도시민과 농민, 2·3차 산업과 1차 산업 간의 생산성 격차가 계속 심화되고 있다.

2005년 현재 청두 시의 1인당 평균 GDP는 2768달러다. 그러나 청두첨단산업개발지역에 근무하는 사람들의 소득은 시 평균보다 약 3.5배나 높은 9661달러 수준이다. 도시지역에 해당되는 1차순환선지역에 거주하는 시민들의 소득도 평균보다 약 2배 높은 5548달러다. 2차순환선지역에 거주하는 시민들의 소득은 시 평균의 93%인 2572달러이다. 한편 농촌지역에 해당되는 3차순환선지역에 거주하는 시민들의 소득은 시 평균의 45%에 불과한 1252달러다. 소득수준이 가장 높은 청두첨단산업개발지역과 가장 낮은 3차순환선지역 주민과의 소득격차는 약 7.7배에 달하는 실정이다.

미래를 위한 준비

중국은 한국이 1960년대부터 시행한 바 있는 경제개발 5개년 계획과 유사한 경제 5개년 계획을 정부수립 이후인 1953년부터 꾸준히 추진해오고 있다. 2006년부터 2010년을 목표 연도로 한 11차 경제 5개년 계획이 추진됐으며, 이 기간 동

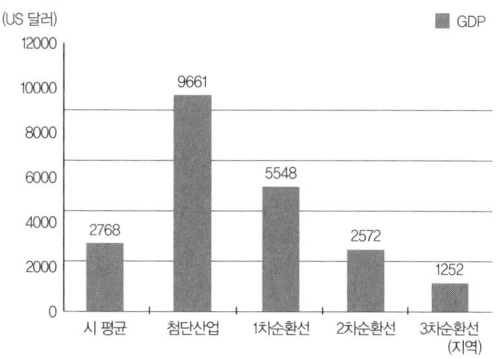

〈그림〉 지역별 1인당 GDP

| 청두의 찻집(자료: 중국국가여유국)

안 현재의 높은 경제성장추세를 지속하고 경제성장의 질적 수준을 개선하기 위해 다양한 목표를 설정해 추진했다. 첫째, 2010년까지 연평균 12%에 달하는 경제성장을 달성한다. 둘째, 산업구조를 개편한다. 2005년 지역총생산액을 기준으로 1차, 2차, 3차 산업의 구성비가 7.7%, 42.5%, 49.8% 수준인데 2010년까지 1차 산업의 비중을 줄이고 2차 산업의 비중을 늘린 5%, 45%, 50% 구조로 바꾼다는 것이었다. 셋째, 현재 전체 인구의 절반에 해당하는 농업종사인구를 2010년까지 30%로 줄인다. 넷째, 1만 위안의 상품을 생산하는 데 필요한 에너지소비량을 현재 수준보다 20%까지 감축한다. 마지막으로 지방세수의 증가율을 경제성장률보다 높게 유지한다는 것이었다

　이러한 목표를 달성하기 위한 개발방향을 살펴보면 우선 기업들이 창업할 수 있는 환경을 최적화하는 것이다. 행정기관, 국영기업, 투자, 재정, 금융, 과학, 기술, 교육, 문화, 보건, 사회보장 등과 관련된 분야에서 개혁을 가속화했다. 정부부문에서는 도시와 농촌지역의 통합에 필요한 수요를 충족시키기 위해 정부부문의 표준화와 서비스의 개선을 촉진했다. 국내외 시장개방을 촉진하고 수출 지향적 경제기반을 강화하도록 했다. 또한 청두 시의 총생산에서 비정부부문의 차지하는 경제생산량을 60% 이상으로

확대할 예정이었다.

생활환경을 개선하기 위해 수질 및 대기 오염의 통합적 관리, 구시가지 재개발과 신시가지 개발이 동시에 추진됐다. 2010년까지 생활쓰레기가 완벽히 처리되고 하수의 90%가 정화 처리되며, 조림사업을 통해 전체면적의 38%를 녹지공간으로 조성하고자 했다. 또한 정보서비스시스템을 구축하고 치안을 강화하며 산업재해를 줄인다는 것이었다.

도시정책 및 도시계획 차원에서는 청두 시의 중심지역과 주변지역, 도시와 농촌 간의 심각한 지역불균형 문제를 해소하기 위한 도시개발사업이 진행됐다. 중심지역에 해당하는 5개 구를 제외한 4개 구, 4개 시, 6개 현을 포함한 14개 행정구역을 대상으로 중심지의 도시기능을 강화하기 위한 전략이 추구됐다. 그 가운데 중심지역을 기준으로 방사형의 성장 축을 따라 4개의 중규모 신도시를 건설하는 계획이 포함됐다. 또한 특성화된 지역개발을 촉진하기 위한 30개 핵심도시key town에 대한 개발계획도 진행됐다.

/ 이왕건(국토연구원 선임연구위원)

| 주 |

1 금란은 브로케이드(brocade)의 일종으로 무늬를 도드라지게 짠 옷감을 말한다.

2 당나라 때인 755~763년 안녹산(安祿山)과 사사명(史思明)이 주동해 일으킨 반란을 이른다.

| 참 고 문 헌 |

• Chengdu Development Planning Commission. 2006. 2005-2006 Economic and Social Overview of Chengdu.

• Ge Honglin. 2006. Uplift Urban Competitiveness by Rural-urban Integration. *The 3rd International Forum on Urban Competitiveness*. Chengdu, China.

만다라를 형상화한 도시
라싸

라싸 전경

발을 내딛기 쉽지 않은 곳

필자가 티베트의 중심도시 라싸拉薩를 방문한 것은 2004년 가을의 일이다. 라싸는 1950년 중국의 티베트 무력침공 이후 외부에 그 모습이 잘 알려지지 않다가 1980년대 들어서 중국의 경제난 타개를 위한 개방정책과 더불어 대외적으로 알려지기 시작했다.

필자가 라싸를 방문할 때만 해도 외국인들에게 티베트 여행은 그리 자유로운 편이 아니었다. 티베트는 지리 및 기후적 조건 때문에 중국에서 유일하게 기차와 수로가 통과할 수 없는 지역이었다. 따라서 당시 라싸를 방문하기 위해서는 육로와 항공수단을 이용하는 방법밖에 없었는데, 해외에서 라싸로 들어가는 항공권을 직접 구입하는 것 또한 쉽지 않았다.[1] 물론 라싸공항에 중국 국내선만 운행돼 국제선을 통

▌히말라야를 배경으로 자리 잡은 티베트인들의 거주 천막들

해 해외에서 바로 입국하는 것이 불가능하다는 점도
있었지만, 보다 근본적인 이유는 티베트를 여행하기
위해서는 중국 공안公安에서 발행하는 소위 '여행허가
증'을 소지하고 있어야 했기 때문이다. 다시 말해 중
국 대륙 내에서도 여행허가증을 발급받아야만 라싸
로 들어가는 중국 국내선 항공권의 발권이 가능했던
것이다.

하지만 라싸 여행은 이 같은 조건만 갖추었다고 해
서 모두 해결되는 것은 아니었다. '고산병高山病'이라
는 또 다른 장애물이 도사리고 있기 때문이다. 고산병
증세는 감기와 비슷해 몸에 열이 나고 머리가 심하게
아프기 때문에 현지 사람들은 '고원감기高原感冒'라고
도 부른다. 티베트 사람들은 고산병을 종교지도자나
위정자의 약속에 의해 이방인에게 내려지는 천벌로
믿고 있다고 하니, 외지 사람들이 이 고원에 찾아와
활동하는 것이 얼마나 어려운 일인지 짐작할 수 있다.

위치 중국 시짱 자치구
면적 523㎢
인구 210,000명(2009년 기준)
주요 기능 역사·문화

China

Lhasa
◉

Chengdu

Guangzhou

세계의 지붕에 위치한 도시

히말라야 너머에 있는 티베트 고원은 아직까지도 인간이 쉽게 정복할 수 있는 곳이 아니다. 그렇기 때문에 사람들은 이곳을 '설역고원雪域高原', 또는 지구의 남극·북극에 이어 '제3극極'이라고 부른다. 티베트의 중심도시인 라싸는 이러한 설역고원에 위치하고 있다. 해발 3650m에 달하는 높은 곳에 위치하고 있는 라싸는 일반인들에게는 빨리 걷는 것만으로도 숨이 차오르는 곳이다. 하지만 티베트 전체의 평균 해발고도가 4000m가 넘는다는 점을 감안한다면 상대적으로 낮은 곳에 위치하고 있고 기후 또한 비교적 온화해 티베트인들에게는 예로부터 활동하기에 적합한 곳이었으리라 생각된다. 또한 대부분이 인간이 살아가기에는 부적합한 사막과 고원으로 이루어진 척박한 티베트 고원지역 내에서 야루짱부장雅魯藏布 강이 도시의 아래쪽으로 흐르고 주변에 기름진 농토가 넓게 펼쳐져 있는 라싸는 티베트의 중심으로 성장하기에 안성맞춤이었

┃ 포탈라궁 전경

던 것이다.

라싸는 남북 8㎞, 동서 60㎞ 규모의 직사각형의 분지로 이루어져 있다. 북쪽에는 단라 산맥이 동서로 뻗어 있고, 남쪽에는 온골리 산맥이 동서로 지나가고 있는데 그 가운데를 야루쩡부장 강의 지류인 라싸 강拉薩河이 흐르고 있다. 그 강의 북쪽 기슭에는 붉은 산이라는 뜻의 마르뽀리紅山가 솟아 있고, 그 정상에는 뒤에서 설명할 달라이 라마의 궁전 '포탈라궁布達拉宮'이 위치해 있다.

라싸는 7개 현縣과 1개 구區의 행정구역으로 나뉘어 있다. 총면적은 3만㎢ 정도로 한국의 경상남·북도를 합한 면적과 비슷하다. 이중 도시면적은 523㎢로 대전광역시 행정구역 크기 정도이다. 중국정부의 공식적인 통계에 따르면 라싸의 총인구는 2009년 말 약 52만 명 정도가 되며 그중 약 21만 명이 도시에 거주하고 있다고 추정된다.

정신적인 것이 물질적인 것에 우선한다

라싸에는 인구의 대부분을 차지하고 있는 티베트인Tibetan 외에도 한족漢族, 회족回族 등 30개 민족이 거주하고 있다. 하지만 중국 본토에서 티베트로 이주한 한족들이 주요 행정직 및 상업, 주요 국유기업 부분을 차지하고 있고 티베트인들은 여전히 낙농업, 목축업, 농업 등에 종사하고 있어 민족 간에 경제적 불평등이 심화되고 있는 상황이다. 실제로 라싸의 중심상업거리에서 외국 관광객들을 상대로 하는 음식숙박업이나 관광용품 등을 판매하는 상인들을 보면 대부분 전통 티베트인이 아닌 한족임을 확인할 수 있었다. 중국정부에서도 이러한 점을 문제로 인식하고 티베트인들에게 기초교육 및 경제적인 지원을 해주고 있지만, 돈을 벌면 성지순례, 헌금, 사원건축 등에 소비하는 티베트인들의 신앙적·문화적 행태에는 한계를 보일 수밖에 없다. 이는 경제적 이익이나 물질적 풍요보다는 종교적 가치나 정신적 만족을 추구하는 티베트인들의 가치관 때문일 것이다.

한때 화려했으나 지금은 슬픔을 간직한 도시

라싸는 1300년이 넘는 역사를 지닌 티베트의 고도古都이다. 630년 토번吐蕃 왕조 최대의 영웅인 제33대 송짼감뽀松贊千布가 도읍으로 정한 이래로 현재까지 티베트의 중심도시로서 그 운명을 같이하고 있다.

라싸는 예전에 '러싸惹藏'라고 불렸다고 하는데 티베트어로 러惹는 산양山羊, 싸藏는 땅土을 뜻한다. 대대로 전해 내려오는 이야기에 의하면, 7세기에 당나라 문성공주가 토번으로 시집을 갈 당시만 해도 이곳은 잡초만 무성한 황폐한 땅이었고 호수가 많은 곳이었다고 한다. 이후에 다자오사大昭寺(죠캉) 사원과 샤오자오사小昭寺 사원을 세우기 위해 산양을 이용해 흙을 나르고 제방을 쌓았다고 한다. 절이 완성된 후 포교승과 예불을 드리러 오는 승려가 계속 늘어났고, 투프낭 주변을 둘러싸고 많은 여관과 가옥이 생겨났으며, 투프낭을 중심으로 구도시의 형태가 최초로 형성됐다고 한다. 토번제국은 당나라와 어깨를 견줄 만큼 강한 국력을 가지고 있었다. 그 여러 가지 증거 중에 하나인 '장경회맹비長慶會盟碑'가 죠캉 사원 앞에 서 있다. 당과 토번은 무려 142차례나 사신들이 오가고 전후 일곱 차례나 동맹을 맺게 되는데 그중 이것이 마지막 조약인 것이다. 약 3m에 달하는 이 비석에는 티베트 문자와 한문으로 그 내용이 적혀 있는데 두 나라의 경계를 정하고 앞으로 평화롭게 지내자는 것이 대략의 내용이다.

그 후 토번은 내부적인 갈등으로 인해 역사상에서 그 자취를 감추게 된다. 토번제국 이후 약 800년이 지난 17세기에 이르러서야 티베트 민족은 다시 통일을 이루는데, 불교 종파 중 하나인 '거루파格魯派'가 몽골제국에 의해 '달라이'라는 호칭을 하사받고 제5대 달라이 라마를 법왕으로 하는 법왕제 정권을 출범시킨다.

20세기 초에는 영국의 침략으로 포탈라궁을 영국군에게 내주게 된다. 이후 1906년에는 영국·청·티베트 간에 3국조약이 체결되고, 1907년과 1910년에는 제13대 달라이 라마가 각각 베이징과 인도로 망명길에 오르는 수난의 시대를 겪는다. 이런 와중에 1933년 제13대 달라이 라마가 입적하게 돼 티베트는 주인 없는 민족으로 전락하게 된다. 다행이 1939년 새 달라이 라마의 후보자가 칭하이青海 성의 황중현湟中縣에서 발견돼 라싸에 도착하게 되는데, 그가 바로 우리에게 잘 알려진 현 제14대 달라이 라마인 텐진 갸초Tenzin Gyatso다. 그러나 티베트의 비운은 여기에서 끝나지 않는다.

1949년 국공내전國公內戰에서 승리한 마오쩌둥毛澤東은 사회주의 혁명에 성공하게 돼 중화인민공화국을 건설하게 됐으나 여러 가지 고민거리가 남아 있는 상황이었다. 그중 하나가 그동안 전쟁을 치르기 위해 동원됐던 잉여병력의 처리문제였는데, 고민 끝에 선택한 정책이 바로 티베트 침공과 6·25 한국전쟁에 대규모 병력을 투입하는 것 이었다. 결국 1950년에 중국은 인민해방군을 앞세워 무력으로 티베트를 침략하고, 티 베트인들은 약 열흘 만에 수도 라싸까지 내주게 된다. 다음 해 중국은 티베트와 '17개 항의 협정關於和平解放西藏辦法的協議'을 체결하게 된다.

1959년 티베트 정부 및 지배 엘리트들이 중국의 '대약진운동大躍進運動' 시기의 억 압적인 소수민족 정책에 대한 불만으로 무력운동을 일으켰으나 무참히 진압되고 만 다. 그로 인해 같은 해 3월 현 달라이 라마가 7만여 명의 추종자를 이끌고 인도로 망명 하게 되는 사건이 발생한다. 그 후 중국정부는 소위 '민주개혁'이라는 이름으로 티베 트를 개조시키려 하는데 1960년까지 군인을 동원해 라싸와 그 근교의 승려 8만 7000 명, 불교도 8000여 명을 처형하고, 6000여 개의 티베트 사원을 파괴함과 동시에 그곳 을 돼지우리와 마구간, 감옥 등으로 사용했다고 한다.

1965년에 이르러 중국정부는 소수민족 중 가장 늦게 티베트 지역에 자치구西藏自治 區를 건립한다. 지금 중국에서는 티베트를 '시짱西藏', 티베트인을 '짱쭈藏族'라 부르고 있다. 그러나 1966년부터 10년간 지속된 문화대혁명 기간 중에 티베트의 사원과 승려 들은 또 한 번의 고통을 받게 되며, 이는 1980년대 초까지 계속된다.

만 다 라 를 상 징 하 는 라 싸 의 도 시 구 조

라싸는 포탈라궁과 죠캉 사원, 샤오자오사 사원을 중심으로 만다라曼茶羅의 형식으 로 배열돼 있다. '만다라'는 원래 인도에서 땅에다 구획을 정해 단을 쌓고 불보살에게 공양을 올리는 것이 발전돼, 우주의 형상과 깨달음을 평면 위에 도형화한 그림으로 주 로 원圓의 형태로 돼 있다. 안쪽의 작은 꼬라廓兒(원이라는 뜻)에 해당하는 '낭꼬라'는 각기 포탈라궁과 사원 내부만을 한 바퀴 도는 것을 의미하고, 중간 원인 '파꼬라'는 포 탈라궁과 사원의 바깥담을 도는 것이며, 가장 큰 원인 '링꼬라'는 포탈라궁, 죠캉 사원, 샤오자오사 사원을 포함해 라싸 전체를 크게 도는 것을 말한다. 참고로 '꼬라'란 '정화

┃ 라싸 시내 거리

론'에서 기인한 것으로 한 바퀴를 돌면 사소한 죄가 소멸되고, 세 바퀴를 돌면 이번 생의 업
業(Karma)이 소멸된다고 한다. 다시 말해 라싸는 '만다라'를 땅 위에 실현시킨 도시인 것
이다.

　라싸는 티베트어로 '신의 땅聖地', '부처의 땅佛地'이라는 뜻이다. 그 이름에 걸맞게
라싸에는 많은 불교 관련 사원과 유적이 남아 있다. 그중 하나가 달라이 라마가 티베
트를 통치하면서 거주하던 궁전 포탈라궁이다. 포탈라궁에는 수많은 경전이 있으며,
수많은 라마승이 수도하며 그 옛날의 영화를 되살리기 위한 기도를 하고 있다. 또한
한 손에 마니차Mani Wheel(라마교의 두루마리 경전을 넣어둔 법구)를 들고 궁 주위의 꼬라
를 돌면서 오체투지五體投地를 하는 수많은 티베트인이 있다.

　원래 범어梵語로 '포탈'은 배, '라'는 항구를 뜻하는데, 포탈라궁을 보면 전체 모양
이 붉고 흰 돛을 단 범선과 닮아 있다고 느낄 수도 있다. 이 궁전은 티베트를 재통일한
제5대 달라이 라마에 의해 증축돼 지금과 같은 모습을 하고 있는데, 정부청사로 쓰였

| 죠캉 사원 앞에서 오체투지를 하고 있는 티베트인들

던 아랫부분의 백궁白宮과 사원으로 쓰이는 홍궁紅宮으로 나뉜다. 외형상 총 13층으로 보이나 실제로는 9층으로 이루어져 있으며 높이 110m, 동서 360m의 웅장한 규모에 내부는 1000여 개나 되는 방과 미로 같은 통로로 이루어져 있다. 또한 20여 만 개의 불상과 벽화로 장식돼 있으며, 7대 달라이 라마의 영탑 등 수많은 문화재가 있다. 포탈라궁 앞에는 '인민광장'이라고 불리는 아스팔트 광장이 있다. 원래는 물이 흐르고 소 떼가 넘나드는 아름다운 장소였다고 하나 중국이 티베트를 점령하면서 이곳을 광장으로 만들었다고 한다. 오성홍기五星紅旗가 휘날리고 있는 이 광장에서 포탈라궁을 바라보고 있노라면 나라를 빼앗긴 티베트인들의 슬픔을 느낄 수 있다.

흔히 라싸를 생각하면 포탈라를 떠올리나 실질적으로 티베트인들이 가장 신성하게 여기는 곳은 포탈라궁에서 동쪽으로 2㎞ 떨어져 위치한 죠캉 사원이다. 라싸에 거주하고 있는 티베트인들의 하루의 시작은 바로 이 사원 앞에서 시작된다. 버터로 피운 촛불 앞에 향을 올리고 오체투지를 하는 티베트인들을 보면 그들이 무엇을 갈망하는가를 알 수 있다. 내부에는 당나라의 문성공주가 토번으로 올 때 가져온 금으로 만든 석가모니상이 안치돼 있다고 한다. 죠캉을 중심으로 팔각형 형태의 가로八角街가 형성돼 있는데, 이 지역은 유네스코 지정 세계문화유산으로 등재돼 있다. 팔각형의 모양을 따라 상점들과 가옥들이 위치해 있는데 라싸 시내에서 가장 많은 볼거리가 있는 곳이기도 하다.

티베트의 독립운동과 라싸의 미래

1980년 초, 중국정부가 문화대혁명 기간에 추진했던 급진적인 동화정책과는 달리 소수민족의 자율과 전통문화를 보장해주는 등 유화적인 성격으로 전환함에 따라 티베트도 그 억압에서 어느 정도 벗어날 수 있었다. 중국의 소수민족에 대한 정책은 1982년 헌법과 1984년 '소수민족법'에 잘 나타나 있다. 그에 따라 소수민족의 자치지역 정부 최고지도자는 소수민족 출신이어야 하고, 지방정부의 상당한 자율권을 인정하며,

❙ 중국정부가 조성한 포탈라궁 앞의 인민광장

관공서 공무수행 및 학교교육에도 소수민족의 언어를 사용할 수 있도록 했다. 이처럼 소수민족 자치지역에 대한 자치권은 인정하지만 중국정부로부터 분리·독립하는 것은 절대 불허하고 있다.

그러나 이러한 중국정부의 정책에도 불구하고 티베트의 독립운동은 국내외적으로 계속해서 추진되고 있다. 비록 중국정부는 달라이 라마의 인도 망명정부를 인정하지 않고 있지만, 국제사회에서 달라이 라마의 영향력은 무시할 수 없기 때문에 티베트가 중국의 일부라는 원칙은 고수하면서 동시에 달라이 라마와의 평화적인 협상은 계속 진행 중에 있다.

현재 티베트의 미래는 불투명하다. 중국정부의 티베트 개방정책에 의해 티베트 젊은이들의 탈불교화, 물질문명화, 중국화, 서구화의 진행속도가 빨라지고 있다. 물질적인 것보다는 정신적인 것을 우선하는 티베트의 전통적인 가치관에 혼란이 오기 시작한 것이다. 인도로 망명해 있는 달라이 라마! 망명 전 달라이 라마가 티베트를 통치하던 포탈라궁 앞 인민광장에 나부끼는 오성홍기! 중국의 개방정책에 의해 점차 물질문명에 병들어 가고 있는 라싸! 과연 티베트의 앞날은 어찌될 것인가. 오늘도 포탈라궁과 죠캉 사원 앞에서 꼬라를 돌고 있을 티베트인들의 바람이 신의 땅인 라싸에서 반드시 이루어지기를 소망한다.

/ 김중은(국토연구원 책임연구원)

| 주 |

1 칭하이(青海) 성 시닝(西寧)과 티베트 자치구 라싸를 연결하는 칭짱(青藏) 철도가 2006년 7월 1일에 전 노
  선이 개통돼 지금은 항공 편뿐만 아니라 철도여행도 가능해졌다.

| 참 고 문 헌 |

• 김규현. 2003. 『티베트역사산책』. 서울: 정신세계사.
• 문순철. 1998. 「티벳 자연, 인문 환경의 지리적 특성」. ≪동아연구≫, 36권: 247∼275.
• 박해진. 1996. 「세계의 불가사의, 티베트 포탈라궁 −티베트의 수도 라싸 일원−」. ≪지방행정≫, 45권
  518호: 94∼98.
• 전성흥. 1998. 「改革期 中國의 티벳 政策: 分離主義 運動에 대한 中央의 '開發主義'戰略」. ≪동아연구≫,
  36권: 179∼212.
• 北京中央民族大學 藏語系 內部資料.
• 中國地理學會. 2003. 『中國國家地理百科全書』. 吉林省 長春市: 北方婦女童出版社.
• http://cafe.daum.net/tibetalja
• http://www.lasa.gov.cn/

도시 속의 노마드
울란바토르

Ulan Bator

▌ 울란바토르 전경(ⓒ Own work)

울란바토르Ulan Bator 시는 몽골의 수도로 정치, 경제, 사회, 문화의 중심지이다. 시내 한복판에는 높은 현대식 건축물들이 세워져 있고 현란한 야경과 극심한 대기오염, 교통체증이 있으며, 한편으로는 전통복장의 사람들과 시내를 조금만 벗어나면 펼쳐지는 평원 위의 양 떼가 유목생활과 도시생활의 혼재를 이야기하는 도시이다. 지난 370년의 역사보다도 앞으로

변화의 이야기를 더 많이 내포하고 있는 곳, 라마교 사원과 레닌의 동상이 함께 있는 곳, 공장과 양 떼, 오토바이와 말이 공존하는 곳, 방목과 휴대전화가 함께하는 곳이 바로 울란바토르다. 그리고 무뚝뚝해 보이지만 순박한 사람들, 높은 교육수준과 시내 곳곳에서 볼 수 있는 아찔한 무단횡단도 울란바토르를 기억하게 하는 요소들이다.

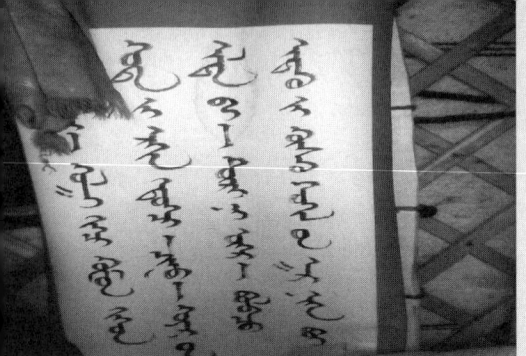

몽골의 전통문자인 '몽골 비칙'(위)과 라마교 사원인
간단사(Gandan Monastery)(아래)

위치 몽골 토라 강 우안
면적 4,704㎢
인구 약 3,230,000명(2013년 기준)
주요 기능 정치·경제·문화

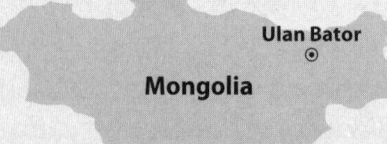

울란바토르 시는 남쪽의 복드항 산, 북쪽의 칭겔테이 산, 서쪽의 성기느하이르항 산, 동쪽의 바양주르흐 산 등 4개의 산으로 둘러싸여 있으며, 강원도 두타산 높이인 해발 1351m의 높은 지역에 위치하고 있다. 면적은 서울의 약 7.8배인 4704㎢다. 울란바토르는 남북보다 동서로 길게 늘어선 형태의 도시인데, 도심에서 멀어질수록 전통 주거형태인 게르^{ger}를 자주 볼 수 있다. 남북을 길게 가로지르는 톨^{Tuul} 강이 있고, 몽골 전체를 남북으로 잇는 철도가 울란바토르의 남부를 지나간다. 행정구역으로는 중심지인 수흐바토르 구 등 9개의 구(두렉)와 121개의 동으로 구분된다. 도시중심부는 수흐바토르 구 지역에 위치한 수흐바토르 광장을 중심으로 방사형으로 확장되는 구조다.

울란바토르는 몽골어로 '붉다'라는 뜻의 'Ulaan'과 '영웅'이라는 뜻의 'Baatar'가 합쳐져 '붉은 영웅'이라는 뜻이다. 1924년 10월 29일 전국인민대표자회의에서 몽골인민공화국의 수립이 선포될 당시의 혁명영웅인 수흐바토르^{Sukhbaatar} 장군을 기념해서 울란바토르라고 부르게 됐다.

몽골은 소련에서 많은 영향을 받은 나라이다. 자체문자인 몽골문자 외에도 러시아, 불가리아 등의 국가들처럼 키릴문자를 사용하고 있다. 레닌의 축출 후 당시 소련의 위성국들은 모두 레닌의 동상을 부수고 소련의 뒤를 따랐으나, 현재에도 여전히 레닌의 동상이 남아 있는 유일한 곳이 바로 울란바토르이다.

몽골의 역사

몽골은 중앙아시아 고원지대 북부에 위치하고 있으며 한반도의 일곱 배에 달하는 면적이다. 해발 평균 1580m의 산지로 태백산보다 높은 지역에 위치하고 있다. 국호인 '몽골'은 본래 '용감한'이란 뜻을 지닌 부족어였으나, 칭기즈 칸에 의해 통솔된 몽골 부部의 발전에 따라 민족의 이름 'Mongol' 및 지역의 이름 'Mongolia'로 변화했다.

몽골의 50만 년 역사는 중앙아시아 초원지대의 유목에서부터 강력한 몽골제국의 형성, 그리고 오늘날 몽골리아에 이르기까지 큰 변화를 겪으면서 이어져왔다. 기원전 209년에 첫 몽골국가가 세워졌고, 13세기 초 칭기즈 칸의 등장으

▌울란바토르 호텔 앞의 레닌 동상

로 역사상 최대의 몽골대제국이 건설됐다. 몽골제국이 멸망하고 남은 내륙 중앙부는 1688년 청淸에 복속돼 '외몽골'로 불려오다가 오랜 시간이 지난 1911년 제1차 혁명으로 자치를 인정받았다. 이후 러시아 10월 혁명의 영향을 받아 1921년 인민혁명으로 알려진 공산주의혁명이 일어나면서 1924년 몽골은 국민의 공화국으로 선포됐다. 그 후로 1990년까지 공산주의 시대가 계속됐으나 1992년 새 의회가 조직되고 몽골의 첫 번째 민주주의 헌법이 채택돼 몽골은 대통령제의 민주의회 공화국이 됐다. 현재 몽골의 정부 형태는 대통령제와 의회제가 공존하는 이원집정부제 형태이다.

몽골정부는 1990년 시장주의 체제로 이행을 결정했다. 1991년 몽골증권거래소가 설립되고 1997년에 주택자유화, 2001년에 토지민영화가 도시지역을 중심으로 시작됐다. GDP 성장률은 1992년 9.5%에서 1994년 2.3%로 증가했으며, 1994년을 기점으로 계속 증가세를 유지해 2012년 12.3% 성장을 기록했다. 2012년 기준으로 불변가격 GDP가 100억 달러(이하 USD 기준), 1인당 GDP는 5372달러이다. 산업구조는 주로 구리·금·원유 등의 광물을 중심으로 하는 산업과 제조업이 37%, 서비스업 48%, 농업

이 15%로 나타나고 있다. 구리·섬유·캐시미어 중심의 수출이 2012년 기준으로 42억 5850만 달러, 석유·기계·자동차·화학·건축자재·설탕·차 등을 중심으로 하는 수입액이 60억 5640만 달러 규모이다. 2005년 이후 급격한 경제성장을 지속해 2012년까지 몽골의 연평균 GDP 성장률은 7.8%였다. 앞으로 광물가격의 상승 및 외국인 투자유치 등으로 지속적인 경제성장이 예상된다.

몽골은 넓은 목초지와 석유 이외에도 풍부한 광물자원으로 개발 가능성이 큰 곳이다. 토지의 80%가 목축업에 사용되고 있으며, 10%는 산림, 1%는 경작지, 그리고 나머지 9%가 기타 용도로 사용되고 있다. 또한 몽골은 석탄, 철, 주석, 구리, 금 등 광물자원이 풍부하다. 최근에는 대규모의 구리와 금 매장지가 발견되는 등 풍부한 천연자원 덕택으로 국내외 직접투자가 집중되고 있다.

한국과 몽골은 1990년 3월에 정식으로 수교했다. 수교 후 한국과 몽골의 서로에 대한 관심은 가히 폭풍우 같다고 할 수 있다. 몽골에 대한 한국인들의 관심은 한국의 종족 및 문화의 뿌리에 대한 관심과 자원강국으로서 몽골의 개발 가능성에 대한 전망에서 비롯된 것으로 보인다. 반면에 몽골의 한국에 대한 관심은 인근지역에서 경제성장을 먼저 이룬 나라에 대한 동경에서 비롯돼 한류 열풍으로 이어지고 있는 것으로 생각된다. 울란바토르 시내 쇼핑센터에서 쉽게 들을 수 있는 한국 가요와 가게마다 진열된 한국 상품들, 그리고 대형 광고판과 TV에서 볼 수 있는 한국 드라마와 한국 배우에 대한 관심, 한국어 열풍에 이르기까지 현재 울란바토르에서 한국은 기회와 동경의 나라로 인식되고 있다. 또한 울란바토르 시내의 수많은 한국 자동차만 보더라도 몽골에서의 한국 열기를 짐작할 수 있다. 울란바토르 내 전체 자동차 중 약 70%가 한국산이며, 한국에서 사용되던 표지판과 안내 글씨를 그대로 단 채 다니는 차들도 쉽게 볼 수 있다.

울 란 바 토 르 의   주 거

2013년 현재 몽골의 인구는 약 323만 명이며, 연평균 1.44%의 증가율을 기록하고 있다. 울란바토르의 인구는 2009년 말 94만 9000명으로 몽골 전체 인구의 29%를 차지하고 있다. 울란바토르의 인구증가율은 3.95%로 높은 성장률을 보이고 있다. 주로 30

| 몽골인들이 거주하는 전통적 방식의 게르(왼쪽), 수흐바토르 광장의 기마상과 현대식 건물(오른쪽)

세 미만의 연령대에서 급격히 인구가 늘고 있는데, 이 중 대부분은 서쪽 지방의 사람들이 실업과 가난 때문에 도시로 이주했기 때문이다.

울란바토르에서는 2009년 현재 도시 인구의 약 61%가 게르촌에 거주하고 있는데, 신흥 부호 및 외국인을 중심으로 아파트에 대한 수요와 공급이 증가하고 있어 양극화된 주택시장의 형태를 보여주고 있다. 오피스 시설은 수흐바토르 광장을 중심으로 발달돼 있다. 광장을 중심으로 동서로 5~10km, 남북으로 3~6km 구역이 아파트 및 현대식 건물이 있는 중심지역(백화점, 극장, 상가 등)이고, 시 외곽에는 게르촌이 분포돼 있다. 게르촌의 각 세대는 목재 울타리로 구분돼 있고, 각 구획 내에 전통 게르와 판자 및 목재 집이 혼재돼 있는 경우가 대부분이다. 게르촌은 주로 시 중심부 북쪽 및 외곽지역에 광범위하게 있다.

울란바토르에 몽골 인구의 약 3분의 1 이상이 거주하고 있고 인구와 가구가 급격히 증가하는 현실을 감안하면 울란바토르의 주거문제는 현재 시의 가장 큰 관심거리 중 하나다. 현재 지역에 따라 차이가 있지만 울란바토르 내의 게르 가격은 약 833~1592달러이고, 아파트 밀집지역의 아파트 판매가격은 약 3만 6000달러 수준(IMF, 2009 게르지역 주거실태자료)으로 큰 차이가 있다.

울란바토르 거주 근로자의 고용형태는 회사 등에 고용된 근로자가 전체의 약 43%, 자영업은 26%, 기타 근로자가 31%를 차지하고 있으며, 매년 자영업자의 수가 늘어나는 추세이다. 2000년 4만 5000명에서 2007년 9만 2000명으로 7년간 두 배 이상 증가했다.

이 리 두 이   신 도 시   개 발 사 업

울란바토르 남서쪽 지역에서 이리두이Ireedui 신도시 개발사업이 몽골도시개발공
사Mongolian Urban Development Institute 주관으로 진행되고 있다. 전체 면적 78ha에 아파트
8681호, 기숙사 1320호, 스튜디오 아파트 6041호 등 총 1만 6000가구가 거주하고 일할
수 있는 산업단지가 건설될 계획이다. 이를 통해서 주거와 일터를 겸할 수 있는 장소
를 제공하고 사업의 인큐베이터 역할을 할 수 있도록 구상하고 있다.

신도시에 입주할 것으로 예상되는 가구는 예술가(공급물량의 0.6%), TV 및 언론 종
사자(10%), 자영업자(60%), 학생(6%), 전력회사 근로자(3%), 게르지역 개발로 인해 주
거이동이 필요한 가구(13%) 등이다. 유치원, 유아원, 소방서, 쇼핑센터, 병원, 스포츠
콤플렉스 등 생활편익시설을 함께 설계해 배치하고 있다. 공간은 주거용으로 37.7ha,
상업용으로 8.1ha, 산업용으로 9.4ha, 옥외공간으로 8.9ha, 사회기반시설로 13.9ha를 사
용하도록 설계했다.

이러한 신도시 사업은 소규모 사업을 위한 적당한 작업장, 주거비가 적게 드는 적절
한 주거공간, 주거와 일을 겸할 수 있는 장소, 편안하고 편리한 주거환경에 대한 필요
성으로 인해 시작됐다. 복합
용도의 콘도미니엄 건설로 2
층은 주상복합 용도로, 3층
이상은 주거용으로만 사용하
도록 설계했다.

이 신도시 건설사업으로 인
해 저소득 가구와 학생들에
게 저렴한 아파트를 공급하
고, 특정 분야의 전문가집단
(예술가, 기술자 등)에게 지식

〈그림〉 울란바토르 시내의 이리두이 신도시 개발사업 지역지도

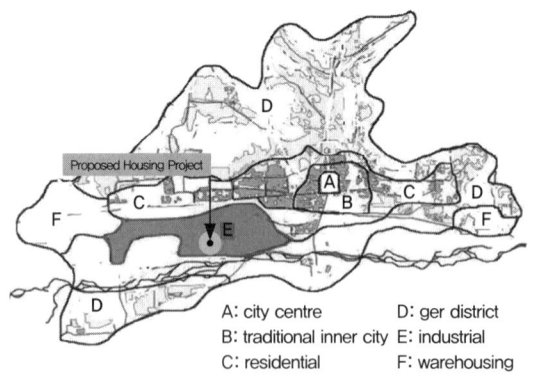

A: city centre D: ger district
B: traditional inner city E: industrial
C: residential F: warehousing

자료: 몽골개발공사.

과 작업을 공유할 수 있는 환경을 제공하며, 주거공간이면서 동시에 작업장으로 사용할 수 있는 장소를 공급할 수 있을 것으로 기대된다. 또한 산업단지를 이용해 공장 건설비용을 줄이고, 광고 및 비용을 공동으로 부담, 원 포인트one point 서비스를 제공할 수 있을 것이며, 이를 통해 울란바토르 시내의 교통체증과 대기오염 감축 또한 가져올 수 있을 것으로 기대된다.

실제 아파트 구매자를 보면 가구원 수별로 1인 가구(6%), 2인 가구(17%), 3인 가구(25%), 4인 가구(38%)의 구성을 보이고 있다. 분양 아파트는 평균 50㎡ 규모(방 2개, 욕실 1개, 중앙난방식)로 공급된다. 가격은 평균 4000만 원가량으로, 울란바토르 근로자의 임금수준(평균 30만 원 안팎)을 감안하면 높은 편에 속한다.

2008년 세계적인 금융위기의 여파로 몽골 역시 경제적으로 어려운 상황에 직면해 있다. 기존에 공급했던 주택의 미분양 사태를 해결하기 위해서 4000호를 정부가 구입해 시세의 반 가격에 공무원들에게 분양하는 정책을 펴고 있다.

신도시 건설계획 이외에도 울란바토르는 유목생활에서 도시생활로 전환되는 시점에서 게르촌을 현대식 주거생활로 바꾸는 작업, 낙후된 도시 외곽지역을 재정비하는 작업을 한창 진행 중이다. 이를 위해서 저렴한 주택 공급 방식에 대한 관심이 매우 높다. 또한 NGO를 중심으로 주거환경을 개선하고 민간과 공공을 연결하는 가교의 역할, 개선모형 제시, 생활이 어려운 가구를 지원하기 위한 Saving Finance Program 등이 진행되고 있다. 울란바토르는 민간과 공공의 협력으로 새로운 모습의 도시를 향한 큰 변화의 도약을 시작하고 있다.

/ 강미나(국토연구원 연구위원)

| 참 고 문 헌 |

- Mongolia Economic Indicators.
- Mongolia Economic Statistics.

중앙아시아의 새로운 거인
아스타나

Astana

▌아스타나 대통령궁과 황금색 삼룩카지나(samruk kazyna) 펀드 건물

현재진행형 도시 아스타나

1997년은 카자흐스탄의 역사에서 중요한 해다. 왜냐하면 카자흐스탄은 1997년, 기존 알마티Almaty에서 아스타나Astana로 수도를 이전했기 때문이다. 예전 수도인 알마티는 톈산天山 산맥의 수려한 경관과 카자흐스탄 정치·경제 중심지로서의 역사를 지녔을 뿐만 아니라, 비교적 온화한 기후 등 천혜의 조건을 가진 도시다. 카자흐스탄 정부는 이러한 알마티를 버리고 거친 스텝 지역 한가운데 위치한 영하 40℃의 아스타나로 수도를 옮긴 것이다.

아스타나는 몽골의 울란바토르Ulan Bator, 캐나다의 오타와Ottawa를 제치고 세계에서 가장 추운 지역에 위치한 수도가 됐다. 그런데도 수도 이전 당시인 1998년 30만 명에 불과했던 아스타나의 인구는 2005년

50만 명, 2010년 70만 명으로 증가했으며, 2030년까지 120만 명 규모의 카자흐스탄 최대 도시를 만드는 것이 아스타나의 목표다. 아스타나는 지금도 도시 곳곳에서 개발이 이루어지고 있는 현재진행형 도시다.

수도 이전을 통한 국토의 균형발전

수도 이전은 지역 간 갈등을 유발하고 막대한 자금이 소요되므로 나자르바예프Nursultan A. Nazarbayev 대통령을 제외한 모든 카자흐스탄의 정치·경제계 지도자와 국민은 대통령의 수도 이전 계획에 회의적이었다. 하지만 알마티에서 아스타나로의 수도 이전은 예정대로 진행됐다. 수도 이전의 이유에 대해서는 여러 가지 설이 있지만, 가장 타당성 있는 이유는 정치적 고려와 국토의 균형발전에 대한 고려로 요약된다.

지도를 살펴보면 알마티는 카자흐스탄의 동남부 귀퉁이에 치우쳐 있어 수도로서 적절치 않은 위치라는 의견이 대두됐으며, 카자흐스탄 북부가 주로 러시아계 인구가 거주하는 지역이었던 점을 감안할 때 새로운 독립국 카자흐스탄의 수도는 국토를 총괄하는 중앙에 카자흐인에 의해 건설돼야 한다는 것이 지도부의 생각이었다.

카자흐스탄의 국토 중 사람이 살기에 적합한 지역은 남쪽의 톈산 산맥, 동쪽의 알타이Altai 산맥 등에 연해 있는 지역과 서쪽의 카스피 해Caspian Sea에 연한 지역이다. 그 결과 카자흐스탄은 국토의 가장자리에 인구가 밀집해 있고, 스텝·사막 등 불모지가 대부분인 가운데 부분이 비어 있게 되는 기형적인 인구 분포를 보이게 됐다. 따라서 독립 후 신정부는 국토의 균형발전을 위해서 자연여건상 다소의 어려움을 무릅쓰고서라도 중앙에 새로운 수도를 둘 필요가 있었다.

위치 카자흐스탄 중부
면적 722㎢
인구 708,800명(2010년 기준)
주요 기능 정치·행정

Astata
Kazakhstan

▌ 아스타나 중심가(ⓒ Peretz Partensky, 플리커)

행정 · 업무 · 문화 중심도시 아스타나

아스타나는 이심Ishim 강 상류 연안에 있으며, 카자흐스탄 횡단철도와 남시베리아 철도가 지나는 분기점이다. 원래 이름은 '하얀 무덤'이라는 뜻의 아크몰라Akmola로, 아스타나의 황량한 주변 환경을 보면 왜 그런 이름을 갖게 됐는지를 짐작케 한다. 이 도시는 19세기 중엽부터 도시 형태를 갖추기 시작한 뒤, 1868년 이후 러시아의 지배 아래서 옛 카자흐스탄 지역의 행정 중심지 역할을 했다. 그 뒤 1950년대 흐루쇼프Nikita Khrushchyov가 카자흐스탄 대초원을 밀밭으로 개간하면서 첼리노그라드Tselinograd로 이름이 바뀌었다. 첼리노그라드는 '처녀지處女地의 도시'라는 뜻이다. 1950년대 이후에는 북카자흐스탄 농업 개척의 중심도시로 발전했고, 제육·제분·유지제조·맥주양조 등 농축산물 가공업과 농기계 및 수송용 기계, 건설자재산업 등이 활발하다.

1991년 12월 카자흐스탄이 독립하면서 이듬해 다시 아크몰라로 이름을 고쳤지만, 앞에서도 언급했듯이 '하얀 무덤'이라는 뜻 때문에 나자르바예프 대통령은 1997년 12월 공식적인 수도 이전과 더불어 도시의 이름을 '수도'라는 뜻의 아스타나로 바꾸었다.

카자흐스탄 정부는 1997년 이후 기반시설계획을 포함해 연간 400억 텡게Tenge를 아스타나 건설에 투자했다. 1999년 중앙정부와 시정부는 총투자비의 60%를 수도 이전에 투자했는데, 아스타나는 이 투자로 지역내총생산GRDP의 급속한 증가를 실현했다.

당초 수도 건설의 기치로 제시된 '아스타나의 번영, 카자흐스탄의 번영'은 수도 이전을 통한 카자흐스탄 국가발전전략을 살펴볼 수 있게 한다. 아스타나는 행정 및 업무 도시를 도시 성격으로 정하고 발전전략을 택했다. 이에 따라 수도 및 인근지역의 발전을 촉진하고 금융·주식·농산물·수송 및 교육의 중심으로 도

▌ 아스타나에 들어서고 있는 아파트 단지

시를 육성하고자 했다. 또한 나자르바예프 대통령은 '문화가 번창하는 아스타나, 문화가 번창하는 카자흐스탄'이라는 기치 아래 아스타나가 문화과학도시로 발전할 수 있도록 국립도서관, 현대미술관, 국립박물관, 국립과학대학교 분교, 사회경제학센터 등 각종 시설을 유치했다.

▌행정타운의 중심에 위치한 대통령궁

아스타나 신중심 개발구상은 아스타나개발계획(2000.8.21)에 근거해 이심 강 좌측에 가로 3.3km, 세로 1.2km의 직사각형 신중심을 건설함으로써 구시가지와 신규개발지역의 조화로운 개발을 도모하고자 했다. 이 지역에는 주로 정부시설과 상업시설이 입지하게 되는데, 신중심에는 100m 너비의 광장을 개설해 분수대, 조각상을 배치하고 중심축과 나란히 4개의 6차선 도로를 개설했다. 신중심의 끝에는 지름 400m 규모의 원형 카자흐오일Kazakh oil 및 일반기업, 금융사 등의 다양한 업체를 유치했다.

아 스 타 나 의   주 요   건 축 물

아스타나 시내를 둘러보다 보면 영화 촬영 세트장에서 볼 법한 피라미드형, 중국의 팔각지붕형, 아라비아형 등 각종 건축양식을 동원한 다양한 건축물과 이에 소요된 천문학적인 건설비에 놀라게 된다. 주요 상징적인 건축물을 소개하면 다음과 같다.

조국 수호자 기념비는 2001년 5월 제2차 세계대전 대독 승전기념일에 맞춰 준공했다. 기념비 중앙에 조각된 여인상은 '조국 어머니Motherland Mama'로 슬픔과 비애보다는 평화를 상징하며, 미소 짓고 있는 것이 특색이다. 여인이 들고 있는 금그릇은 카자흐스탄 거주 민족들의 평화와 번영을 상징하는데, 일설에는 전쟁에서 귀환한 아들에게 어머니가 우유를 먹이는 전통을 상징한다고 한다. 중앙 정면에 위치한 영원의 불꽃은

평화와 화합의 궁전

'불멸의 생'을 의미하며, 기념비 좌측 조형물은 고대 전사들의 모습을, 우측 조형물은
조국 전쟁에 참전한 소련 군인들의 모습을 조각했다.

바이테렉Baiterek 상징탑은 1997년 12월 아스타나로 수도를 옮긴 후 '새로운 시작'을
상징하는 조형물을 건립하라는 나자르바예프 대통령의 지시에 따라 2002년 8월 29일
건립됐다. 카자흐스탄 전설에 따르면 고대 카자흐스탄에는 '신비의 나무'가 있었는데,
그 나무 위에 사는 파랑새는 '새로운 생명의 창조'를 의미하는 금달걀을 낳았다고 한
다. 이 상징탑은 신수도 건설과 함께 카자흐스탄의 '새로운 시작'을 의미한다.

바이테렉 상징탑은 수도를 아스타나로 이전한 1997년을 기념해 전망대층을 97m로
건립했고, 전망대는 상징탑 외곽에서 볼 때 2단계 대형 원형 구조물 안에 위치하고 있
다. 1단계에서는 신도시 행정센터 전체를 조망할 수 있도록 했고, 2단계에서는 입구
오른쪽에 나자르바예프 대통령의 손바닥을 원형판에 음각해놓고 이 손바닥에 방문객
이 손을 올려놓으면 대통령 찬가가 자동 연주되도록 했다. 또 입구 왼쪽에는 2003년 9

월 아스타나에서 세계종교 지도자회의가 개최된 것을 계기로 세계 평화와 화해를 기원하는 세계 종교 지도자들의 서명이 지구의 위에 마련된 원형판에 음각돼 있다.

칸 샤티리Khan Shatyry 엔터테인먼트 센터는 높이 150m의 돔으로 영국의 유명한 건축가 노먼 포스터Norman Foster

▌ 아스타나 트랜스포트타워

가 설계한 것이다. 내부가 훤히 들여다보이는 150m 높이의 천막형 돔을 도심에 세우고, 축구경기장 10개 면적에 해당하는 내부에 광장, 인공수로, 쇼핑센터, 골프장, 자갈이 깔린 보도 등을 조성했다. 천막은 햇빛을 흡수해 내부에 온실 효과를 일으키는 특수한 재질로 만들어졌다. 그래서 바깥 기온이 영하 30℃일 때에도 시민들은 이곳에서 한여름인 듯 야외 테니스를 하고 보트를 타거나 노천카페에서 커피를 마실 수 있다.

평화와 화합의 궁전은 민족 간의 화합을 중시하는 나자르바예프 대통령의 지시에 따라 2006년 10월 1일 건립됐다. 이 건물은 박물관, 오페라극장, 콘서트홀, 회의실 및 전시실 등으로 이루어져 있다. 오페라극장은 1500명을 수용할 수 있는 크기로 오페라 가수 세라트 카발리에 등 유수의 예술가들이 공연했고, 회의실은 200명을 수용할 수 있는 크기로 2006년에 제2차 세계종교지도자회의가 개최됐으며 향후 3년마다 이 회의가 개최될 예정이다. 건물의 크기는 2만 5500㎥, 높이는 62m이며, 건축가 노먼 포스터가 설계하고 터키 회사가 시공했다.

나자르바예프 대통령은 "피라미드는 카자흐스탄과 아스타나의 자랑일 뿐만 아니라 모든 중앙아시아 지역의 명소이며, 종교·문화의 상징이다"라고 말할 만큼 피라미드 건축의 의미를 중요하게 여긴다.

카자흐스탄의 중심에서 중앙아시아의 중심으로

카자흐스탄이 아스타나로 수도를 이전한 것을 18세기 초 표트르Pyotr 대제의 상트페테르부르크Sankt Peterburg 건설에 비견하는 견해도 있다. 당시 오랫동안 러시아 민족의 수도였던 모스크바를 버리고 동토의 늪지대에 국력을 쏟아 새로운 도시를 건설한다는 표트르 대제의 계획은 많은 반대에 직면했다. 그럼에도 표트르 대제의 새로운 러시아 건설 의지 덕분에 상트페테르부르크는 오늘날 러시아를 대표하는 아름다운 도시로 등장할 수 있었다.

어려운 여건들을 극복하고 건설된 아스타나가 카자흐스탄의 새로운 수도로 자리매김했다는 사실을 부정하는 이는 없다. 이것은 중앙아시아의 새로운 거인으로 떠오르는 카자흐스탄의 독립의지와 개척정신이 아스타나에 투영된 덕분이다. 아스타나가 카자흐스탄뿐만 아니라 중앙아시아의 중심으로 우뚝 설 수 있는 절호의 기회가 온 만큼 이를 잘 활용해야 하는 것은 명약관화하다.

/ 권대한(창조도시 소장)

| 참 고 문 헌 |

• 김일수 외. 2008. 『중앙아시아의 거인 카자흐스탄』. 서울: 궁리.
• 행정중심복합도시건설추진위원회. 2005. 「모범적인 행정중심복합도시 건설을 위한 해외사례조사」. 서울: 행정중심복합도시건설추진위원회.

자연과 인간이 함께 만들어낸 동굴도시
괴뢰메

Göreme

괴뢰메 전경

터키에 대한 관심이 급증하며 전 세계에서 많은 관광객이 터키를 찾고 있다. 그동안 터키에서는 섬유산업이 경제활동의 대부분을 차지해왔으나 점차 관광산업이 활기를 띠며 새로운 성장동력으로 급성장하고 있다. 동양과 서양이 만나는 중간지대에서 서로 다른 두 문화가 융합해 만들어진 터키만의 이색적인 문화를 느끼고 체험할 수 있다는 것만으로도 터키는 충분히 매력적인 국가임에 틀림없다.

그렇다면 우리가 일반적으로 터키 하면 가장 먼저 떠올리는 것은 무엇일까. 첫 번째는 아야소피아 Ayasofya 성당과 블루 모스크 Blue Mosque가 있는 이국적인 모습의 도시 이스탄불 Istanbul일 것이다. 두 번째로 떠올리는 이미지는 영화 〈스타워즈〉의 무대가 됐으며 애니메이션 영화 〈개구쟁이 스머프〉의 소재가 됐던 버섯바위 동굴일 것이다. 마치 우주의 한 행성에 와 있는 것 같은 착각이 들 정도로 특이한 지형과 유일무이한 자연경관을 자랑하는 그 도시가 바로 괴뢰메^{Göreme}다. 규모는 작지만 전 세계 어디에서도 찾아보기 어려운 이색적인 자연경관으로 잘 알려진 이 지역은 이스탄불 다음으로 많은 관광객이 찾고 있다. 터키를 방문한 사람 중 이 도시를 그냥 지나친 사람이 없을 정도다.

괴뢰메는 중앙 아나톨리아^{Central Anatolia} 지역 카파도키아^{Cappadocia}에 속하는 네브셰히르^{Nevşehir} 주의 관광중심 도시다. 괴뢰메를 이해하기 위해서는 이 도시가 속한 네브셰히르 주와 카파도키아 지역을 살펴볼 필요가 있다.

터키의 면적은 78만 3562㎢에 달하며 2009년 기준 인구는 7300만 명이다. 동서로 긴 지형을 가지고 있는 터키는 지역의 위치에 따라 마르마라^{Marmara} 해, 에게 해^{Aegean Sea}, 지중해, 흑해, 아나톨리아 지역을 기준으로 한 7개의 지역^{Region}과 81개의 주^{Province}로 구분된다. 그리고 이 중에서 카파도키아는 터키의 중앙에 위치한 중앙 아나톨리아 지역에 해당한다.

카파도키아는 현존하는 행정구역상의 공식명칭은 아니다. 그러나 터키 중앙 아나톨리아 중동부 일대를 통칭하는 명칭으로 고대부터 지금까지 일반적으로 쓰이고 있다. 보다 구체적으로 말하면, 수도 앙카라^{Ankara}에서 남쪽으로 300㎞가량 떨어진 곳으로 면적은 한국의 4분의 1 규모(약 2만 5000㎢)다.

위치 터키 카파도키아 네브셰히르 주
면적 783,562㎢
인구 약 2,500명(2009년 기준)
주요 기능 관광

카파도키아의 대표 중심지, 네브셰히르 주

카파도키아로 통칭되는 지역 중에서 가장 대표적인 곳은 네브셰히르 주로 '새로운 (Nev=new) 도시(sehir=city)'라는 의미를 가진다. 네브셰히르 주는 카파도키아 중앙에 위치하며 카파도키아로 불리는 5개의 주 중에서 면적은 가장 작으나, 인구밀도가 높

| 괴뢰메 특유의 자연경관

게 나타나는 지역이다. 네브셰히르 주의 도시 중에는 괴뢰메, 위르귀프Urgup, 아바노스Avanos, 네브셰히르가 잘 알려져 있다. 이 가운데 네브셰히르 시에는 주청사가 있으며 주변 주요 도시를 관할하고 있다. 또한 교통이 발달해 괴뢰메, 위르귀프, 아바노스 등을 가기 위해서는 네브셰히르 시 버스터미널을 거쳐야 한다. 이러한 까닭에 네브셰히르 시는 버스터미널 주변으로 시장이 발달해 있어, 값싸고 신선한 야채와 과일을 사기 위한 사람들로 시장은 항상 문전성시를 이룬다.

대표적 관광도시 괴뢰메의 자연경관

괴뢰메란 '보이지 않는'이라는 뜻으로 기독교인들이 박해자들의 눈을 피해 버섯 모양 동굴 입구를 보이지 않는 곳에 만들었다는 데서 붙여진 이름이라고 전해진다. 괴뢰메의 특이한 지형은 수백만 년 전 활화산이었던 에르시예스Erciyes 산의 화산폭발 이후 형성됐다. 응회암으로 이루어진 괴뢰메는 초현실적인 풍경과 암굴 교회, 로즈 밸리Rose Valley 등 자연환경과 인문환경이 혼재하는 특이한 경관을 자랑하는 매력적인 도시다. 수백 개의 버섯 모양 바위와 동굴이 밀집한 괴뢰메 전체가 볼거리이며 국립공원이기도 하다. 이러한 이유로 괴뢰메국립공원은 1985년 유네스코 세계유산 목록에 등록

되기도 했다.

이러한 괴뢰메의 자연경관을 잘 보전된 상태로 응축해 살펴볼 수 있는 곳이 바로 괴뢰메 야외박물관이다. 이곳에서 자연의 힘으로 만들어진 수백 개의 버섯 모양 바위산과 바위산들이 이루는 협곡, 그리고 수도원을 한 번에 살펴볼 수 있다. 자연경관과 지형 그 자체, 그리고 지형을 이용한 주거형태와 교회동굴 모두가 괴뢰메만의 독특한 자연경관이자 세계문화유산이며 볼거리다.

괴뢰메의 색채와 거리 풍경

괴뢰메의 색채는 전체적으로 차분하게 통일감을 이루고 있다. 괴뢰메에는 높은 건물이 없기 때문에 하늘이 다른 어느 도시보다 높게 보이고, 그 푸른빛이 매우 강렬하다. 또한 도시 전체를 병풍처럼 둘러싸고 있는 바위산들이 밝은 회색을 띤다. 이와 더불어 버섯바위 무리와 협곡 중간중간의 나무와 풀이 우거져 초록빛을 발하며, 바위들을 조각내 만든 건물 벽돌 색은 옅은 노랑에 가까운 미색을 띤다. 즉, 전체적으로 푸른빛과 회색빛, 초록빛 바탕이 도시 전체를 차분하게 보이도록 한다. 그러면서도 간간이 미색의 주택과 펜션이 어우러져 차가워 보이기 쉬운 도시에 따뜻한 느낌을 준다.

옅은 파스텔 톤의 색채들로만 이루어져 있다면 도시가 자칫하면 단조로워 보이기 쉽다. 그러나 괴뢰메의 거리는 이색적인 자연경관과 지역색을 나타내는 건물 외벽의 벽돌 색에 더해 거리 곳곳에 걸린 알록달록한 원색의 카펫과 킬림kilim이 도시에 생기를 불어넣고 있다. 이 때문에 괴뢰메 시내를 걷고 있으면 주택과 상점마다 걸어놓은 형형색색의 카펫들로 눈이 즐거워진다. 부드럽게 조화를 이룬 자연이 주는 색채 위에 인간의 손길로 만들어낸 색채들이 포인트를 주고

| 네브셰히르의 시장 모습

있기 때문에 오랜 시간 걸어도 지루함을 느끼지 못한다.

도시 전체가 편안함과 안정감을 주는 이유는 이러한 색채 때문만은 아니다. 앞서 언급했듯이 도시가 휴먼 스케일human scale(인간의 체격을 기준으로 한 척도)의 낮은 건물들로 이루어져 있기 때문에 높은 건물로부터 오는 위압감을 느낄 수 없다. 괴뢰메 시내 중심부와 외곽 모두 마찬가지다. 거리 양쪽으로 통일된 높이로 나지막이 줄지어선 주택, 펜션, 호텔 들을 어디에서나 쉽게 찾아볼 수 있다.

동굴도시 괴뢰메의 주거와 생활

괴뢰메는 카파도키아에서도 가장 중심부에 해당하는 도시로 기독교와 이슬람교 사이의 종교적 충돌이 끊이지 않던 곳이다. 과거 기독교인들의 은둔의 흔적을 통해 그것을 짐작할 수 있다. 기독교인들은 특별한 도구 없이 굴을 파기 용이한 특성을 활용해 버섯 모양의 바위에 굴을 파고 들어가 숨어 살기 시작했다. 동굴은 몸을 숨길 수 있고 서늘해 여름에는 더위를 피할 수 있으며 겨울에는 한파를 이겨내기에 적합했다. 그뿐만 아니라 입구가 높이 나 있어 적들이 쉽게 침입할 수 없다는 장점을 가지고 있었다. 이처럼 초기 기독교인들은 종교적 여건을 극복하기 위해 자연 지형지물을 활용해 괴뢰메에 독특한 주거형태를 만들어냈다.

지상의 버섯 모양 바위에 암굴을 짓고 살다가 종교 탄압이 심화되고 전쟁이 계속되자 주민들은 지하에 땅굴을 파기 시작했다. 이렇게 만들기 시작한 땅굴은 거대한 지하도시로 발전됐다. 데린쿠유Derinkuyu는 가장 대표적인 지하도시로 지하 85m(지하 20층 규모)에 주택, 학교, 식량저장고, 우물, 환풍통로, 지하교회 등 모든 것이 구비돼 있다. 특히 환풍·환기를 중시해 수직구조로 공기가 잘 통

▏괴뢰메 야외박물관 동굴교회 외부 모습

┃ 버섯바위와 펜션, 주택이 혼재된 모습

하도록 설계되고, 그 축을 중심으로 양옆으로 생활공간을 조성하는 과학적인 원리로 만들어졌다. 실제로 데린쿠유에서 약 3만 명의 사람들이 6개월간 살 수 있었다고 한다.

초기 기독교인들은 이곳에서 거주하다가 터키공화국이 설립되던 1923년 그리스와 터키 사이의 인구교환이 이루어지면서 모두 이곳을 떠났다. 로잔^{Lausanne} 인구교환 협약체결로 그리스정교를 믿는 약 150만 명의 그리스인들이 터키에서 추방됐고, 이슬람교를 믿는 약 50만 명의 터키인들이 그리스에서 추방됐다. 그 때문에 이제 이곳에서 더 이상 초기 기독교인들을 볼 수 없다. 다만, 그들이 남긴 생활터전과 프레스코화 등의 흔적을 통해 그 시절의 생활을 상상할 뿐이다.

기독교인들이 떠난 괴뢰메 지역은 관광객들이 찾기 시작하면서 식당과 펜션, 호텔이 밀집한 관광지로 변모했다. 괴뢰메 거주자들은 종교 유지를 목적으로 하는 기독교인들에서 생업유지를 위한 관광업 종사자들로 대체됐다. 또한 체류형 관광을 유도하기 위해 과거 기독교인들이 굴을 파기 위해 사용한 돌 대신 현대인은 굴삭기로 바위를 파서 동굴호텔을 짓기 시작했다. 이 때문에 괴뢰메에서는 소규모부터 대규모까지 다양한 크기의 동굴호텔을 쉽게 찾아볼 수 있다. 바위 하나를 끼고 그 옆으로 펜션을 건축한 형태도 흔히 볼 수 있다. 과거 버섯바위와 동굴로만 이루어졌던 경관은 오늘날 버섯바위와 일반주택 그리고 펜션이 혼재하는 모습으로 변모했다.

관광도시 괴뢰메가 주는 교훈

괴뢰메의 특이한 지형, 초기 기독교인들의 은둔 거주지, 실크로드 주요 교역로라는 특성은 터키의 대표 관광중심 도시가 되기에 충분히 매력적인 요인들이다. 자연이 만들어낸 각기 다른 모양의 버섯바위와 협곡은 걷고 또 걸으며 보아도 신기하기만 할 뿐이다. 또한 동굴교회와 수도원, 그리고 그 내부에 그려진 화려한 프레스코화 역시 시각적인 즐거움과 경이로움을 느끼게 해준다. 이것이 괴뢰메를 찾을 수밖에 없는 이유일 것이다.

괴뢰메에는 이러한 다양한 볼거리 외에도 다양한 체험거리가 있다. 첫째, 초기 기독교인들이 거주했던 것처럼 실제 동굴체험 숙박이 가능하다. 동굴호텔과 동굴펜션에는 조명, 냉·난방시설이 완비돼 있고 최신식 화장실도 마련돼 있어 매우 편리하다. 둘째, 바위협곡과 로즈 밸리 등 경관이 수려한 지역을 자동차, 4륜 바이크, 자전거 또는 트래킹을 통해 체험할 수 있다. 셋째, 동이 틀 무렵 기구투어를 통해 이 지역을 둘러보는 것은 또 다른 묘미다. 큰 기구투어 업체부터 영세한 업체까지 관광상품의 종류가 다양하고 관광코스 역시 매우 다양하다. 이 때문에 동이 트기 직전 수십 개의 오색 열기구가 하늘을 수놓으며 장관을 이룬다.

괴뢰메의 관광정책에서 본받을 점은 크게 네 가지로 정리할 수 있다. 첫째, 터키 정부의 관광활성화 전략을 토대로 역사·문화자원에 초점을 맞추어 관광을 활성화한 것이다. 터키의 관광산업 활성화를 위해 마련된 '터키 관광전략 2023Tourism Strategy of Turkey'은 터키 전역에 9개의 개발지역Development Zone, 7개의 연결도로Corridor, 10개의 새로운 관광도시Tourism City 조성을 제시하고 있다. 9개의 지역은 지역여건에 맞는 각각의 테마를 가진다. 괴뢰메를 중심으로 한 카파도키아 지역은 역사·문화관광 중심지대로 육

괴뢰메의 에코 투어 로드

성할 것을 제시하고 있다. 둘째, 체험거리가 지역특성에 맞게 적절하고 다채롭게 발굴돼 있다는 점이다. 셋째, 다양한 관광 프로그램을 제공해 관광객들로 하여금 선택의 폭을 넓혀주었다는 점이다. 넷째, 괴뢰메의 관광업은 지역주민이 주체가 돼 이루어지기 때문에 주민참여가 자연스럽게 이루어질 뿐만 아니라 관광을 통한 이익이 지역발전을 위해 사용될 수 있다는 점이다.

그러나 이처럼 소중한 자연·인문자원을 보유한 괴뢰메에서 '보전'과 '활용' 사이의 조화가 보다 신중히 고려된다면 장기적으로 더 나은 관광여건을 유지할 수 있을 것이다. 왜냐하면 동굴호텔에 시설을 완비하기 위한 공사로 인해 바위와 지형 손상이 불가피하기 때문이다. 또한 연약한 지반에 자동차가 지나다니고 기구투어 장비를 가득 실은 수많은 트럭들이 매일 이동하면서 지형 손상이 생겨날 수밖에 없기 때문이다.

괴뢰메가 가지는 매력요인을 부각시켜 관광상품화하는 것은 지역경제 활성화뿐만 아니라 소중한 세계문화유산을 알리는 교육적으로도 필요한 일임에 분명하다. 따라서 엄격한 '보전'만을 주장할 수는 없다. 하지만 괴뢰메의 지속가능한 발전을 위해 일정한 가이드라인에 따른 '활용방안' 마련은 장기적으로 필요할 것이다. 괴뢰메의 경관이 무분별한 개발로 인해 수십 년, 수백 년 후 여느 도시와 다를 바 없이 획일적인 도시로 변모될 수도 있기 때문이다. 또한 적절한 '활용'만큼 중요한 것이 '선택적 개발'임을 염두에 둘 필요가 있다. 여러 지역에 분산시켜 점적 개발을 하는 대신 훼손 가능성이 적은 일부 지역에 관광편익 시설을 집중 배치해 자연환경과 경관 훼손을 최소화하는 방안도 고려해볼 만하다.

/ 박정은(국토연구원 책임연구원), 서안선(전 국토연구원 연구원)

ㅣ참 고 문 헌ㅣ

• Ministry of Culture & Tourism. 2007. Tourism Strategy of Turkey 2023.
• http://www.kultur.gov.tr

다문화가 공존하는 국제도시
고베

Kobe

▍ 고베 시 전경(자료: 일본 관광청)

고베神戶 시는 일본 효고兵庫 현의 현청소재지로서 효고 현의 정치·경제·문화의 중심지이자 일본 제3위의 국제무역도시다.

일본 본토의 중심에 위치하고 있는 고베는 북쪽으로 롯코 산六甲山, 남쪽으로는 세토나이카이瀨戶內海로 둘러싸인 아름다운 도시다. 도쿄에서는 비행기로 1시간 20분, 신칸센으로는 2시간 50분이 소요되며, 오사카에서는 전차로 20분, 간사이국제공항에서는 차량으로 1시간 거리에 위치하고 있다.

고베 시는 롯코 산맥을 기준으로 대체로 2개 지역으로 나뉜다. 오사카 만에 접하고 있는 남쪽은 도시부이며, 서부와 북부 지역은 풍요로운 자연과 조화롭게 대규모 뉴타운으로 개발되었다. 도심부는 고베 시의 약 30%를 차지하며, 동서로 30㎞, 남북으로 24㎞

로 리본 형태를 띠고 있으며, 인구의 60%가 거주하고 있다. 도시지역은 해안 주변의 항만 관련 산업지역, 산허리에 위치한 주택지역, 그리고 가운데에 위치한 주택과 상업 혼재지역 등 3개 지역으로 나뉜다.

2012년 현재 고베 시의 면적은 552.23㎢이다. 동서로 36㎞, 남북 30㎞의 형태를 띠고 있다. 1868년 개항 당시 2만 명이었던 인구는 시로 승격된 1891년에 13만 명으로 늘어났고, 1941년에는 100만 명을 돌파했으며, 2012년 현재 154만 명이다. 특히 외국인 거주자가 약 4만 4000명으로 높은 비율을 차지하고 있다. 한국의 대전광역시와 인구와 면적 면에서 그 규모가 비슷하다.

고베 시의 지역총생산액은 효고 현 전체의 3분의 1을 차지하고 있다. 특히 3차산업이 집적하고 있고, 2011년 현재 시의 지역총생산에서 차지하는 비율은 83.0%로, 효고 현 평균(74.8%)을 웃돈다. 고베 항에는 제철업, 조선업, 식품제조업, 선박화물창고업 등 항만 관련 산업이 입지하고 있으며, 도시발전을 선도하는 역할을 담당하고 있다. 특산품으로는 쇠고기 관련 제품을 들 수 있다. 쇠고기는 '고베 비프'라는 이름으로 세계적으로 널리 유통되고 있다. 또한 고베 시는 술 만들기에 적합한 자연조건을 활용하여 일본 제일의 청주 생산량을 자랑하고 있다.

〈그림 1〉 육해공의 다양한 교통수단이 발달한 고베

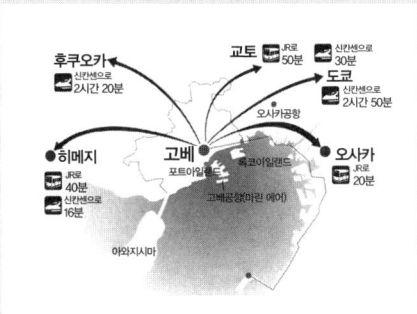

자료: 고베시(2005).

위치 일본 효고 현
면적 552.23㎢
인구 1,545,410명(2011년 기준)
주요 기능 경제산업

| 고베 하버랜드

고 베 의 역 사

고베는 예로부터 중국 대륙 및 한반도와 교류하며 '항구'와 함께 발전해왔다. 나라奈良 시대(710~794년)에는 현재 고베 항의 발상지인 '오와다노토마리大和田の泊まり'가 현관 역할을 담당하여, 중국의 송나라와 명나라를 비롯한 외국과의 무역 거점으로 발전했다. 또한 헤이안平安 시대 말기인 1180년에는 송나라와의 무역을 확대하여 해양국가를 건설하기 위해 교토에서 고베의 후쿠하라福原로 수도를 이전했던 사건도 있었다.

고베가 국제무역항으로 발전하게 된 직접적인 계기는 1868년 1월 1일의 개항이라고 전해진다. 개항 후에는 외국인 거류지가 생겨났고, 의식주는 물론 오락과 문화 등 다양한 서양의 생활문화가 여과 없이 유입되어, 고베는 다른 어느 곳보다 먼저 문명개화의 세례를 받게 되었다. 재즈와 영화 등 고베에서 시작된 문화와 양복, 가구, 양과자, 고베 쇠고기 등의 지역산업은 현재의 고베 브랜드로 이어지고 있다.

1995년 1월 17일 오전 5시 46분에 발생한 한신아와지阪神淡路 대지진은 일본의 도심부를 직격한 최초의 대지진으로서 고베 시, 아와지淡路 섬, 아시야芦屋 시, 니시노미야西宮 시 등의 한신아와지 지역 및 그 주변지역에 대규모 피해를 입혔다. 불과 20초간의 강렬한 흔들림은 고베 시에서만 사망자 4484명, 부상자 1만 4679명, 가옥 완전파괴 6만 7421동, 반파 5만 5145동이라는 큰 피해를 냈다.

광범위하게 지진 피해를 입은 고베 시는 재해 전 상태로의 단순 복구에 머물지 않고, 재해를 교훈 삼아 보다 안전하고 견고하며 쾌적한 도시로 재건한다는 '재생' 계획

을 수립했다. 고베 시는 치명적인 피
해를 입은 지역의 도시기능을 시급
히 재정비하기 위해 우선 부흥지역
으로 지정하고 토지구획정리사업과
도시재개발사업 등의 사업을 추진하
고 있다. 주민 주도로 마을만들기를
추진하기 위해 마을만들기협의회가
각 지역에 설립됐고, 이 협의회는 민
주적인 절차를 거쳐 다수의 도시재

| 고베 항

개발사업을 제안하여, 피해 복구를 위한 진보된 도시계획사업이 주민참여로 전개되고
있다.

다문화가 융합된 국제도시

메이지明治 시대의 개막을 알린 1868년에 고베 항은 개항되었다. 고베에는 외국인
과 함께 문화와 상품이 물밀 듯이 유입됐다. 이에 따라 생활양식과 거리 분위기는 다
국적인 색깔을 띠기 시작했고, 50년 후에는 국내 무역액의 40%를 차지하는 국제도시
로 변모했다. 일본의 무역산업을 지탱해온 고베 항은 현재 세계 약 130개국과 해상 교
통으로 연결되어 있다.

개항과 동시에 해외의 물자와 문화가 갑자기 밀려들어온 고베에서는 '일본 최초'가
많이 생겨났다. 일본에서 최초로 재즈가 연주된 것은 1923년 고베였다. 영화가 처음으
로 상영된 곳도 고베였다. 지금은 전국에 100개소 이상 설치된 꽃시계도 1957년에 이
미 이 도시에 설치됐다. 이외에도 돈가스 소스, 쇠고기, 레모네이드, 양복, 케미컬슈즈
등이 고베에서 처음으로 소개됐다.

개항과 함께 무역에 종사하는 외국인이 고베에 거주하기 시작했다. 그 주거지가 외
국인 거류지다. 외국인 거류지는 1899년 일본에 반환되기까지 마을의 관리나 세금 징
수 등이 독자적으로 이루어졌고, 일본의 지배가 미치지 않은 자치구였다. 마을만들기

에는 유럽의 근대도시계획이 도입되어 가로, 공원, 하수도가 정비됐다. 당시의 영자신문에서 '동양에서 가장 아름다운 곳'으로 높이 평가된 마을의 경관은 지금도 변함이 없다. 당시 건축된 건물 중 지금도 남아 있는 것은 1880년에 건축된 구 아메리카영사관뿐이지만, 1910~1980년에 걸쳐 기업과 은행이 건축한 서양풍의 건물은 지금도 예스러운 마을 분위기를 자아내고 있다.

난킨마치南京町는 화교 마을이다. 개항 시 고베에 정착한 중국인들이 식당과 양복가게 등을 개점한 것이 이 마을의 시작이다. 거류지에 거주하지 못하는 화교는 도심의 남쪽에 정착하게 됐고, 그들의 조국과 유사한 마을을 만들었다. 동서로 300m, 남북으로 100m의 협소한 구간에 100여 개에 달하는 중화요리점과 돼지고기만두 전문점 등이 늘어서 있고, 주황색 건물과 처마에 달린 등은 중국문화를 연출하고 있다.

항구를 중심으로 무역이 활발하게 되자 일본을 방문하는 외국인 수가 증가하기 시작했다. 또한 개항 당시부터 외국인 거류지에 살고 있던 사람들은 경제적으로 윤택해

| 고베 시내. 오른쪽 건물은 고베 세관

져 새로운 주거지를 모색하고 있었다. 이렇게 해서 개발된 곳이 고베 항을 조망할 수 있는 이진칸異人館 거리이다. 이 거리는 1887년부터 본격적으로 개발되기 시작해 절정기에는 200동 이상의 이진칸이 건설됐지만, 노후화와 태평양전쟁 그리고 대지진으로 인해 현재 남아 있는 것은 60동 정도

화교 마을인 난킨마치

다. 그중 약 20동이 일반에게 공개되고 있다. 영국, 독일, 네덜란드 등 그 나라의 문화를 상징하는 건축물이 많다.

고베의 번화가인 모토마치元町는 에도江戸 시대(1603~1867년)에는 조용한 촌락이었지만, 개항 후 거류지에 거주하는 외국인을 대상으로 하는 가게가 생겨나면서 그 모습이 일변했다. 쇠고기와 사진 등 당시에는 진귀했던 물품을 취급하는 가게가 연달아 문을 열어 멋들어진 마을이 형성됐다. 당시 이 일대는 고베의 발상지라는 의미로 '모토마치元町'로 불렸지만, 1874년 정식으로 모토마치라는 행정구역으로 명명됐다. 현재의 상점가는 동서 1.2㎞의 거리로서, 이곳에는 100년 이상 된 전통건물이 약 20개, 50년 이상이 100개 남짓 남아 있다.

고 베 의   뉴 타 운   개 발 사 업

포트아일랜드는 고베 항의 컨테이너 버스를 확충하기 위해 추오中央 구의 해상에 만들어진 인공섬이다. 이 섬은 2단계에 걸쳐 완공됐다. 제1기는 1966년에 착공하여 1981년에 완공됐으며, 면적은 4.4㎢다. 제2기는 1987년에 착공하여 2005년에 완공됐으며, 면적은 3.9㎢다.

포트아일랜드를 매립하기 위해 스마須磨의 요코横尾 산과 다카쿠라高倉 산에서 깎

아낸 흙과 모래를 길이 7.6㎞의 벨트 컨베이어로 해안까지 옮겨, 이를 전용운반선으로 고베 항 앞바다까지 운반했다. 흙과 모래를 깎아낸 지역은 '스마 뉴타운'이라는 새로운 주택단지의 일부가 됐다. 이러한 방식은 '고베 방식'으로 널리 알려져 있으며, 매립지역과 주택지역 모두 그 개발비용을 절감하는 효과가 있어, 저렴한 토지를 조성하는 방식으로 유명하다.

15년이 소요되는 대규모 계획이었지만, 1981년 주택과 업무시설, 학교, 병원 등이 입지하는 해상도시로서 완성됐다. 도시의 개막과 아울러 1981년에는 '고베 포트아일랜드박람회(포트피아 '81)'가 개최됐으며, 이것은 그 후 지방의 박람회 개최 붐을 일으켰다. 또한 도시 개막에 맞춰 박람회를 개최하는 수법은 '요코하마 박람회(미나토미라이21지구)' 등 각지에서 활용되고 있다. 포트아일랜드의 2005년 현재 인구는 1만 4000명이다.

스마 뉴타운은 1970년에 입주가 시작된, 고베 시를 대표하는 대규모 뉴타운이다. 원래는 롯코 산 서부의 구릉지였지만 1964년부터 매립지를 조성하기 위해 개발됐고, 그 적지가 뉴타운으로 개발됐다. 스마 뉴타운은 면적 약 9.0㎢, 인구 약 11만 명의 주택단지로 기존 시가지 주변의 인구급증에 대응하기 위해 건설됐다.

<그림 2> 고베 시의 뉴타운 개발지역

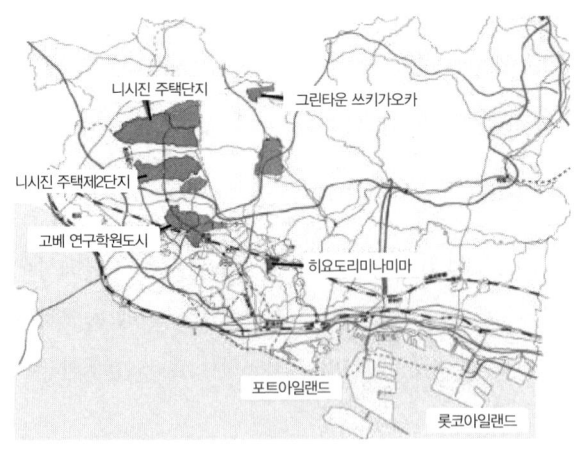

자료: 고베 시 홈페이지(www.city.kobe.lg.jp).

롯코아일랜드는 포트아일랜드에 이어 제2의 해상도시로서 히가시나다東灘구의 해상에 건설됐다. 매립공사는 1972년부터 시작됐고, 1990년에는 경전철(롯코라이너)이 개통되어 도심전철과 연결됐다. 면적은 포트아일랜드의 약 1.3배로 컨테이너 버스 등 항만기능 이외에도 인공 하천이나 주택, 회사, 학교, 대규모 공원녹지 등의 시설도 조성됐다.

롯코아일랜드를 매립하기 위해 흙과 모래를 깎아낸 곳은 고베 연구학원도시와 종합운동공원 등의 일부로 활용되고 있다. 2005년 현재 롯코아일랜드에는 1만 7000명의 인구가 거주하고 있다. 또한 롯코아일랜드의 남쪽 앞바다에는 별도의 매립공사가 추진되고 있다. 그러나 이곳을 매립할 토지가 고베공항에 쓰였기 때문에 매립공사는 지연되고 있다.

▌고베 Port Liner(자료: 일본 관광청)

니시진西神 뉴타운은 고베 시 니시 구와 스마 구의 구릉지대에 주택과 산업을 중심으로 하는 복합기능 단지로 개발된 곳이다. 니시진 주택단지, 니시진 주택제2단지, 고베 연구학원도시 등 3개의 주택단지와 니시진 공업단지, 니시진 제2공업단지, 고베 사이언스파크, 고베 유통업무단지 등 4개의 산업단지로 구성되어 있다.

먼저, 고베시가 시행하고 있는 니시진 주택단지는 1971년부터 도심인 산노미야三宮에서 서쪽으로 약 17㎞에 위치한 6.3㎢의 구릉지대에 계획인구 약 6만 1000명의 새로운 주택단지로 개발되고 있다. 2006년 현재 거주인구는 약 5만 3000명이다. 단지 북쪽에는 니시진 인더스리얼파크라 불리는 공업단지도 함께 개발되고 있는 일본 최초의 '직주근접의 뉴타운'이기도 하다.

니시진 주택제2단지는 면적 4.2㎢, 계획인구 3만 1000명(2006년 현재 2만 4000명), 사업기간 1980~2010년으로 개발됐다. 단지 동쪽에는 고베 사이언스파크라는 업무시설 용지를 조성하여 교육·연구시설, 친환경적 공장 및 사무실을 유치하고 있으며, 그 옆으로는 고베 하이테크파크(니시진 제2공업단지)가 인접하여, '살고, 일하고, 배우고, 쉰다'는 다기능의 자립성 높은 단지를 지향하고 있다. 또한 길모퉁이의 기능을 강화하기 위해 각종 시설과 광장 등을 설치하여, 종래의 뉴타운과는 다른 특징을 지니고 있다.

끝으로 고베 연구학원도시는 대학을 비롯한 교육·연구시설과 양호한 환경의 주거지를 종합적으로 정비하여, 연구자와 학생 그리고 시민이 자유롭게 교류할 수 있는 새로운 학원커뮤니티 창출을 지향하고 있으며, 고베의 지적인 문화 거점으로 발전이 기대되고 있다. 계획면적은 3.0㎢, 계획인구는 2만 명(2006년 현재 약 1만 8000명), 그리고 사업기간은 1980~2007년이다.

'콤팩트한 마을만들기'의 전개

고베의 도시구조는 임해부에 항만 공업지대, 산록부에 주택지대, 그 중간지역을 철도 등 대중교통이 관통하고 있으며, 각 역 주변에는 주거와 상업이 혼재하는 지대가 이어지는 3개 지역으로 구성되어 있다. 시민이 걸어서 도달할 수 있는 범위 안에 일상생활에 필요한 거의 모든 것이 존재하는 '콤팩트'한 시가지가 형성되어 있다.

한신아와지 대지진으로 기존 시가지는 막대한 피해를 입었지만, 그 대부분은 노후 목조주택이 밀집해 있는 도심지역 등에서 집중적으로 발생했다. 예상치 못한 대재해를 겪으면서 위기에 대한 도시기능의 허약함을 재인식하게 됐고, '콤팩트한 생활권이 서로 연결된 지역사회'의 구현이 재해에 강한, 그리고 안전하고 안심할 수 있는 마을만들기와도 연결된다는 것을 피부로 체험하게 됐다.

마을의 조기 부흥을 도모하기 위해 부흥사업의 골격적인 사업은 행정 주도로 추진하고, 근린지역의 생활도로와 공원 등 마을만들기는 '마을만들기조례'에 근거한 '마을만들기협의회방식'으로 추진하고 있다. 각 지구에서는 지역의 역사와 문화, 복지 등을 반영한 주민이 제안하는 '마을만들기 제안'을 통해 부흥 마을만들기가 착실하게 추진되고 있다.

대지진 후 시민생활을 위한 물적인 기반은 원활하게 정비되고 있지만, 인구의 고령화와 경제 저성장 및 도시의 지속적인 성장을 위해서는 ① 주민 사업자 행정의 협동과 참여의 마을만들기의 계속, ② 복수의 도시핵과 도시축을 조합하는 다핵 네트워크 도시의 형성, ③ 도심부의 고도이용과 복합용도이용 촉진을 통한 기성시가지의 활성화, ④ 자연환경의 보전과 조화, ⑤ 유니버설 디자인의 마을만들기 등이 향후 과제로 제기되고 있다.

고베 시는 마을의 주인공을 시민으로 인식하고 있다. 지역이 스스로 생각하고 행동할 수 있는 콤팩트한 마을만들기를 실천하기 위해, 지역과 행정이 함께 땀을 흘리면서 지혜를 모으기 위해 노력하고 있다.

• 사진 제공(일부): 일본관광청, 이미지투데이

/ 김진범(국토연구원 책임연구원)

| 참 고 문 헌 |

• 고베시. 2005. 고베가이드북.
• 大成出版社. 2005. 未来関西元気地図.
• 吉山辛男. 2002. 神戸市における.「コンパクトなまちづくり」への取り組み. 都市計画.
• 神戸市. 2000. こうべ主要プロジェクト.
• 松浦勢一. 1983. 神戸市におけるニュータウン開発. 都市計画.
• 村橋正武. 1996. 神戸市の都市構造. 都市拠点形成について. 都市計画.
• http://www.city.kobe.lg.jp

국제교류의 거점, 물의 도시
오사카

Osaka

오사카의 우메다 지역(자료: 일본 관광청)

오사카大阪 부는 동·남·북 3면이 산으로 둘러싸여 있고, 서쪽은 오사카 만에 접해 있다. 그리고 요도가 와淀川 강이 도시를 가로지르며 오사카 만으로 흘러 들어간다. 이러한 지형적 조건하에 오사카 부는 오사카 시를 중심으로 급격한 도시화가 진행되어 거대한 대도시권을 형성했다. 오사카 부의 주요 지역은 오사카 시 도심을 중심으로 반경 30㎞권이며, 오사카 시를

중심으로 면적 8000㎢, 인구 1700만 명의 광역경제권을 형성하고 있다.

오사카 부의 행정구역은 정령지정도시政令指定都市인 오사카 시를 포함해 33시市 9정町 1촌村으로 구성되어 있다. 오사카 시는 형식적으로 오사카 부의 일부로 속해 있으나, 오사카 부 또는 오사카 부 지사知事의 사무권한이 이양되어 있어 오사카 부와 같은 차원의

행·재정력을 발휘하고 있다.

　오사카 부의 면적은 약 1901.42㎢(2012년 10월)로 전국 47개 도도부현都道府縣 가운데 두 번째로 작으며, 인구는 약 886만 명으로 도쿄東京 도 다음으로 많다. 또한 오사카 주변지역을 간사이關西 지역이라고 하고, 간사이 지역은 긴키近畿 지역(교토京都 부, 오사카 부, 효고兵庫 현, 시가滋賀 현, 나라奈良 현, 와카야마和歌山 현의 2부 4현을 가리킴)에 미에三重 현, 후쿠이福井 현, 도쿠시마德島현을 포함한 2부 7현으로 구성되며 관내 총인구는 2173만 명에 달한다. 에도 시대 이후 무역, 상공업 등으로 발전한 오사카는 세계 대도시권의 인구 순위 14위(2008년)이며, GDP 역시 세계에서 일곱 번째로 높은 도시이다.

위치 일본 혼슈 긴키지역 중심
면적 222.3㎢
인구 2,644,961명(2008년 기준)
주요 기능 경제산업

Japan

Yokohama
Kobe
Osaka Toyota
Yufuin

천하의 부엌, 오사카

오사카는 나니와^{難波} 궁이라고 불리었던 7세기 중순부터 일본 국제교류의 창구이며 경제와 교역의 거점 도시로 발전해왔다.

16세기 이시야마혼간지^{石山本願寺} 사찰의 신도들이 사찰 내에 상업지역을 형성하면서 그 모습을 나타내기 시작했고, 전국시대에 도요토미 히데요시^{豊臣秀吉}가 오사카 성을 세워 정치경제의 중심이 됐다. 그러나 도쿠가와^{德川} 막부가 도쿄를 중심으로 펼쳐짐에 따라 그간의 정치·경제의 중심에서 '천하의 부엌(한 나라의 살림을 맡는 곳)' 및 '장사꾼의 거리'로 불릴 만큼 상업이 번영하게 됐으며, 17세기 에도 시대에 제국 물산 유통의 중심으로서 시가지가 확대됐다.

자유와 진취적 기상이 풍부한 상인들이 중심이 되어 많은 초닌^{町人}(에도 시대의 상인)들이 수로와 강을 개척하고 다리를 놓아 바다를 향해 도시를 넓혀갔다. 메이지^{明治} 시대 이후에는 상공업을 중심으로 일본의 중핵기능을 담당하며 일본 제2의 도시로서 발전했다. 제2차 세계대전, 석유파동 등을 거치면서 급격한 엔고^高, 버블 붕괴 등 무수한 위기에 직면했지만, 특유의 기업 정신과 창조성, 진취성으로 위기를 극복하고 공업, 상업, 서비스업에 이르는 독창적인 경제 시스템을 개발해 많은 새로운 비즈니스를 창출하면서 일본의 산업·경제 발전을 선도해왔다.

이처럼 공업, 상업, 서비스업을 중심으로 한 오사카 사람만의 특유의 기질은 도시를 형성하는 과정에 많은 영향을 미쳤으며, 현재에도 그 명맥을 유지해 오사카 도시재생 사업에 가장 중요한 개념으로 작용하고 있다. 현재 오사카는 간사이국제공항, 간사이 문화·학술연구도시의 건설, 오사카 21세기 계획의 추진 등 새로운 도약을 준비하고 있으며, 세계 속의 오사카에 어울리는 매력적인 도시로 단장되어 21세기를 향하는 확대 발전기를 맞이하고 있다.

21세기 오사카를 위한 도시재생

오사카는 북쪽에 위치한 비와^{琵琶} 호에서 발원하는 요도가와 강과 나라 분지의 물이 모인 야마토^{大和} 강이 합류해 세토나이카이에 흘러 들어가는 지점에 위치하고 있

| 우메다 북측 야드 재개발(역세권 복합개발)

다. 이러한 강은 오사카와 나라·교토를 연결하는 교통·물류의 대동맥이다.

　16세기 후반 도요토미 히데요시가 오사카에 입성한 후, 오사카 전체를 종횡으로 연결하는 운하를 만들어 수로와 운하를 활용한 마을 정비를 실시했다. 이때 만들어진 수로와 운하는 지금도 오사카 도시 기반의 근간을 이루고 있으며, 상업도시 오사카에 빠뜨릴 수 없는 수상 교통의 역할과 함께 생활을 지원하는 물의 길이기도 하다. 오사카가 '물의 도시水都'로 불리는 이유가 여기에 있다.

　생활무대로서의 운하를 배경으로 오사카에서는 최근 도시재생의 움직임이 활발하다. 역세권 개발, 도심 거주를 위한 고층맨션 건설, 철도를 중심으로 하는 교통인프라의 갱신, 워터프런트 재생 등 새로운 도시 활력을 창출하는 모습이 오사카 여기저기에서 보이고 있다.

　2001년 5월 일본내각에서 도시재생 본부를 설치, 규제완화 등을 통해 민간의 자금이나 노하우를 활용해 도시재생을 진행시키는 「도시재생특별조치법」을 시행해 도시재생 긴급 정비지역을 지정했다. 오사카권에서도 '물의 도시, 오사카의 재생' 등 14개의 도시재생 프로젝트와 12개 지역의 도시재생 긴급 정비지역의 지정을 받아 현재도 대대적으로 도시재생을 진행하고 있다.

또한 1994년에 개항한 간사이국제공항은 많은 국제편이 취항하고 있으며 24시간 운용이 가능한 공항으로서, 현재 제2기 사업에 의해 두 번째 활주로를 완성해 세계 수준의 공항으로 진화하고 있다. 이것도 국제도시 오사카의 역할을 비약시키는 요인의 하나가 되고 있다. 서일본의 중심지로서의 오사카 네트워크 형성이 도시재생사업과 함께 진행되고 있는 것이다.

상업과 교통

오사카 역 및 우메다梅田 지역은 JR, 한큐, 한신, 시영 지하철 등의 여러 역과 버스터미널 등이 위치해 오사카와 주변 도시를 연결하는 교통의 중심 결절점이다. 이 주변은 큰 빌딩이 늘어서 있는 오사카의 현관으로서 다양한 개발이 진행되고 있으며, 역을 중심으로 하는 역사 리노베이션과 역세권 개발 등 아직도 발전을 계속하는 주목할 만한 지역이다. 그 중에서도 간사이의 마지막 개발지라고 할 수 있는 24ha의 '오사카 역 북측 프로젝트(우메다 북측 야드 재개발)'는 새로운 도시공간을 창출하고 있다.

이 프로젝트의 주요 내용은 서일본 최대의 터미널에 인접한 입지 특성을 살려, 다른 지역보다 간사이가 앞서 있는 로봇 테크놀로지나 유비쿼터스·IT 등의 산업 분야를 중심으로 첨단지식을 집결함으로써 차세대의 산업을 창출하는 지식 창조 거점을 형성하는 것이다. 또한 품격 있는 도시경관과 풍부한 도시환경의 창출, 시민활동을 지원하는 도시 기반의 정비 등 매력 넘치는 도시 만들기를 행정과 민간이 제휴해 진행하고 있다.

한편 우메다 서쪽 지역은 고급 상업문화가 새로 자리 잡은 지역으로서 각 터미널과 인접해 위치하고 있으며 브랜드숍이나 호텔 등이 모여 있다. 여기에 오사카 산케이 빌딩과 인접한 시마츠 빌딩의 재건축에 의한 '서우메다 프로젝트'가 진행 중에 있어, 상업·문화·오피스의 복합시설로 개발되고 있다.

국제 문화 교류의 장, 나카노시마 지구

나카노시마中之島 지구는 국내외의 국제적 기업을 중심으로 해 국제 문화·정보 기능을 갖춘 '국제 문화 교류의 장'을 목표로 재생을 추진하고 있다. 또한 도지마堂島川 강, 도사보리土佐堀川 강에 둘러싸인 뛰어난 수변경관을 살려 물과 녹지가 풍부한 환경으로 정비하며, 수변공간으로의 접근성 향상과 매력적인 경관을 창출하기 위해 정비·유도를 꾀하고 있다. 향후 새로운 나카노시마 철도노선과 함께 상업시설과 광장, 오픈 스페이스 등의 새로운 도시공간을 창출할 것이다. 또한 도심 거주 촉진의 일환으로서 외국인의 거주 요구에 대응하는 양질의 거주환경 정비를 실시해, 해외기업의 도심 유치를 위한 준비과정으로 초고층 맨션 등을 계획하고 있다. 이렇게 교통 편리성의 향상과 역사·문화적 특성을 살려 매력과 활력으로 가득 찬 도시 만들기를 추진하고 있다.

국제 문화 교류 기능을 강화시킨 나카노시마 지구(왼쪽)(자료: 일본 관광청), 난바파크 옥상에서 바라본 교통 결절점 난바 지구(오른쪽)

교통의 결절점, 난바 지구

오사카 북측 지구와 더불어 오사카의 얼굴인 난바難波·미나토마치港町 지구는 오사카 내에서도 '미나미南(남쪽)'라고 불리는 활기가 넘치는 지역이다. 중국 당나라의 수도인 장안長安(시안西安 시의 옛 이름)으로 여행을 떠나는 미나토港(항구), 나니와즈浪速津에서 그 유래를 가지고 있으며, 현재는 간사이국제공항으로 향하는 현관, 교통의 결절점이다. 미나토마치 지구에서는 구舊국철 화물 야드의 철거지 약 17.5ha를 이용한 복합타운을 개발하고 있다. 이것이 '르네상스 난바'다. 난바 지구는 4개의 존으로 나뉘어 있으며 각각의 기능을 모아 활기찬 직주근접의 도시를 만들 계획이다.

물의 도시 오사카 재생 구상

오사카 시의 하천은 모두 33개, 총 연장은 약 146km이다. 이 중 1급 하천이 25개, 준용하천과 보통하천이 각각 4개다. 이곳의 하천은 복개시설이 거의 없으며, 물길이 서로 연결되어 있다. 또한 오사카는 예로부터 운하 문화가 발달했다. 도심지 운송수단의 일환으로 1615년 인공적으로 조성한 하천이 도톤보리道頓堀 천이다. 도톤보리 천은 오사카를 대표하는 하천으로 오사카 남측지역을 동서로 가로지르는 길이 2.7km, 폭 28~50m의 운하형 하천이다. 현재 이러한 도톤보리 천과 그 위에 걸쳐진 많은 다리는 신사이바시心齋橋를 대표하는 아케이드 중심 쇼핑 거리와 인접해 많은 사람들이 오가는 장소다.

많은 시민들이 이용하는 장소를 무엇보다도 우선 친숙한 수변공간으로 재생하려는 움직임이 나타났다. 오사카 시는 1973년 '그린워터 플랜'에 이어 1983년 '그린워터 플랜 83(오사카 수역 환경보전 종합계획)'을 수립해 하수도 정비나 공장배수 규제를 통한 수질 개선, 수문 조작 및 준설과 부유쓰레기의 제거 등을 통한 하천 정화, 그리고 유지용수維持用水의 도입이나 천변 녹화를 꾸준히 진행해왔다.

지금까지의 도톤보리 천은 콘크리트 옹벽으로 된 하천제방과 홍수방지턱으로 인해 일반인이 하천에 접근할 수 없도록 만든 시설이었으며, 남북횡단의 16개 교량에서만 하천을 바라볼 수 있었다. 하천을 친수성 하천으로 복원한다는 목표로 1990년 오사카 시청 하천위원회가 수변정비를 제안해, 물의 도시 오사카를 재창조하려는 야심 찬 20년 장기 프로젝트 계획을 수립했다. 1995년부터 2015년까지 20년 동안 총 240억 엔의 예산을 연차적으로 투자해 공사가 진행 중에 있다. 개발 방향도 운하형 하천의 장점을 살려 친수적 수변공원 이용에 목표를 두고 있으며, 정비사업이 완료되면 프랑스의 센 강 유람선을 모델로 작은 유람선도 운행할 계획이다.

▌친수적 수변공간으로 재탄생한 도톤보리 천

또한 수변공간 재생을 시작으로 오사카 시는 2003년 '물의 도시 오사카 재생 구상'을 내놓았다. 오사카 시 승격 100주년을 기념해 1990년 '국제수도水都 수뇌회의ICAP'를 제창하며 시작한 것이다. 오사카 시는 2003년 '세계 물포럼'을 개최하는 등 '물의 도시 오사카'를 세계에 알리고 있다.

토지이용계획의 입체화를 위한 '입체도로제도'

오사카 시내를 돌아다니다 보면 건물의 일부분이 도로로 되어 있는 특이한 건물을 만날 수 있다. 이러한 제도를 '입체도로제도'라고 하며, 과밀 토지 이용을 하고 있는 도시지역에서 도로로 이용하는 공간과 건물로 이용하는 공간을 서로 합의 조정해 양자의 공존을 인정하는 제도로서 1988년에 도입했다.

고속도로나 자동차 전용도로를 건설하려고 하는 과밀 도시지역에서는 도로로 이용

공간과 건물의 효율적 이용을 위한 입체도로

하는 토지(공간)를 도로 사업자가 매수해 토지권리의 이전을 요청해야 하므로, 이에 따른 막대한 비용 지출이 발생한다. 또한 도로 건설에 의해 지역이 분단되거나 하는 문제점이 나타나 도시계획을 실현하는 데 곤란한 경우가 있다. 특히 최근에는 도시 공간의 고도이용이나 지역과 도로 사업자가 일체가 된 지역 활성화 및 재생 계획 등이 요구되고 있어 이러한 제도를 눈여겨볼 필요가 있다.

이 제도가 신설되기 이전에는 도로의 상하 공간에 건물을 건설하는 것은 도로 관리상의 문제로 인해 원칙적으로 금지하고 있었으나, 현재는 '입체도로제도'를 적용해 도로의 상하 공간에 건물을 일체적으로 계획하고 시가지 환경을 배려한 정비를 실시할 수가 있게 됐다.

입체도로제도는 다음과 같은 이점이 있다. 첫째, 공사 기간을 제외하고, 종전 장소에서의 거주나 영업이 가능해짐에 따라 기존 거주자들의 계속적인 거주가 가능해져 정주성을 확보할 수 있다. 둘째, 도로로 필요한 공간 이외에는 다른 용도로 이용할 수 있기 때문에 도로로 인한 지역분단의 문제점을 해소할 수 있으며, 도로정비와 함께 시가지 계획을 할 수 있어 토지를 유용하게 활용하는 토지이용의 입체계획이 가능하다. 셋째, 부지가 접도하지 않게 되거나 부지면적이 감소해, 용적률을 줄일 필요 없이 종전과 같은 건축물의 계획이 가능해진다. 따라서 부지에 대한 영향을 경감시킬 수 있어 토지이용의 효율화를 꾀할 수 있다. 넷째, 그 외에 도로 사업자도 도로로 사용되는 공간만의 권리를 취득해 도로 정비를 시행함으로써 도로 용지 취득비의 절감과 사업의 원활한 전개가 가능하다.

한신고속도로 이케다선 우메다 출구는 입체도로제도를 활용해 오사카의 상업·업무지역인 우메다 주변의 편리성 향상을 도모했다. 이와 동시에 오사카 이케다선의 정체를 완화하기 위해 민간의 사무소 빌딩을 관통한 고속도로 출구를 만들어 사용하고 있다.

이렇듯 오사카의 재생전략은 오사카 시민만이 가지고 있는 창조적 정신을 통해 도시가 지니고 있는 역사와 문화를 존중하면서도 경제부흥을 꿈꾸는 도시정책이라 할 수 있다. 즉, 오사카는 현재까지 쌓아온 사회자본, 자연, 전통과 문화 등의 다양한 자원을 최대한 활용한 구체적인 재생전략 수립과 함께 이를 지원하는 다양한 관련법 정비를 통해 제2의 르네상스를 꿈꾸고 있는 것이다.

• 사진 제공(일부): 일본관광청

/ 윤준도(행림종합건축사사무소 소장)

ㅣ참 고 문 헌ㅣ

• 금성근·이동현·양진우·이원규·김성엽. 2006. 『경쟁도시의 발전비전과 전략－오사카』. 부산: 부산발전연구원.
• 오사카시. 2006·11. 오사카시 경제국 사업분석 보고서.
• _____. 2006. 오사카 경제현황과 2007년의 전망.
• 오사카시 도시재생 프로모션 본부. 2007·2. 오사카시 재생 프로모션 프로그램.
• UN. 2005. UN World Urbanization Prospects. revision.

역사와 문화를 중시하는 미래도시

요코하마

Yokohama

▌요코하마 전경

2002년 6월 30일, 한·일월드컵 결승전의 시작을 알리는 휘슬 소리가 요코하마橫浜 메인스타디움에서 전 세계로 울려 퍼졌다. 전 세계인의 환호성을 자아냈던 이 휘슬 소리는 세계인에게 요코하마를 다시 한 번 확인시키는 신호탄이 됐으며, 세계 속에 우뚝 설 수 있다는 강한 자신감을 요코하마 시민들에게 가져다주기에 충분했다. 1859년 개항 이래 세계와 일본을 연결하는 창구로서 일본의 근대화에 큰 역할을 담당해온 요코하마는, 단순히 세계도시로서가 아닌 세계도시의 최선봉에서 앞장서 나아갈 수 있다는 희망과 가능성을 확인하는 계기가 됐다고 자부하며 끊임없이 미래를 향해 준비하고 있다. 또한 그 속에서 살아가고 있는 요코하마 시민들도 미래에 대한 희망과 기대로 활기차기만 하다.

요코하마의 지정학적 위치

요코하마 시는 도쿄東京 도의 서남부에 위치하고 있는 인구 370만 명(2012년 현재), 면적 437.38㎢의 일본 제1의 항만도시다. 인구수로는 도쿄의 뒤를 이어 두 번째 도시이며, 오사카大阪보다는 약 100만 명, 교토京都보다는 약 220만 명 이상 인구가 많다. 면적 또한 오사카(222.3㎢)의 두 배에 달해 명실공히 일본 제2의 도시로서 자리매김하고 있다.

국제항구도시인 요코하마는 일본 내 주요 도시를 연결하는 신칸센을 중심으로 철도와 고속도로, 항공 등 도쿄와 더불어 교통 네트워크의 강화를 통해 교통 중심지의 역할을 담당하고 있다. 요코하마 역에서 도쿄 역까지는 전철로 약 25분이 소요되며, 간사이關西 지방의 오사카까지는 신칸센으로 2시간 30여 분이 소요된다.

위치 일본 혼슈 가나가와 현
면적 437.38㎢
인구 약 3,700,000명(2012년 기준)
주요 기능 경제산업

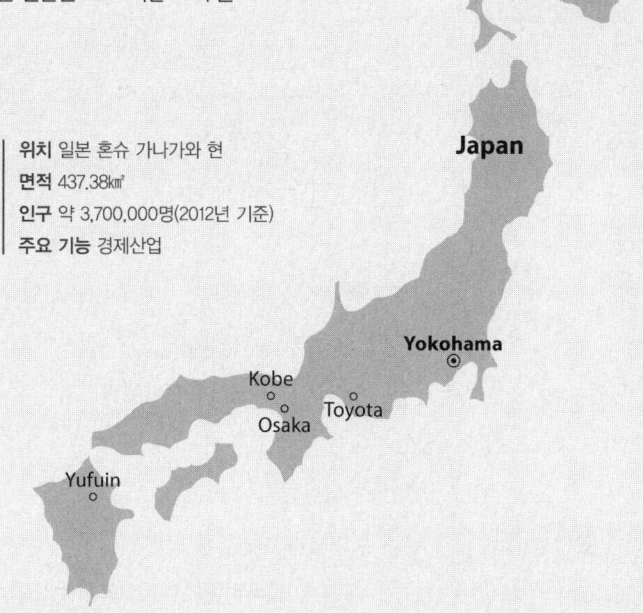

Japan

Yokohama

Kobe
Osaka   Toyota

Yufuin

발전과 고통의 역사

100호 남짓의 촌락이었던 요코하마가 세계 역사의 무대에 등장한 것은 지금으로부터 150여 년 전인 1853년경의 일이다. 200여 년 이상 쇄국정책을 전개하던 일본의 막부幕府정부는 1854년 미국의 페리Matthew C. Perry 제독에 의해서 세계를 향해 문호를 개방하게 됐으며(미일화친조약, 미일수호통상조약), 처음으로 개항한 곳이 바로 요코하마다. 개항 이후, 기성 시가지와 외국인 거류지 등의 정비(1859년)를 통해 요코하마는 상업무역도시로서의 길을 걷기 시작했다.

그러나 1866년에 발생한 대화재로 시가지의 3분의 2 이상이 소실되는 어려움을 겪었고, 이는 요코하마를 대대적으로 정비하는 계기가 돼 일본 최초의 서양식 공원이라고 불리는 요코하마 공원의 건설을 비롯한 폭 36m의 대가로와 그 주변의 건축, 하수도 정비 등이 이루어졌다. 이것은 일본 근대도시계획에 한 획을 긋는 선험적인 계획사업으로서 지금까지도 요코하마 시의 골격을 이루고 있다.

그 이후 상업무역도시로서의 순조로운 발전을 거듭하던 요코하마는 1880년대부터 외국과의 교역량이 급속히 증가해 기존의 항만시설로는 그 기능을 다할 수 없게 됐다. 이에 따라 제1기 축항공사(1889년)로 150만 평 규모의 항만을 건설하고, 제2기 축항공사(1899년)로 동양 최대의 새로운 항만시설을 확보하게 된다. 또한 이때 공업용지 공급을 위해 처음으로 매립사업이 시작돼 게이힌京浜 공업지대 조성이 본격적으로 이루어졌으며, 이는 무역과 함께 요코하마 산업경제의 중심적 역할을 하게 된다.

대규모 화재의 어려움을 이겨낸 요코하마는 발전을 거듭하다 또 하나의 시련을 겪게 되는데, 이것이 도쿄와 요코하마를 중심으로 한 간토關東대지진(1923년, 진도 7.9)이었다. 이로 인해 요코하마의 항만시설 절반 이상이 붕괴됐으며, 택지 면적의 80%와 중심시가지(간나이關內 일대)의 중추기관 등이 손실돼 도시기능이 마비됐다. 그 이후 간토대지진의 피해 복구가 지연되고 고베神戸 공업지대를 배경으로 한 고베 항의 성장과 도쿄 항만 개발 등으로 국제무역항으로서의 요코하마는 위협받기에 이른다.

이러한 위기를 극복하기 위해 요코하마 시는 '삼대정책三大政策'[1]이라는 자구책을 마련했다. 그리고 만주사변(1931년)을 계기로 게이힌 공업지대의 군수산업이 급성장하면서 요

자연과 사람이 함께 공유하는 고호쿠 뉴타운의 녹도(왼쪽), 요코하마의 상징이자 전장 860m의 세계 최대급 사장교인 베이브리지(오른쪽)

코하마는 국제무역항과 공업도시로서의 모습을 갖추게 되고, 상업무역과 더불어 공업이 산업경제의 중심적 역할을 하게 된다.

이처럼 대규모 화재, 간토대지진 등의 고난을 슬기롭게 이겨낸 요코하마는 제2차 세계대전이라는 또 한 번의 시련을 맞게 된다. 주요 항만시설과 공업지대를 갖춘 요코하마는 연합군의 주요 공격대상이 됐으며, 1945년에 실시된 요코하마 대공습에서는 시가지의 42%가 소실돼 도시기능이 마비되는 피해를 입게 된다.

전후에 일본 정부는 '전후부흥원'을 설치해 단순한 전후 복구작업이 아닌 향후 100년 앞을 내다보는 도시계획을 수립해 요코하마의 전후 복구작업을 도왔다. 그리고 「항만법」의 개정(1950년)으로, 요코하마 시는 「요코하마국제항도건설법横浜國際港都建設法」을 제정해 요코하마 항을 시가 독자적으로 관리하게 됐으며, 이를 통해 항구와 공업지대를 연결한 물류공업지대의 강화와 경제의 재도약, 산업기반 정비 등이 더욱 효율적으로 이루어져 자립적인 무역도시로서 크게 발전할 수 있었다.

이처럼 개항 이후 공업화를 중심으로 추진돼온 도시정책은 요코하마의 6대사업(1965년)[2]과 '요코하마 시 기본구상'(1973년) 등으로 시민의 건강과 복지 등 생활환경을 중시하고 시민이 주체가 되는 국제평화도시를 만드는 도시정책으로 전환되기 시작했다. 그리고 1980년대에 들어 경제가 고도성장기에서 안정성장으로 전환되면서 고령화 사회에의 대응, 지역사회의 형성, 도시문화의 육성, 수도권 중핵도시로의 변모 등 21세기 요코하마가 지향해야 할 비전들이 제시된 '요코하마21세기 플랜'(1981년)이 책정됐다. 그리고 앞에서 언급한 6대사업도 차근차근 그 결실을 맺게 돼 고속철도와 도로망이 확충되고 매립을 통한 유통단지가 정비됐으며, 토지구획 정리사업을 통해 요코하마의 부도심인 센터 지구에 고호쿠港北 뉴타운도 건설됐다. 도심부 강화사업의 일환으로는 전 세계적으로 유명한 '미나토 미라이21Minato Mirai21' 사업이 1983년에 착공돼 업무·상업·문화활동의 장이자 국제교류 기능과 시민의 휴식공간으로 활용되고 있다.

요 코 하 마 의 미 래 꿈

1990년대에 들어서 일본은 버블경제의 붕괴, 고령화 사회의 심화 등 지금까지의 성장형 도시에서 성숙형 도시로의 전환을 강하게 인식하고, 다음 세대에도 밝은 미래의 도시상을 실현해나가기 위한 새로운 계획이 제안됐는데, 그것이 '유메하마夢浜 2010플랜'(1994년)이다. 유메하마란 '꿈夢+요코하마橫浜'의 합성어로서 바람직한 생활상의 실현을 통해 시민의 꿈을 실현한다는 의미를 담고 있으며, 동시에 친숙하고 아름다운 여운을 지닌 말로서 시민 응모작품을 기초로 만들어진 말이다. 이 플랜은 일본의 개국지로서 요코하마 특유의 역사와 풍토를 살리면서 세계를 향한 국제도시와 미래도시로서의 발전을 추구하고 있다. 그와 동시에 과거와 미래의 조화를 이룬 개성적이고 선도적인 도시계획의 실현으로 시민이 긍지를 가질 수 있는 요코하마의 이미지를 재생하고 창조하는 것을 목적으로 한다.

그 이후 요코하마 도시기본계획(2000년)이 책정됐는데, 이 기본계획은 종합계획인 유메하마 2010플랜에서 도시계획의 기본원칙 네 가지, 즉 ① 활력 있는 도시계획, ② 안전·안심할 수 있는 도시계획, ③ 개성이 넘치는 도시계획, ④ 삶을 지탱하는 도시계획을 구체적으로 반영해 만들어졌으며, 2002년에는 '국제항도 요코하마의 도시 만들기'라는 전략이 수립돼 생활·문화도시를 위해 행정과 시민, 기업의 참여를 유인하고 있다.

한편, 요코하마는 자발적 시민참여 유도를 공공이 지원하기 위해 시민활동과 협력에 관한 기본방침(요코하마 6코드[3])을 조례로 제정해 운영하고 있다. 또한 개항도시의 이미지와 문화자산이 풍부한 도시의 이미지를 재조명하고, 요코하마의 개성적인 경관을 형성하고 있는 역사적 건조물과 각종 도시시설에 야간조명을 밝혀 야경을 연출Light up하는 '요코하

미쓰비시조선소의 옛 독을 보전하여 이벤트 공간으로 활용한 독야드가든

마 도시공간 연출사업'을 약 25년 전부터 실시하고 있다. 이 사업으로 많은 시민이나 관광객에게 어필함과 동시에 야간에 걷는 즐거움과 향수 어린 가로경관의 매력과 활성화를 도모하고 있다. 2004년에는 '문화예술 창조도시 - Creative City YOKOHAMA' 계획을 발표하면서, 문화·예술·관광이라는 새로운 관점에서 도시재생을 대대적으로 시도하고 있다.

요 코 하 마 의 핵 심 미 나 토 미 라 이 2 1

요코하마는 기존의 도심인 간나이關內, 이세자키쵸伊勢佐木町 지구와 요코하마 역 주변 지구로 양분돼 있는 도심을 일체화시키기 위해 새로운 도심을 조성하게 됐는데, 이것이 미나토미라이Minato Mirai21사업이다. 이 사업은 21세기 미래도시의 창조를 모토로 해 1965년부터 구상돼 1983년에 착공됐으며, 지금도 사업이 한창 진행되고 있다. 미나토미라이21은 '미나토港의 항구+미라이未의 미래+21세기'를 합성한 것으로 '21세기 미래항구도시'라는 의미를 가지고 있으며, 총 186ha에 취업인구 19만 명, 거주인구 1만 명을 계획하고 있다.

이 사업을 통해 요코하마의 업무핵 도시기능을 집적시켜 요코하마의 자립성을 강화하고, 항만 주변에 공원과 녹지(린코臨港 공원과 니혼마루日本丸 메모리얼파크 등)를 정비해 시민이 쉴 수 있는 친근한 워터프런트 공간을 조성했다. 또한 항만관리 기능을 집적시키고, 도쿄에 집적된 수도 기능과 기업 본사, 다국적 기업 등을 분담하는 최대의 대체지로서 업무·상업·문화, 국제교류 기능의 집적을 도모하고 있다.

이 사업은 계획대로 진행되고 있으며, 미나토미라이21지구에는 일본 최고의 타워인 랜드마크타워(지상 70층, 높이 296m)가 미쓰비시조선소의 독dock 자리에 세워졌다. 지금도 옛 독은 랜드마크타워 전면에 보전돼 독야드가든DOCK YARD GARDEN이라는 이름의 시민 이벤트 공간으로 이용되고 있다. 랜드마크타워는 요코하마를 상징하는 건물로서 미나토미라이21지구의 현관 건물이다. 랜드마크타워를 중심으로 퀸즈스퀘어빌딩, 일본석유빌딩,

▌ 언제나 활기찬 미나토미라이21지구

미쓰비시중공업빌딩 등이 입지하고 있으며, 내부에는 대규모 쇼핑몰과 레스토랑 등이 입점해 있다. 사쿠라기쵸櫻木町 역에서 랜드마크타워와 퀸즈스퀘어로 통하는 보행자 전용통로(총 연장 260m, 폭 12m)에는 무빙 워크(연장 60m, 90m)가

▌ 절묘하게 어우러진 아카렌가소고와 오산바시 국제여객터미널

설치돼 있어 편리하고 쾌적하게 주변을 관망하면서 보행할 수 있도록 돼 있다.

또한 컨벤션 기능을 갖춘 국제교류거점으로서 퍼시픽 요코하마(국립국제회의장)를 중심으로 오피스, 문화시설, 호텔, 상업시설, 코스모스 월드라는 복합놀이공간, 도시형주택 등 다양한 기능을 유기적으로 결합해 24시간 활동하는 활기찬 국제도시로서 매력적인 공간을 연출하고 있다. 그 외에도 첨단기술, 지식집적, 국제업무 등의 분야에서 활동하는 기업의 중추관리 부문과 연구개발 분야를 중심으로 업무기능과 행정기관이 집적하고, 경제·문화 등 다양한 정보를 창조·발전시키는 21세기 정보도시로서의 기능도 수행하고 있다. 여기에 워터프런트의 귀중한 특성을 살려 인간과 자연이 융합된 윤택한 물과 녹지의 네트워크에 역사의 향기가 피어나고, 국제불꽃축제 등 다양한 이벤트가 개최되는 인간도시를 실현하고 있다. 아울러 일본 최대의 공동구와 지역냉난방 시스템, 도시폐기물처리 시스템 등 에너지 절약적인 친환경도시로도 발전해가고 있다.

최근에는 요코하마 항의 대표적인 부두로서 21세기 국제여객 수요에 대응하고 많은 시민들에게 항구와의 친근감을 주기 위해, 오산바시大さん橋 국제여객터미널이 상징적인 디자인과 함께 새롭게 정비됐다. 또한 개항 이후 물류창고로 쓰이던 아카렌가소고赤レンガ倉庫 (붉은 벽돌 창고)는 철거하지 않고 원형을 그대로 보존해 홀과 전시공간 등을 가진 문화시설, 상업시설로서 재정비돼 요코하마의 새로운 관광명소로 자리 잡고 있다.

역사문화를 통한 미래도시 실현

최근에는 도시도 하나의 상품처럼 여겨지고 있는 것이 사실이다. 그렇기 때문에 다른 도시와는 구별되고 차별화될 수 있는 무엇인가가 필요한 것 또한 사실이다. 요코하마는 지금까지 걸어온 역사와 개성이 풍부한 도시계획을 통해 ① 창조도시, ② 국제도시, ③ 환경도시, ④ 생활도시의 네 가지 도시상을 정립해 요코하마만의 독특한 모습을 보존함과 동시에 만들어가고 있다. 개항 이후 150여 년의 세월이 지난 요코하마에는 과거의 요코하마를 볼 수 있는 역사자원들이 상당수 남아 있다. 니혼도오리日本通り 거리를 중심으로 한 간나이 지역에는 다수의 근대역사 건조물이 입지하고 있으며, 이들이 중심이 돼 도시경관을 형성하고 있어 미나토미라이21지구의 현대적인 모습과는 또 다른 모습을 보여주고 있다. 또한 일본의 최초 개항지답게 과거 외국인들이 살던 집이나 그들이 묻혀 있는 외국인 묘지 등 요코하마만이 가지고 있는 유적들을 꾸준히 관리하고 보존해 관광자원으로 활용하고 있다. 최근에는 구 제일은행 지점, 구 후지富士은행 지점 등 역사문화 보전 건축물을 시민, NPO, 전문가 등이 주도하는 문화예술 이벤트 등의 공간으로 활용할 계획이다. 예전부터 형성돼온 차이나타운은 일본 속에 녹아 있는 중국의 맛을 느낄 수 있기에 요코하마를 찾는 관광객이라면 미나토미라이21지구와 더불어 반드시 찾게 되는 요코하마의 유명한 명소라 할 수 있다.

이처럼 과거의 모습을 그 자체 그대로가 아닌 새로운 모습으로 변화시켜가면서, 바라보는 공간이 아닌 함께 어울리고 느낄 수 있는 공간으로 끊임없이 재창출해가는 곳이 바로 요코하마다. 이것이 바로 요코하마의 매력이며, 세계도시로서 인정받을 수 있는 이유라고 할 수 있다. 여기서 역사보전이란 방치가 아니라 끊임없는 노력으로 그 가치를 지속적으로 향상시키는 것

▌ 옛 이탈리아 정원의 모습을 그대로 간직한 외국인 거류지

이라는 교훈을 얻을 수 있다.

도시는 하나의 유기체라고 한다. 땅에 사람이 건축물을 짓고, 그 속에서 여러 가지 활동을 만들어냄으로써 도시는 비로소 의미를 갖게 되고 살아서 숨 쉴 수 있게 된다. 요코하마를 생동감 있게 만드는 것은 국제적 규모의 항구나 잘 보존된 역사건축물, 일본

요코하마의 명소인 세계적 규모의 차이나타운

에서 가장 높은 랜드마크타워만은 아닐 것이다. 그 힘의 원동력은 바로 끊임없이 과거를 되돌아보고 현재를 고쳐가면서 미래를 준비해가고자 하는 요코하마 시민들의 마음과 행동이다. 이것이 있기에 그토록 밝고 활기찬 숨을 쉴 수가 있는 것이며, 언제나 새로운 요코하마를 볼 수 있는 즐거움이 있는 것이다.

부산의 자갈치 시장에 가서 갓 잡아 올린 생선들을 보면 삶의 활력, 원동력을 느낄 수 있다고들 한다. 도시 속에 살아가며 도시를 공부하는 사람들에게 요코하마는 그러한 존재가 아닌가 싶다. 하루하루가 다르게 변화하고 있는 요코하마가 앞으로 어떠한 모습을 보여줄지 이를 지켜보는 것이 또 하나의 즐거움이 될 것이다.

• 사진 제공(일부): 이미지투데이

/ 남진(서울시립대학교 도시공학과 교수)

| 주 |

1 ① 게이힌 공업지대의 항만 확장 요구에 대응한 대규모 방파제 축조, ② 임해공업지대 조성과 산업기반 정비, ③ 요코하마 시의 확장정책 등을 뜻한다.

2 ① 도심부 강화사업(MM21), ② 가나자와(金澤) 매립사업, ③ 고호쿠(港北) 뉴타운 건설사업, ④ 고속철도 건설사업, ⑤ 고속도로망 건설사업, ⑥ 베이브리지 건설사업 등.

3 민관협력의 원칙으로 대등의 원칙, 자주성 존중의 원칙, 자립화의 원칙, 상호이행의 원칙, 목적 공유의 원칙, 공개의 원칙 등 6가지.

ㅣ참 고 문 헌ㅣ

• 다무라 아키라. 1999. 『교양인을 위한 도시계획 이야기: 일본 제2의 도시, 요코하마의 성공사례』. 윤백
  영 옮김. 서울: 한국경제신문사.

• 牧野達次. 1990. 「横浜の都市づくりーMM21事業」. ≪都市計画≫, 164: 74~76.

• 中島清. 1992. 「横浜市における都心臨海部再開発の経過ーみなとみらい21中央地区を中心として」.
  ≪経済と貿易≫, 159: 39~96.

• 国吉直行. 1993. 「横浜の歴史的港湾区域とみなとみらい21(《特集》日本のウォーターフロント: 現状と将来)」.
  ≪建築雑誌≫, 108(1351): 26~29.

• 二村宏志. 2003. 「地域ブランドの時代――まちのブランド評価(9)みなとみらい21(横浜)&臨海副都心(東
  京)」. Nikkei regional economic report 414: 22~26.

• 竹沢えり子. 2004. 「街の歴史とこれからのプロジェクト　東京臨海副都心vs.横浜みなとみらい21」.
  Tokyojin 19(6): 154~159.

• http://www.city.yokohama.lg.jp/

• http://www.minatomirai21.com/

• http://www.ymm21.jp/

세계 자동차산업의 메카
도요타

▌도요타 시 전경(© tony cassidy)

도요타豊田 시는 일본 중부 나고야名古屋 시에서 동쪽으로 30㎞쯤 떨어진 곳에 위치한 자동차 공업도시다. 세계의 자동차기업이 된 도요타사의 본사와 대부분의 공장이 위치하고 있는 이 도시는 이제 도요타자동차의 명성만큼이나 유명한 도시가 됐다.

도요타 시는 한편으로 기업과 도시의 협력을 통한 지역발전이라는 성장연합모델로도 유명하다. 도요타 시에 도요타자동차사가 입지하게 된 것도 시의 적극적인 노력에 의한 것이었고, 이후 시와 도요타사는 긴밀한 협력관계를 유지해왔다. 지방자치단체와 기업의 협력이 세계적인 상품과 경쟁력을 창출한 것이다. 그리고 이를 통해 도시경제의 놀랄 만한 발전이 이룩돼온 것이다.

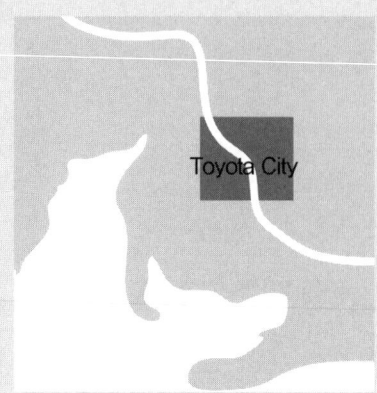

Toyota City

■ 도요타 시의 위치

위치 일본 아이치 현
면적 918.47㎢
인구 423,744명(2012년 기준)
주요 기능 경제산업

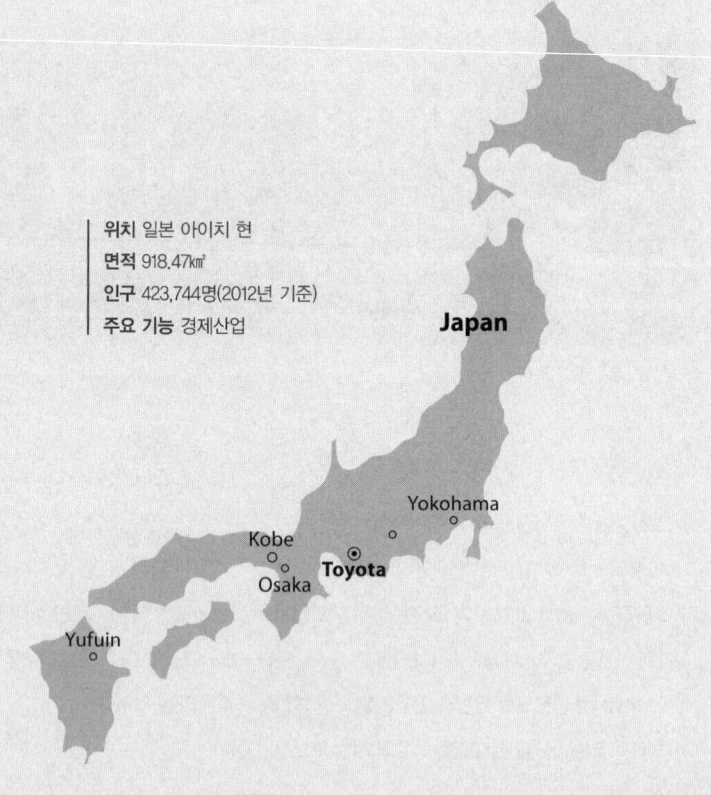

Japan

Yokohama

Kobe

Toyota

Osaka

Yufuin

자동차산업 메카의 발전과정

도요타 시는 아이치愛知 현의 중심에 위치한 전통적인 농촌중심도시였다. 19세기 후반부터 20세기 초까지 양잠과 견직공업이 성했다. 당시 도요타는 고로모擧母라는 지명으로 불리고 있었는데 고로모 정町의 시가지 주변에는 생사공장이 줄지어 있었다고 한다. 1930년대로 접어들자 고로모의 견직산업은 세계적인 생사 수요의 후퇴와 더불어 차츰 활기를 잃어갔다. 고로모 인근에는 사나게猿投 지구의 요업, 마쓰히라松平 지구의 수차방적공장 등이 있었으나 이들 재래공업도 점차 쇠퇴해갔다.

이 시기에 아이치 현 가리야刈谷 시에 위치한 도요타자동직기제작소에서는 자동차 생산기술에 대한 연구를 하고 있었다. 이 회사는 도요다 사키치豊田佐吉가 만든 직조기계회사였다. 자동차 연구를 주도한 사람은 도요다 사키치의 아들인 도요다 기이치로豊田喜一郎였는데, 당시 이 지역에는 자동차가 거의 없었고 더구나 자동차 생산은 상상하기도 어려웠다. 1936년에 제1호 승용차를 개발하고 공장을 건설하기 위해 공장 부지를 물색하기 시작했다.

이 소식을 들은 나카무라 수이치中村壽一 고로모 정장町長은 지방 의회에 협조를 구하는 한편으로 공장 유치에 나섰다. 정장을 비롯한 여러 사람들의 노력 끝에 도요타자동차사의 고로모 공장이 1938년 '론치가하라'라 불리는 구릉지에 건설됐고, 자동차 도시로서 제1보를 내딛게 됐다.

1940년 도요타사의 자동차 생산 대수는 1만 5000대에 이르렀다. 자동차 공장의 종업원들이 늘어나면서 고로모 정의 인구도 1935년 1만 4000여 명에서 1945년에는 2만 5000여 명으로 증가했다. 그러나 제2차 세계대전의 패전으로 인해 자동차 수요와 생산 대수가 격감했다. 고로모 정은 적극적인 공장 유치책을 도입했고, 이에 힘입어 크고 작은 자동차 관련 기업들이 고로모에 입지했다. 하지만 도요타사와 도요타 시의 상황은 점점 악화됐다.

1950년에 발발한 한국전쟁은 도요타자동차사가 기사회생할 수 있는 계기가 됐다. 미군이 군용트럭을 대량 주문해온 것이다. 1951년 3월에는 인구증가를 반영해 고로모 정이 고로모 시로 승격됐다.

▌도요타 시청(© Gnsin)

▌도요타 시립미술관(© Nopira)

고로모 일대가 자동차 공업도시로서 본격적인 발전을 이룬 것은 1954년 이후다. 고로모 시는 '공장유치장려조례'[1] 를 시행했는데 '지역 내에 입지한 공장에 대해 재산세, 주민세의 상당액을 3년간 면제한다'는 것이었다. 이 조례의 특징은 여타의 공장유치장려조례들이 외부에서 이전한 공장에만 적용된 데 비해, 지역 내 공장의 증설이나 지역 내 공장 이전에도 적용됐다는 점이다. 조례에 따라서 고로모에 입지한 제조업체들에 대해 입지장려금을 지원했고 공장 부지를 알선해주기도 했다. 고로모 시의 이러한 정책은 고로모의 인근 자치단체인 다카오카高岡, 가미고上郷, 사나게

정으로 확산됐다.

1959년에는 승용차 전문 공장으로서 모토마치本町 공장이 완성됐고, 고로모 시는 도요타 시로 명칭을 변경했다. 도요타 시는 이후 1960년대 중반까지 다카하시무라高橋村, 가미고 정, 다카오카 정, 사나게 정, 마츠히라松平 정을 합병하면서 도시성장을 계속했다.

공장유치장려조례와 함께 도요타 시의 공업화에 큰 역할을 한 것으로 공장집단화사업을 들 수 있다. 1963년에 중소기업기본법에 근거해 중소기업고도화자금대부제도가 신설됐고, 도요타 시내에는 도요타 시 철공단지협동조합, 도카이東海 전자공업공장

단지협동조합 등이 집단화 사업의 수혜를 받았다.

1965년에는 엔진전문 공장인 가미고 공장이 완성됐다. 이 시기에 많은 관련 회사가 도요타 시에 입지하면서 노동력의 유입에 따라 시 인구도 대폭 증가했다. 1970년대 도요타자동차는 생산과 수출이 지속적으로 증대됐고, 도요타 시의 인구도 50%가량 증가했다. 1980년대에는 도요타사의 기술과 경쟁력이 세계적 수준으로 발전했다. 도요타의 품질과 가격경쟁력은 일본 국내 업체들뿐 아니라 미국과 유럽의 주요 자동차업체들을 능가하게 됐다. 1983년 캠리가 발표됐고 1989년에는 도요타의 명품차 렉서스가 출시됐다. 도요타는 전 세계인들에게 최고의 브랜드로 명성을 굳혔다.

도요타자동차사는 생산방식에서도 다양한 혁신을 일으켰고, 그것들은 세계적인 주목을 받았다. 도요타의 간판 시스템과 적기생산방식(JIT)은 물류와 생산의 혁신으로 인식됐으며, 주문생산에 가까운 소비자 주문형 생산방식도 세계 자동차산업에 새로운 모델로 떠올랐다. 도요타가 추구한 관련 기업들의 공간적 집적방식도 물류비용의 감소 및 생산의 유연화와 관련해 전략적 벤치마킹의 대상이 됐다.

그러나 1990년대 발생한 일본의 경기침체는 도요타자동차에도 상당한 영향을 미쳤다. 도요타자동차의 수출은 지속적인 상승세를 나타냈지만 내수시장의 불황은 극복되지 않았다. 게다가 엔고로 인해 국내 투자를 대신해 해외로의 공장 이전이 확산됐다. 도요타 산업지구[2]의 공장 수는 1987년을 정점으로 감소 추세를 보였다. 이는 일본 전체나 아이치 현의 제조업 상황과도 유사한데, 1990년대 이후 경기침체는 심각한 양상이었다.

도요타 시의 제조업 생산액은 1988년부터 3년간 전년 대비 10% 이상의 증가를 보였으나 1991년에는 5.3%로 증가율이 둔화됐고, 1992~1995년까지는 4년 연속해 전년보다 감소했다. 그리고 1996년에는 5년 만에 7.0% 증가했지만 그 이후에는 침체를 면하지 못했다.

1999년에 실시된 공업통계조사 결과에 의하면 제조업 생산액이 약 7조 9501억 엔으로, 전년에 비해 약 2051억 엔(2.5%) 감소했다. 또 공장 수는 1419개로 전년에 비해 41개(2.8%)가 감소했고, 종업원은 8만 8597명으로 전년 대비 1512명(1.7%) 감소했다.

〈표 1〉 도요타사의 자동차 생산증가 추이

연도	생산 대수(만 대)	일본 내 생산 대수(만 대)	일본 내 생산 비율(%)
1945	2		
1950	3		
1955	4		
1960	16		
1965	50		
1970	160		
1975	232		
1980	315		
1985	365		
1990	410		
1995	315		
2000	595	415	70.0
2005	734	379	51.6
2010	856	405	47.3
2012	1,010	442	43.8

자료: 豊田市(2002); 세계자동차산업협회(2013); http://www.oica.net/category/production-statistics/

　　이에 비해 도요타자동차사는 해외 진출을 기반으로 1995년 이후 비약적인 성장을 이룩했다. 2000년 세계 3위의 자동차 생산업체로 부상한 도요타사는 2005년에 세계 2위의 자동차메이커로 올라섰고, 2008년에는 드디어 세계 최대의 생산업체로 등극했다. 휘발유 엔진과 모터를 결합해 세계 최초로 하이브리드카를 내놓는 등 기술적 선도성도 확보했다. 그러나 2008년 이래 2~3년간 수렁과도 같은 침체를 경험하게 된다. 미국발 금융위기로 인한 자동차 수요의 급감과 엔고, 동일본 대지진, 대규모 리콜 사태 등으로 예기치 못한 위기가 닥쳐온 것이다. 특히 대규모 리콜 사태는 그간 쌓아올린 도요타의 명성을 한순간에 추락시켰다. 많은 전문가들이 도요타의 회복이 쉽지 않을 것으로 예상했지만, 2012년에 도요타자동차는 전년 대비 25%p 이상의 성장률을 기록하며 불사조처럼 일어났다. 도요타사가 세계 최대의 자동차메이커로 다시 올라선 것은 물론이고 자동차업체 사상 처음으로 연간 1000만 대 생산을 돌파했다.

한편으로 도요타사는 늘어나는 해외 수요와 엔고 그리고 일본 내 임금상승에 대응하기 위해 공장의 해외 이전을 가속화해왔다. 그 결과 2006년에는 해외 생산 규모가 국내 생산을 넘어섰고, 이후 해외 생산의 비중은 지속적으로 증가하고 있다. 도요타자동차사의 2012년 상반기 실적을 보면 일본 생산 236만 8525대, 해외 생산 287만 9252대로 해외 생산 비중이 약 55%를 차지하고 있다.

도요타사의 이러한 성장과 해외 이전은 도요타 시 경제에 직접적인 영향을 주었다. 이 기간 도요타 시는 세계 자동차산업의 메카로 자리를 굳혔지만, 도요타사의 해외 공장 이전과 공정 자동화, 일시적인 생산 감소는 지역경제와 고용의 위기로 작용했다.

향후 도요타사는 일본 내 연간 300만 대 생산을 지속한다는 방침이다. 그리고 해외 공장에서 판매된 금액의 6%를 일본 내에 투자한다는 원칙을 고수하고 있다. 이렇듯 도요타사가 일본 내 연구·생산시스템의 가치를 중시하는 것은 도요타 시를 중심으로 한 자동차산업 클러스터가 기술혁신과 제품개발의 원천이 돼왔다는 인식에 기초를 두고 있다. 도요타 시 일대에 형성된 연산 300만 대의 지역적 생산 규모가 기술 혁신과 제품 개발을 위한 토대로 작용해왔다는 것이다.

도 요 타 시 의 오 늘

도요타사의 성장에 따라 이 회사가 위치한 도요타 시는 오늘날 세계 최대의 자동차산업도시로 발전했다. 특히 과거 세계 자동차산업의 메카였던 미국 디트로이트 시의 자동차산업이 붕괴되면서 도요타 시는 타의 추종을 불허하는 자동차 생산기지로서 우뚝 서게 됐다.

도요타자동차의 본사와 대부분(13개)의 생산 공장, 그리고 협력업체들은 도요타 시와 인근에 포진한다. 다만 도요타사의 몇몇 기능들은 여타 지역에 분산 배치돼 있다. 도쿄에는 도쿄 본사가 있고, 나고야에는 나고야 사무소, 시즈오카静岡 현에는 자동차

도요타자동차 본사(© TokumeigaKarinoaoshima)

연구소가 위치한다. 또 홋카이도에 자동차시험장 등이 있고 가스가이春日井 시와 도치기栃木 시, 야마나시山梨 현에는 각기 사업소가 위치해 있다. 도요타 사는 1992년에 연산 31만 대 규모의 공장을 규슈九州에 건설했고, 2012년에는 34만 대 규모의 공장을 도호쿠東北에 개소했다. 하지만 도요타자동차 생산의 중추는 여전히 도요타 시 일대이다. 오늘날 도요타 시는 공업도시로서의 위상도 높아졌는데, 제품출하액 등에서 일본 1위의 공업도시로 부상했다.

도요타 시의 산업분포를 보면 수송용 기계산업의 비중이 절대적이다. 수송용 기계산업의 공장 수는 16.8%에 불과하지만, 종업원 수는 73.7%, 제품출하액은 91.5%를 차지하고 있다. 자동차산업이 아닌 부문이라도 대부분 자동차산업과 관련돼 있다. 예를 들어 금속공업에는 자동차 부품을 생산하는 프레스 공장이 포함되고, 섬유공업에는 시트천을 만드는 공장이 포함되며, 화학·고무업에는 타이어 공장이 포함돼 있다.

1998년 4월에 아이치 현에서 첫 번째로 중핵도시(인구 30만 명 이상, 면적 100㎢ 이상의 지방자치단체에 행정지정도시의 권한을 인정하는 것)로 지정된 도요타 시는 2010년 현재 60년 전에 비해 면적이 24배, 인구는 13배 늘어났다. 이제 42만 명의 인구를 가진 이 도시는 아이치 현 내에서 나고야 시에 이어 두 번째 규모의 도시이다. 2000년대 중반에 도요타 시는 전통적인 아이치 현 2위 도시인 도요하시豊橋 시를 넘어섰다.

도요타 시의 인구구조는 낙타 등의 형상을 보이고 있다. 1955년부터 1965년에 걸쳐서 대량으로 유입된 60세 전후의 노동자와 이들의 자녀 세대인 30대에서 40대 초반의 연령층이 다수를 차지하고 있는 것이다. 시 인구의 평균 연령은 40.6세인데, 향후 급속한 고령화가 예상되고 있다. 노동력과 인구의 고령화는 이 산업도시가 가진 최대의 숙제라 할 수 있다.

도요타 시는 젊은 인재를 모으고 살기 좋은 도시환경을 조성하기 위한 시책들을 적극적으로 추진하고 있다. 2008년 도요타 시는 '인재와 친환경으로 약진하는 도시, 도요타'를 미래 도시비전으로 설정했다. 2009년에는 일본 정부로부터 환경모델도시로 지정받았다. 즉, 환경과 산업이 양립하는 지속가능한 사회를 지향하고 있다.

도요타자동차와 도요타 시의 발전요인

도요타 시가 자동차공업의 세계적인 기지로 발전한 데는 다양한 요인들이 지적될 수 있다. 여기에는 무엇보다도 도요타자동차의 획기적인 경쟁력 향상 노력이 지적돼야 할 것이며, 양호한 입지 여건, 원활한 산업용지 공급, 자치단체의 정책적 대응, 창의적이고 협력적인 노동력 등도 빼놓을 수 없을 것이다. 그리고 산업클러스터론의 관점에서 도요타 지역의 산업전문화 효과를 주목할 필요가 있다.

1. 도요타사의 혁신과 경쟁력 창출

도요타 시의 산업발전에 기관차 역할을 해온 것은 무엇보다도 도요타사 자체다. 도요타사는 지난 70여 년 동안 도요타 시의 경제발전을 주도해왔고, 고로모 시는 도시명을 아예 도요타 시로 개칭하기에 이르렀다.

도요타사는 세계 자동차산업을 선도해온 기업으로서 많은 기술혁신을 이룩해왔다. 그리고 이러한 도요타사의 공정기술 혁신은 도요타자동차가 세계적인 경쟁력을 확보하는 데 핵심적인 역할을 해왔다. 도요타사의 기술혁신에서 주목되는 것은 현장 기술자 혹은 노동자들의 아이디어를 지속적으로 발굴해 생산공정에 반영해왔다는 사실이다. 도요타사의 이러한 제품 및 생산공정 개선전략은 카이젠改善으로 불리고 있는데, 현장 아이디어와 의견을 중시하는 도요타의 경영방식을 반영하고 있다.

도요타사가 발전시킨 생산기술로서 널리 알려진 것에는 적기납품방식Just In Time: JIT(혹

〈표 2〉 도요타 시의 인구 증가

과거 시역 기준		현재 시역(918.47㎢) 기준	
연도	인구수(명) / 증가율(%p)	연도	인구수(명) / 증가율(%p)
1930	13,944 / –	1930	101,223 / –
1940	20,629 / 47.9	1940	111,572 / 10.2
1950	31,996 / 55.1	1950	149,477 / 34.0
1960	46,822 / 46.3	1960	151,632 / 1.4
1970	197,193 / 21.6	1970	233,350 / 53.9
1980	281,608 / 42.8	1980	315,544 / 35.2
1990	332,336 / 18.0	1990	368,039 / 6.6
2000	351,101 / 5.6	2000	395,946 / 7.6
2010	423,822 / 20.7	2010	423,822 /7.0
2012	423,744 / 0.0	2012	423,744 / 0.0

주: 현재 시역은 합병 전의 町村 인구 포함.
자료: 豊田市(2013); www.city.toyota.aichi.jp/

은 린lean 생산방식이라고도 함), 소비자주문생산 그리고 라인스톱제 등이 있다. 이 중에서도 도요타의 가장 큰 생산기술혁신 성과는 적기납품방식인데, 적기납품방식이란 최종 조립라인의 수요에 맞추어 부품을 소량씩만 주문함으로써 생산과정상의 손실과 재고를 최대한 줄이는 시스템이다. 이 방식은 나아가 소비자의 주문에 대응한 다품종 소량 생산방식으로서 유연적 생산을 촉진시켰으며, 라인스톱제와 같은 엄격한 품질관리방식을 도입할 수 있게 했다. 그런데 이러한 적기납품방식은 부품생산기업들이 최종조립라인과 지리적으로 인접해 있기 때문에 가능했다고 지적된다.

2. 지역적 산업전문화

도요타 시에서 제조업에 종사하는 전체 노동력은 약 8만 9000명인데, 도요타자동차의 7개 공장에 약 2만 8000명이 일하고 있고 자동차산업 부문에는 약 6만 4000명이 고용돼 있다. 또 금속과 기계 등을 포함한 자동차 관련 공업 분야에는 약 7만 9000명이 고용돼 있어 노동력의 대부분이 자동차 관련 산업에 종사하고 있음을 알 수 있다.

생산액도 자동차 부문이 도요타 시 제조업 생산액의 약 90%를 차지하고 있다. 화학·고무산업도 자세히 들여다보면 도요타자동차의 타이어를 만드는 공장이 생산액의 상당 부분을 차지한다. 즉, 도요타 시에서 산업생산액의 거의 대부분이 자동차 관련 산업이라고 할 수 있는 것이다. 일반적으로 중소도시는 산업적으로는 특화되는 경향이 있지만 도요타 시는 극단적인 경우라고 할 수 있다.

도요타사의 경우 협력적인 기업 간

▌도요타 테크노박물관 산업기술기념관(자료: 일본 관광청)

〈그림 1〉 도요타 시 제조업의 산업분야별 구성

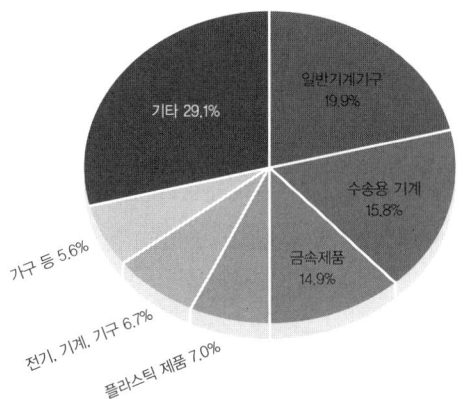

〈그림 2〉 도요타 시 제조업의 산업분야별 생산액(왼쪽)과 산업분야별 종사자 수(오른쪽)

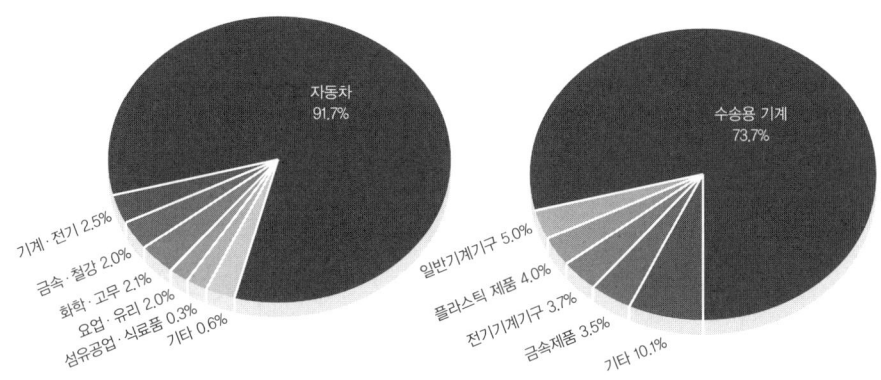

하청관계는 핵심적 강점으로 꼽는다. 그런데 그것은 기업들의 지리적 집적과 무관하지 않다. 도요타사의 부품 공급업체들은 대부분 도요타 시와 그 인근에 포진해 있고 이들의 다수가 지역 기업이다. 도요타사와 하청업체들은 장기적인 납품관계를 맺고 있으며 공동의 번영을 위해 노력해왔다. 이들은 기술개발을 위한 연구와 경영상의 협력은 물론이고 여타 부문에서도 긴밀한 교류와 협력을 유지하고 있다. 이와 같은 안정적이고 장기적인 협력체제는 도요타사와 하청기업 간에만 맺어져 있는 것이 아니라 하청기업들 사이에도 형성되어 있다. 도요타사와 부품업체들은 정기적인 모임을 갖고 기술 및 경영상의 협력을 모색한다. 도요타사의 경우 연관 기업들의 집적이 기술 혁신과 학습 그리고 생산의 질적 수준을 관리하는 데 긍정적인 기능을 해온 것은 분명하다.

산업클러스터론의 관점에서 보자면 이러한 지역적인 산업전문화는 도요타사가 일찍이 유연적 생산체제를 구축하고 세계 최고의 산업경쟁력을 갖는 데 크게 기여해왔다. 특정 지역에 관련 업체들이 모두 모임으로써 수많은 부품업체들과 완성차업체 간의 연계가 보다 효율화됐고 기술적인 학습효과도 거둘 수 있었다. 전술한 도요타의 특유의 생산방식인 적기납품방식과 간판 시스템(배송시스템)도 기본적으로는 집적된 산업입지에 의해 뒷받침된 것이다.

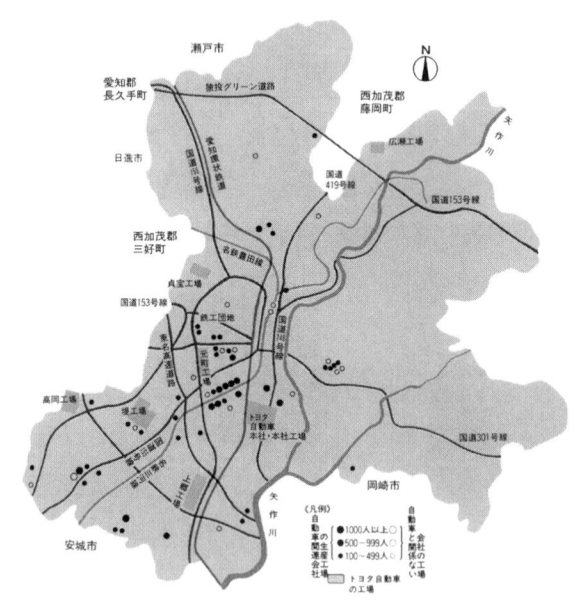

〈그림 3〉 도요타 시의 자동차 공장 분포

3. 도요타 시의 산업시책

도요타 시는 도요타사의 유치과정에서부터 주도적인 역할을 수행했고, 이후 도요타사가 발전하는 과정에서도 기업 지원을 위해 시 예산을 산업인프라와 공공서비스 부문에 적극 투자하는 등 전형적으로 발전주의 지방정부의 역할을 수행한 것으로 평가할 수 있다. 도요타 시의 예산지출 내역을 보면 시 예산의 절반이 교통·교육 등 사회적 투자부문에 집중돼 있다. 즉, 교통체계 정비로 적기납품체계의 원활한 작동을 지원했고, 교육부문 투자를 통해 도요타 직원들의 자녀교육에 대한 요구를 충족시킬 수 있었다. 또 기업의 미래 생산성 확보를 위한 인적 자원 양성에 부응함으로써 도요타사의 장기적인 번영을 뒷받침했다.

도요타 시는 도요타사가 새로 공장을 지을 때마다 모기업과 납품업체 사이를 연결하는 도로와 철도를 부설해주었다. 가미고 공장이 완공되자 모토마치 공장과 연결하는 도로를 신설했고, 오카자키岡崎선을 부설하여 완성품의 90%가 이 노선으로 운반되고 있다. 또한 즈츠미 공장堤工場이 완공되자 기누라 항과 연결되는 고속도로를 건설해 도요타 차량제품이 원활히 선적될 수 있게 했다. 시는 도요타 생산체제를 재조직화하는 과정에 대응해 도시구조를 재설계했고, 그때마다 상당한 재정 투입이 뒤따랐다.

도요타 시의 발전주의적(혹은 조합주의적) 특성을 더욱 잘 보여주는 사례는 기업과 시 공무원 사이의 협력관계다. 공장 신설과정에서 관료들이 인력 충원에 앞장섰고 시정부에 노동정책국이나 고용촉진국과 같은 전담 부처를 설치해 노무관리를 지원하고 있다. 그것은 도요타 시의회 의원 중 상당수가 도요타사 직원들로 구성되어 있는 것과도 무관치 않을 것이다.

4. 입지 및 교통 조건

도요타 시는 자동차공업 도시로서 상당히 우수한 입지 및 교통여건을 가지고 있다. 도요타 시는 일본 제3위 도시인 나고야 시의 동쪽 20~30㎞ 지점에 위치하며, 크게 본다면 나고야 대도시권의 일부라고 할 수 있다. 도요타 시의 기업들은 나고야라는 대도시로부터 다양한 편익(도시화 경제)을 얻고 있는 것이다.

한편으로 도요타 시는 도쿄를 중심으로 하는 수도권과 오사카를 중심으로 하는 간사이關西 지역의 중간에 입지한다. 그래서 이 대도시권들과는 고속교통망에 의해 비교적 단시

간에 연계된다. 일본의 주요 도시와 산업이 이 축에 분포하고 있는데 도요타사는 연구개발기관을 도쿄권에 두고 있고 주요 철강재를 오사카 지역에서 가져오고 있다.

도요타 시는 지역적인 교통연계 측면에서도 우수한 교통여건을 갖추고 있다. 도메이東名 고속도로 등을 통해 원거리 및 주변 도시와 연결되며, 새로운 광역교통망으로서 제2 도메이 고속도로와 도카이 자동차도로가 추진되고 있다. 도요타사의 협력업체들은 대부분 도요타 시와 인근 아이치 현 내 각지에 분포하고, 이외에는 간토關東 지방, 시즈오카 현, 간사이 지방에도 일부 입지하고 있는데, 이들은 도메이·메이신名神 고속도로 등을 이용해 부품을 수송한다.

도요타 시는 철도 교통도 좋은 편이다. 오카자키와 가스가이의 고조지高藏寺를 잇는 아이치 환상철도가 남북으로 종단하는 외에, 메이테쓰明鐵선이 지류知立에서 나고야 혼선으로, 메이테쓰도요타선이 나고야 시 지하철과 상호 환승을 통해 나고야 도심으로 연계된다. 철도에 의한 주변 도시와의 연결도 비교적 편리한데 일부 노동자들은 철도로 통근하고 있다. 하지만 도요타 시의 인구가 대도시처럼 많지 않고 공간적으로 분산돼 있어 철도의 활용과 서비스 수준은 그다지 높지 않다. 철도는 도요타사가 처음 입지할 당시에는 주요 산업수송의 수단이었지만 오늘날에는 그 비중이 크게 줄어들었다.

자동차산업에서 요구되는 항만과 공항은 인근 나고야 항과 나고야 국제공항을 이용하고 있다. 나고야 항은 대단히 우수한 항구조건을 갖춘 양항일 뿐 아니라 여타 항구들에 비해 물동량이 비교적 적어서 자동차를 대량으로 수송하기에 적합한 산업항 조건을 갖추고 있다.

5. 풍부한 산업용지와 지형적 조건

도요타 시는 광대한 평원과 구릉을 가지고 있는데 시정부는 이러한 가용 토지를 활용해 자동차산업이 성장하기 위해 필요한 부지를 원활히 공급해왔다. 도요타 시의 면적은 918.47㎢로 아이치 현의 최대 도시인 나고야 시보다도 넓은 면적이다. 도요타 시는 주변 정촌들을 합병하며 시역을 확장해왔는데[3] 도요타사의 공장들이 도시 주변 곳곳에 입지하면서 분산형의 도시구조가 형성됐다. 도요타 시의 중심부에는 비교적 콤팩트한 시가지가 개발됐지만 이곳에도 미개발 토지들이 곳곳에 산재해 있다.

자동차산업과 같은 대규모 장치형 산업의 경우 저렴하면서도 평탄한 대량의 토지를 필요로 한다. 특히 산업클러스터가 성장해감에 따라 입지조건이 우수한 대규모 토지를 원활히 공급하는 것이 매우 중요한데, 그것이 생산비용을 절감해줄 뿐 아니라 산업클러스터의 유연성과 역동성을 뒷받침하기 때문이다. 많은 자동차 산업클러스터의 경우 기업들이 인근에서 필요한 용지를 확보하지 못해 원거리의 타 지역이나 해외로 공장을 이전하는 것을 볼 수 있다. 이 점에서 미국 자동차산업의 메카였던 디트로이트나 한국 자동차산업의 중심지 울산도 예외가 아니다. 반면에 도요타 시의 넓고 평탄한 가용 토지와 시정부의 적극적인 산업용지 공급 정책은 도요타 공장의 집적화를 위한 기반이 됐으며, 이 산업클러스터의 역동성과 경쟁력을 지원해왔다.

6. 자긍심이 높고 협력적인 노동력

도요타자동차사의 또 다른 강점은 잘 훈련돼 있을 뿐 아니라 의욕적이고 협력적인 노동력의 존재다. 도요타사에서 노동조합은 기업 생산성의 향상을 목표로 하는 자발적인 노동자 조직이다. 그런데 이러한 노동력의 특성은 도요타사에 그치지 않고 협력 업체들에서도 공히 나타난다.

노동자들이 기업에 대해 높은 자긍심을 가지고 자신의 성취와 기업의 발전을 동일시하는 것은 일본 기업문화의 일반적인 특징이긴 하지만 도요타사와 협력 업체들의 경우는 특이할 정도로 현저하다. 도요타사의 직원들은 제품 및 공정 개선에 적극 참여하며 기업의 경영방침이나 노동 조건에 거의 불만을 제기하지 않는다.

시 공무원에 따르면 협력적이면서도 성실한 근로문화는 매우 전통적인 것이라고 한다. 하지만 도요타사의 근로문화는 도요타사가 노동자들의 아이디어를 기업 경영과 제품 생산 과정에 적극 반영함으로써 노동의욕을 고취한 결과로 평가되기도 하며, 지역 사회 전체가 도요타사의 발전에 혼연일체가 되어 있는 사회적 분위기도 큰 몫을 하고 있을 것이다. 이 지역 주민들은 도요타자동차사에 대해 높은 애착과 자부심을 가지며 자신들의 운명이 이 기업과 함께한다는 현실 인식을 가지고 있다.

맺음말

도요타 시의 발전과정은 두 가지 점에서 뚜렷한 시사점을 제공한다. 하나는 지방자
치단체의 적극적인 기업 유치와 육성이 그 도시의 번영을 창출할 수 있다는 사실이다.
지방자치단체의 예산과 정책수단이 비록 제한적이지만, 전략과 노력 여하에 따라서는
예상을 뛰어넘는 성과를 가져올 수 있는 것이다. 이 점에서 도요타 시 사례는 기업과
지방정부 간 성장연합의 모범적인 사례가 아닐 수 없다.

전술한바, 도요타자동차산업클러스터의 역사는 지역산업 발전과정에서 지방자치
단체의 역할을 새삼 돌아보게 한다. 도요타 일대는 19세기 후반부터 20세기 초에 양잠
과 견직이 번성하던 곳으로, 1930년대의 견직산업 불황을 타개하는 과정에서 지방자
치단체가 자동차 공장을 유치하고 지원한 것이 오늘의 번영을 가져온 것이다.

도요타 시의 최근 도시정책이나 산업정책은 세계적 공업도시의 그것에는 다소 미
치지 못하는 감도 없지 않다. 도요타 시의 도시경관은 미국의 첨단산업 도시들에 비해
크게 떨어지고 도요타 시의 산업지원정책도 이제는 특별히 새롭지 않다. 그러나 이 산
업도시가 성장하는 과정에서 도요타 시는 도시명을 기업명으로 대체할 만큼 기업에
우호적이었고, 산업용지 공급, 기업 인프라 조성, 기업 유치 등에 투자를 아끼지 않았
다. 사실 기업을 위한 부지를 확보하고 유치한 기업에 일정한 인센티브를 제공하는 도
요타 시의 단순한 기업유치정책은 어떤 복잡하고 세련된 정책보다도 지역경제 발전에
기여했다.

그리고 도요타 시의 발전과정에서 산업클러스터의 기능과 중요성을 새삼 돌아볼
필요가 있다. 도요타 시의 발전과정은 도요타자동차산업클러스터의 발전과정이라고
해도 과언이 아닐 것이며 그것은 산업클러스터라는 신산업체제의 산업입지 논리가 자
동차산업과 같은 전형적인 포드주의Fordist 생산방식에도 적용됨을 보여준다. 사실, 자
동차산업에서 지리적 집적은 미국의 디트로이트를 비롯한 전통적 자동차 도시들에서
도 일반적으로 나타난다. 복잡한 부품체계를 가진 산업에서 부품생산 업체와 완성품
업체가 함께 집적하는 것은 오히려 자연스러운 현상인데, 이는 대규모 일관조립 라인
을 가진 장치형 산업에서 산업클러스터의 의의를 보여주는 것이다.

그렇다면 미국의 디트로이트가 붕괴된 이후에도 도요타자동차산업클러스터가 건재한 이유는 무엇일까? 이에 대해 도요타자동차사의 혁신 및 조직 역량을 우선적으로 꼽지 않을 수 없겠지만 이를 뒷받침한 효율적인 산업클러스터의 구축, 양호한 입지조건, 원활한 산업용지 공급, 높은 긍지를 가진 협력적인 노동력, 그리고 지방정부의 적극적인 지원 등도 간과할 수 없을 것이다. 즉, 일본의 높은 임금 수준에도 불구하고 도요타자동차가 여전히 강력한 경쟁력을 가지고 있는 것은 고도의 산업집적을 토대로 대량 생산방식에다 적기납품체제와 같은 유연적 생산방식을 결합시켰기 때문으로 볼 수 있다. 이는 연관 기업의 공간적 집적이 가져온 생산과정의 효율화 및 유연화 효과를 기반으로 하고 있다.

그리고 전통적인 농촌중심도시가 자동차산업의 세계적 기지로 성장한 사례는 산업입지에서 일정한 자율성을 보여준다. 특히 조립형 혹은 장치형 산업의 성장에는 입지적 조건 이상으로 풍부한 가용 토지를 기반으로 한 지역적 산업특화, 즉 산업클러스터가 중요한 역할을 하는 것으로 생각된다. 도요타자동차산업클러스터는 그 어떤 자동차클러스터보다 고도로 집적되어 있으며 유연성과 역동성을 내포하고 있다.

/ 권오혁(부경대학교 경제학부 교수)

| 주 |

1 이 공장유치장려조례는 제정 후 기업들의 요청과 시의 공업입지정책 변화로 수차 개정됐다가 1970년 3월 31일부로 폐지됐다. 그동안 조례의 적용을 받은 기업은 총 57개 공장, 기업 수로는 46개, 장려금 교부 총액은 약 19억 3000만 엔에 달했다. 하지만 오늘날 도요타 시는 공장 유치를 위한 조례를 다시 시행하고 있다.

2 도요타 지구는 도요타 시와 미요시(三好) 정 등을 포함한다.

3 도요타 시는 그간 정촌을 합병해 시역을 확장해왔는데 2005년에는 니시카모(西加茂) 군의 후지오카(藤岡) 정, 오하라(小原) 촌, 하가시카모(東加茂) 군의 아스케(足助) 정, 시모야마(下山) 촌, 아사히(旭) 정, 이나부(稲武) 정을 도요타 시에 편입했다. 그 결과 도요타 시의 면적은 289.69㎢에서 918.47㎢로 확대됐다. 편입된 정촌들 대부분은 편입되기 이전에 도요타 시와 함께 도요타카모(豊田加茂) 광역 시정촌권을 형성하고 있었다.

| 참 고 문 헌 |

• 나카야마 키요타카. 2006.『세계 최강을 추구하는 도요타 방식』. 민병수 옮김. 서울: 가림출판사.

• 도요타 에이지. 2004.『도요타 에이지의 결단: 도요타 자동차와 함께 한 50년』. 박정태 옮김. 서울: 굿
모닝북스.

• 메이너드, 미쉐린. 2004.『디트로이트의 종말』. 최원석 옮김. 서울: 인디북.

• 복득규 외. 2003.『클러스터』. 서울: 삼성경제연구소.

• 정일구. 2011.『도요타 생산방식』. 서울: 시대의창.

• ≪조선일보≫. 2013.2.7. "도요타, 괴물처럼 강해졌다".

• 西田耕三. 1990.『トヨタの組織革新を考えろね』. 産能大學出版部.

• 愛知縣. 2013.『統計年鑑』.

• 日經ビジネス 編. 2002.『トヨタはどこまで強いのか』. 日經BP社.

• 豊田市. 2002. 豊田市工業の軌跡.

• ———. 2002. 豊田市の槪要.

• ———. 2012. 豊田市の工業.

• ———. 2013. 豊田市統計書.

• http://www.city.toyota.aichi.jp

• http://www.pref.aichi.jp

• http://www.sanseiken.com

• http://www.toyota.co.jp

주민이 주도해 만든 소박한 관광도시
유후인

Yufuin

| 유후인의 야외 온천장(자료: 일본 관광청)

일본 규슈九州 오이타大分 현의 중앙부에 위치한 유후인由布院은 산속에 둘러싸인 인구 1만여 명에 불과한 작은 도시이지만, 매년 약 400만 명의 외지 관광객이 찾아오는 유명 온천 관광지다. 청정한 자연환경, 양질의 풍부한 온천수, 깨끗한 온천욕 시설을 갖춘 작은 규모의 여관과 민박집, 전통 형태 그대로의 거리와 가옥, 그 속에 자리 잡은 아기자기하면서도 세련된 상점들이 만들어내는 소박하고 정감 어린 분위기가 교통이 불편한 산골의 작은 도시 유후인에 많은 관광객들이 찾아오게 하는 매력이다.

유후인과 벳푸의 차이점

온천 관광지로서 유후인은 같은 오이타 현에 있는 벳푸別府와 여러 측면에서 대비된다. 벳푸는 20세

아름다운 경관과 소박함이 돋보이는 유후인

기 초반부터 일찍이 온천 관광지로 개발된 곳으로 한때 방문객 수가 1000만 명이 넘는 규슈 최대의 온천 관광도시였다. 벳푸의 온천산업은 1950~1960년대 일본의 고도 성장기 때 온천 관광이 대중화하면서 급속히 발전했다. 그 당시 온천 관광객의 대부분은 남성 단체 관광객이었고, 이들의 관광 행태는 온천과 결합된 환락 관광이었다. 벳푸 관광산업의 성장을 주도한 것도 대규모 숙박업소와 유흥업소를 건설한 외부 자본이었다.

이에 비해 유후인은 1950년대만 해도 농업을 주로 하는 작은 산골 마을에 불과했다. 풍부한 수량과 양질의 온천수가 분출됐지만, 불편한 교통으로 인해 일본에서조차 별로 알려지지 못했다. 그러나 유후인은 지역주민들이 주체가 되어 벳푸와는 차별화된 방향으로 온천 관광산업을 발전시켰다. 즉, 개발에 훼손되지 않은 깨끗한 자연환경과 함께 환락 온천 관광과 대비되는 휴양 온천 관광에 초점을 맞추었다.

그리고 남성 단체 관광객 대신 여성과 개인, 가족 단위 관광객 유치에 주력했다. 개발 방식도 외부 자본 주도의 대규모 개발 대신, 지역주민들이 중심이 된 소규모 개발 방식을 택했다.

이러한 유후인의 차별화 전략은 이후 일본인들의 관광 행태가 남성 단체 관광 중심에서 개인과 가족 단위 관광으로 바뀌고, 인구의 고령화 현상에 따라 휴양 수요가 증가하는 시대적 상황에 부합하는 것이었다. 벳푸의 관광산업이 싸구려 관광지라는 이미지 때문에 고전하고 있는 것과는 대조적으로, 유후인은 일본 여성들이 가장 좋아하는 온천지가 됐고, 최근에는 한국이나 중국 등 동아시아 관광객도 많이 찾아오고 있다.

위치 일본 규슈 오이타 현의 중앙부
면적 128㎢
인구 10,000명(2011년 기준)
주요 기능 관광

Japan

Yokohama

Kobe
Osaka Toyota

Yufuin

유후인의 소박한 관광 안내소

내 발 적   발 전 의   성 공   사 례

유후인과 비슷한 자연환경을 가진 일본의 농산어촌 지역들이 대부분 지역경제의 쇠퇴, 인구감소와 노령화의 문제를 안고 있는 데 비해, 유후인은 관광산업의 발전을 통해 지역경제를 진흥시키고 인구 감소 문제를 극복한 예외적 경우에 해당한다. 또 공장 유치나 대규모 관광단지를 조성해 성장을 도모했던 지역들이 생태환경 훼손과 지역공동체 파괴 등 여러 가지 성장 후유증을 앓고 있는 데 비해, 유후인의 경우는 자연환경을 잘 보존하면서도 지역경제 성장과 주민소득 증가를 다 함께 달성한 흔치 않은 성공 사례다.

유후인이 주민 주도의 내발적 발전을 이룰 수 있는 계기가 된 것은 지금으로부터 60여 년 전 이 지역에 댐을 건설하려는 계획에 대한 주민 반대 운동이었다. 1952년 높은 산으로 둘러싸인 유후인 분지에 댐 건설계획이 공표됐다. 댐이 완공되면 도시 전체가 수몰될 처지였다. 행정당국이나 일부 지역유지들은 댐 건설에 찬성했지만 유후인 청년단체를 중심으로 한 많은 주민들이 댐 건설 반대 운동에 동참했다. 주민들의 반대와 기술적·경제적 문제로 인해 결과적으로 댐 건설은 중단됐다. 당시 댐 건설 반대 운동의 지도자이자 청년단체 대표였던 이와오 히데가스岩男穎一는 1955년 막 합병됐던 유후인 정 지방선거에서 초대 정장町長에 당선됐다. 그는 온천, 농림업, 자연, 이 세 가지를 통합하는 주민 주체의 민주적 마을 만들기를 지방행정의 기본 방향으로 제시했다. 그리고 건전한 휴양온천지로 유후인을 가꾸는 데 전념했다. 그는 1955년부터 1974년까지 무려 5기를 연임하면서 유후인을 아름다운 자연과 조화되는 조용하고 소박한, 그러면서도 주민 소득을 증대시킬 수 있는 온천 관광지로 발전시키려는 다양한 정책들을 주민들과 합심해 추진했다.

장소마케팅을 위한 노력

유후인이 벳푸와는 차별되지만 어쨌든 온천 관광산업을 지역의 주력 산업으로 육성코자 했기 때문에, 외부에 대한 지역의 홍보는 매우 중요한 과제였다. 유후인은 깨끗한 자연과 문화를 지역의 대표 이미지로 잡고, 이러한 이미지를 부각시키기 위해 주민 주도의 다양한 행사와 이벤트를 개최했다. 유후인 자연의 청정함을 알리기 위한 '반딧불 채집 행사', 지역의 경관 자원인 목초지 유지와 도농 교류 차원에서 도시민에게 소 한 마리씩 사달라고 호소하는 '소 한 마리 운동', 이 운동에 동참한 도시인에 대한 보답과 지역 홍보를 겸한 '쇠고기 먹고 소리 지르기 대회', 영화관 하나 없는 작은 도시에서 개최한 '유후인 영화제' 등이 대표적인 예다. 이 외에도 음악제, 음식문화제, 건강마라톤 등 각 계절별로 대상을 달리하는 다양한 문화행사를 개최해 관광객을 유치하고 지역을 홍보하는 수단으로 삼았다. 대도시에 거주하는 일본의 유명 문화인들을 유후인에 초대하고, 이들을 통해 유후인을 널리 알리는 전략도 사용했다. 한 예로 일본 유명 애니메이션 감독인 미야자키 하야오宮崎駿 감독은 유후인을 배경으로 〈이웃집 토토로〉와 〈센과 치히로의 행방불명〉 같은 그의 대표작들을 만들었다. 이 같은 적극적이고 창의적인 장소마케팅 전략이 성공을 거두면서 유후인은 고급 휴양 생태 문화 관광지라는 이미지를 갖추게 됐고 관광객도 크게 증가했다.

| 유후인의 작은 상점들과 관광객들

대규모 개발 및 외부 자본의 침투 저지

　유후인이 좋은 이미지로 외부에 알려지고 관광객이 늘어나면서, 이에 비례해 외부
자본의 관심도 증가했다. 유후인에 투자해 이익을 얻으려는 외부 자본들이 몰려들면
서 유후인은 선택의 기로에 섰다. 주민들의 한쪽에서는 외부 자본을 받아들여 개발을
촉진해 유후인 발전을 앞당기자고 주장했고, 다른 쪽에서는 이에 반대했다. 이러한 입
장 차이로 발생한 갈등 중 대표적인 사례가 1970년 유후인 골프장 건설 시도였다. 외
부 자본이 시도한 골프장 건설에 반대하는 주민들은 '유후인의 자연을 지키는 모임'을
결성해 골프장 건설을 막았다. 이후에도 외부 자본이 들어와 유후인에 대형 건축물이나
대형 상업시설을 지으려는 시도가 여러 차례 있었고, 그때마다 주민들 내부에서 찬반

관광 명물로 자리 잡은 유후인 역사

양론이 맞섰지만 민주적 토론 과정을 거쳐 반대 입장이 관철됐다.

그렇지만 외부 자본을 반대만 해서도 될 일은 아니었다. 골프장 건설 반대 모임이 모태가 되어 '내일의 유후인을 생각하는 모임'이 발족했다. 이 모임은 개발을 반대하고 자연을 보전한다는 수동적 자세에서 벗어나, 유후인이 가진 자연과 문화를 적극 활용한다는 입장을 취했다. 이들의 노력은 이후 유후인에서 개발과 보존의 조화를 꾀한 '자연환경보호 조례'(1972년), '모텔류 시설 등 건축규제 조례'(1983년), '주택환경보전 조례'(1984년) 등의 제정으로 이어졌다.

1980년대 후반 일본의 거품 경제 활황 속에서 일본 전역에 리조트 개발 붐이 일었다. 마침 나카소네 정부가 리조트법을 만들어 리조트 개발에 각종 혜택을 주는 정책을 실시했다. 이러한 흐름을 타고 당시 유후인에 리조트 개발 신청 수가 3600여 개로 도시 전체 세대수에 육박했다고 한다. 하지만 유후인은 이러한 개발 붐에 편승하지 않고, 오히려 개발을 규제하는 방향으로 갔다. 외부 자본에 의한 난개발을 막기 위해 '윤기 있는 마을 만들기 조례'(1990년)를 제정해, 건물을 지을 경우 자연환경과 주변과 조화될 수 있도록 건물의 높이나 색채를 규제할 수 있도록 한 것이다.

유후인 관광의 명소들

유후인 관광의 중심은 역시 온천이다. 유후인에는 한국이나 인근 벳푸에서 흔히 볼 수 있는 현대식 시설을 갖춘 초대형 온천장은 없지만, 노천탕, 가족탕, 남녀 혼탕 등 다

┃ 유후인 긴린코 호수와 그 옆의 샤갈 미술관

양한 형태의 크고 작은 수백 군데의 온천이 지역의 곳곳에 산재해 있다. 일본의 전통
숙박시설인 고급 료칸旅館과 결합된 최고급 온천에서부터, 저렴한 민박집에서 운영하
는 온천, 200엔의 요금만 내면 들어갈 수 있는 공동온천 등 가격도 천차만별이다. 거리
곳곳에는 무료 족탕 시설이 있어서 누구나 편하게 쉬면서 족욕을 즐길 수 있다. 유후
인이 유명 관광지로 발전하게 된 계기는 유후인이 자랑하는 풍부한 수량과 양질의 온
천이지만, 단지 온천만을 목적으로 사람들이 유후인을 찾아오는 것은 아니다. 유후인
에는 온천 외에도 관광객을 끄는 많은 명소가 있다.

　　유후인 관광의 출발지이자 종착지는 유후인 역이다. 유후인 역에는 유후인노모리由
布院の森('유후인의 숲'이라는 뜻)라고 이름 붙인 초록색의 예쁜 관광열차가 운행되고 있
다. 오이타 현 출신으로 일본이 자랑하는 유명 건축가 이소자키 아라타磯崎新가 설계한

유후인 역은 유후인 관광의 관문이자 관광 명물이다. 역사 외관도 독특하지만 역사 내 대합실 자체가 아트 갤러리로 꾸며져 있다. 유후인 역 구내 승강장에는 기차를 기다리는 사람이 즐길 수 있는 족욕 시설도 있다.

유후인의 또 하나의 상징적 장소는 긴린코金鱗湖 호수다. 석양 무렵 수면 위로 뛰어오르는 잉어가 햇빛에 반사되어 금빛으로 보인다는 뜻의 이름을 가진 이 자그마한 호수는 아침 안개의 몽환적 분위기로 유명하다. 유후인 역에서 긴린코 호수까지는 도보로 약 30분 거리인데, 이곳에 유후인을 상징하는 작은 가게, 음식점과 카페, 공방, 미술관 등이 밀집되어 있다. 유후인이 인기 있는 관광지인 이유는 질 좋은 온천과 함께 유후인 거리의 독특한 분위기를 즐길 수 있기 때문이다.

유후인을 찾는 관광객의 대부분이 매우 좁은 유후인 시내에 집중되기 때문에 시내는 항상 관광객으로 붐빈다. 유후인 시가지를 벗어나면 바로 산과 들이 펼쳐져 있다. 도시 북동쪽에는 유후인의 상징이자 유후인 온천수의 원천인 해발 1584m의 화산 유후다케由布岳가 우뚝 솟아 있어 많은 등산객들을 불러 모으고 있다.

통합 유후 시의 과제

유후인이 지역발전의 성공 사례로 각광받고 있지만 유후인 역시 내부적으로 많은 문제를 가지고 있다. 우선 유후인의 주민 소득이 대부분 관광 수입에 의존하고 있기 때문에, 관광산업과 타 산업 종사자들 사이의 소득 격차 문제가 심각하다. 지역 농축산업과 관광산업의 연계를 위해 많은 노력을 기울이고 있지만, 관광산업에서 창출된 부가 지역농업으로 흘러가는 양이 그리 많지 않다. 관광산업이 발전한 유후인 시가지와 나머지 지역 간의 지역불균형 해소도 유후인이 해결해야 할 과제다. 또 외지 자본을 통한 대규모 건축물을 규제하고 있지만 그 틈새를 이용해 유후인의 정체성과 맞지 않는 건물들이 계속 신축되고 있어 독특한 경관을 해치고 있는 것도 해결해야 할 과제다.

유후인이 지금 당면하고 있는 가장 골치 아픈 과제는 2005년 행정구역 합병 후유증의 치유다. 2005년 이른바 헤이세이平成 대합병으로 유후인 정은 인접한 하사마 정, 쇼나이 정과 합쳐져 통합 유후 시가 됐다. 2005년 합병 당시 센서스 조사에서 유후 시의 인구는 약 3만 5000명이었는데, 이중 과거 유후인 정 지역의 인구는 1만 1000여 명이었다. 행정구역 합병은 지역의 자발적 요청에 의한 것이 아니라 당시 일본 중앙정부가 행정의 효율화라는 명분으로 밀어붙인 것이었다. 당시 합병에 가장 반대했던 집단은 유후인의 관광산업 종사자들이었다. 이들은 통합 유후 시가 탄생하면 새로 합쳐진 지역들이 유후인 브랜드에 무임승차하게 되고, 그로 인해 지금까지 애써 가꾸어온 유후인 지역 브랜드의 가치가 실추될 것을 우려했다. 통합 유후인 내부의 지역 간, 계층 간 격차 해소, 서로 다른 행정구역에 속해 있던 세 지역 주민들의 심리적 통합과 함께 유후라는 지역 브랜드의 가치를 계속 유지할 수 있을 것인지가 통합 유후 시가 해결해나가야 할 난제인 것이다. 하지만 지금까지 유후인의 자랑스러운 전통, 즉 주민들이 주체가 되어 민주적 의사결정을 통해 지역의 미래를 결정해나가는 전통을 계속 계승해나간다면, 통합 유후 시의 이러한 난제들도 잘 극복될 수 있을 것이다.

/ 강현수(중부대학교 도시행정학과 교수)

| 참 고 문 헌 |

• 김태영 · 오선영. 2008. 「일본의 마을브랜드 만들기 - 오가와촌, 유후시, 아즈미노시 사례를 중심으로」. ≪월간 국토≫, 통권 315호. 국토연구원.
• 윤재선. 2006. 「주민과 지방행정 간 협조체제에 의한 지역진흥정책의 제 과제 - 일본 오이타현 유후인 마을의 사례연구」. ≪일본학보≫, 제69집. 한국일본학회.
• 정근식. 1998. 「지역 활성화와 장소마케팅 - 일본 오이타현 유후인의 이미지 전략」. ≪아시아태평양지역연구≫, 1권 1호: 253~280.
• 정정숙. 2008. 「일본 지자체의 참여 민주주의 실현」. ≪세계지역연구논총≫, 26집 3호: 281~309.
• 木谷文弘. 2004. 『由布院の小さな奇跡』. 新潮新書.
• http://www.yufuin.gr.jp
• http://www.city.yufu.oita.jp

인트라무로스에서 메트로 마닐라로

마닐라

Manila

마닐라 전경

마닐라Manila라는 도시명은 타갈로그어의 '있다(may)'와 파시그Pasig 강 변에 자생하던 맹그로브 숲을 뜻하는 '닐라드(nilad)'에서 유래한다. 16세기 중반까지 마닐라 만의 파시그 강을 끼고 비옥한 배후지 평야에 부락마을 바랑가이Barangay로 존재하던 '풍성한' 항구 마닐라는 에스파냐 정복자들의 눈에는 아시아 진출을 위한 더할 나위 없는 교두보였다. 1564년 에스파냐는 루손Luzon 섬과 민다나오Mindanao 섬 중간에 위치한 세부Cebu 섬을 베이스캠프로 선택했으나, 포르투갈 군대의 방해로 물자 수송이 어려워지자 레가스피Miguel López de Legazpi 장군을 보내 세부를 공격했다. 에스파냐 군대가 세부족과의 전투에서 승리한 1565년부터 필리핀은 에스파냐 법을 따르게 됐으나, 정작 무슬림 정착지였던 마이닐라드Maynilad

필리핀 전통춤 티니클링(대나무 춤)(자료: 필리핀 관광청)

(마닐라의 당시 명칭)를 점령하고 식민 수도로 삼은 것은 1571년의 일이다.

초대 총독 레가스피는 라자 술라이만이 지배하던 쿠타Kuta 위에 산티아고 요새를 짓고 성곽도시인 인트라무로스Intramuros를 만들어 330년간 계속된 식민통치를 본격적으로 시작하고, 이때부터 '동양의 진주' 마닐라는 에스파냐 대형 범선 갈레온galleon을 이용한 대對아시아 교역의 거점역할을 충실히 수행한다. 당시의 마닐라는 인트라무로스를 중심으로 주변에 토착민과 중국인 거주지가 있었고, 성곽 내부에는 에스파냐인들이 거주하면서 관청과 교회, 상관商館 등이 있어서 전형적인 식민통치 공간으로 기능했다.

이후 마닐라는 호세 리살José Rizal 등 독립영웅과 함께 민족운동을 벌여 독립했으나 다시 미국의 식민통치를 받았다. 제2차 세계대전 동안 마닐라는 일본의 점령과 맥아더의 공습으로 도시가 파괴돼 한동안 케손시티Quezon City가 수도로 사용됐다. 1975년 11월에 마닐라 주변 4개 시와 인접지역을 통합한 메트로 마닐라Metro Manila가 발족하면서 마닐라는 다시 수도가 됐다.

Manila

Philippines

위치 필리핀 루손 섬 남서부
면적 38.55㎢
인구 1,652,171명 (2010년 기준)
주요 기능 정치 · 경제 · 문화

수도권 집중과 이중경제

필리핀의 정치, 경제, 사회, 문화의 중심지인 마닐라는 남중국해 필리핀 군도의 가장 큰 루손 섬 남서부에 입지한다. 면적은 38.5㎢이고 파시그 강에 의해 남북으로 양분되면서 북쪽에는 루손 평야를 끼고 톤도Tondo, 산미겔San Miguel 등 8개 지구, 남쪽은 화산섬 저지대에 에르미타Ermita, 인트라무로스를 포함한 8개 지구가 있다.

식민지 시대부터 비교적 서구식 도시계획을 추구해온 덕분에 마닐라는 공원·녹지의 오픈 스페이스가 풍부한 편이며, 전체적으로 지구별 토지이용의 기능분화 역시 뚜렷한 편이다. 강북의 산타크루즈, 비논도, 산니콜라스, 퀴아포 지구는 비즈니스와 쇼핑의 중심지이며, 북항North Harbor에 면한 톤도 지구는 저소득층 및 슬럼 주거지가 군집을 이룬다. 삼팔록 지구에는 산토토마스대학, 마닐라대학 등 교육연구 기관이 집중돼 있으며, 산미겔은 말라카궁, 마닐라 시청 등이 밀집한 공공시설 지구다. 성곽도시였던 인트라무로스 남측은 메르미타 및 말라테 지구로 해변 대로 로하스 대로Roxas boulevard를 끼고 다수의 관청과 호텔이 입지하며, 마카티Makati와 인접한 산타아나 및 파코 지구는 중·상류층 위주의 고급주거지로 유명하다. 한편 메트로 마닐라로 불리는 수도권National Capital Region: NCR은 마닐라 외에도 케손시티, 산후안San Juan, 만달루용Mandaluyong, 마카티 등 16개의 시 또는 읍Municipality으로 이루어지는 대도시권역이다.

19세기 초반 개항과 함께 시작된 국제무역 등에 힘입어 마닐라의 인구는 20세기가 시작되기 전 이미 20만 명을 초과했다. 메트로 마닐라는 국토면적의 0.2%에도 미치지 못하지만, 국가인구의 12.83%(1185만 명, 2010년), 국민총생산GDP의 37.2%(2008년), 문화·교육·의료시설의 90%를 차지해 인구와 산업시설의 집중이 심각한 수준이며, 1인당 소득도 2만 4400루피(2008년)로서 전국 평균의 세 배에 달한다.

전통적으로 마닐라는 코코넛·마닐라삼·사탕수수를 포함하는 농작물 가공과 면직물업이 발달했으며, 섬유·봉제·가구·신발·음식료 산업이 제조업의 근간을 이룬다. 특히 최근에는 전기, 전자 등 노동집약적 산업의 확대를 통해 산업화 비율을 지속적으로 높여가고 있다. 마닐라항의 뛰어난 물류기능과 거대한 소비시장 그리고 풍부한 양질의 노동력 등을 활용하면서 메트로 마닐라는 국가제조업 노동력의 약 절반을 담당하는 성장엔진으로 기능한다.

마닐라 경제구조의 뚜렷한 특징의 하나는 비공식성informality에 있다. 마르코스Marcos 정부 이후 좀처럼 개선되지 않는 공식경제의 취약성, 높은 출산율과 끊이지 않는 농촌인구 유입으로 형성·유지되는 메트로 마닐라의 거대한 과잉노동력 풀pool 등은 이중경제dual economies를 고착시키는 일차적 요인이다. 구체적으로, 연구자들은 메트로 마닐라 노동력의 약 40% 이상이 무허가 영세공장, 노점상, 일용직 노동자를 포함하는 비공식부문에 종사하고 있는 것으로 보고 있다. 이러한 현실은 자카르타Jakarta나 방콕Bangkok, 하노이Ha Nôi 등 동남아의 다른 수위도시의 경우와 크게 다르지 않다. 비공식부문 경제는 신흥경제 공업국을 지향하는 필리핀 정부에게 부담과 장애물이기도 하지만 '생존경제survival economies'로서 빈민과 저소득층의 고용과 소비를 담당하는 안전판으로서 역할을 맡고 있는 것이 엄연한 현실이다.

서구식 도시계획의 한계와 도시문제

근대적 의미에서 마닐라의 계획적 개발이 시작된 것은 1905년이다. 시카고학파의 버넘Daniel H. Burnham이 이끄는 계획팀이 마닐라 종합계획Master Plan에 착수하면서 마닐라는 동양의 워싱턴을 지향하게 된다. 그의 계획은 시카고 박람회World's Columbian Exposition(1893년)와 세인트루이스 전시회(1904년) 같은 대형 이벤트를 통해 대중화되기 시작한 도시미화 운동의 경향을 반영하는 것이었다.

버넘은 에스파냐식 공원인 루네타 및 마닐라 만 해변 산책로Promenade를 포함해 도심부를 집중 개발하고자 했다. 특히 도시위생을 이유로 들어 루네타 공원 중심으로 인트라무로스 주위에 있던 해자Moat를 메워 공원을 만들었다. 또한 정부청사 건물군을 U자 형태로 설계했는데, 이는 아주 기념비적으로 그리스-로마양식을 본뜬 것으로서 의회, 입법부, 재무부, 시청, 우체국 등이 여기에 포함됐다. 개발의 중심축은 외곽으로 뻗어나가 케손시티에 이르고, 도시의 전체적인 형태는 간선도로와 외곽순환도로를 골격으로 하는 방사형 바퀴 형태로 구성됐다.

1960년대부터 필리핀 정부는 마닐라의 무질서한 확산을 제어하기 위해 다양한 정책을 펴왔다. 민다나오의 성장거점^{Growth Pole} 개발, 무허가 정착지의 마닐라 외곽 이전, 마닐라 지역 공장 신설 금지, 세부의 바기오, 막탄, 수빅 지역 수출가공지역 추진 등이 대표적 사례다. 수도권 내에서도 분산정책이 추진됐다. 아키노^{Aquino} 정부에서 추진한 칼라바르손^{Calabarzon} 프로젝트(1991~2000년)가 최근 예로서, 마닐라의 인구와 산업을 주변 5개 도시로 분산하려는 시도로서 수립됐으나 정부의 재정압박으로 정책 우선순위에서 밀려난 것으로 알려져 있다.

서구식 산업화와 종합계획 추진에도 불구하고 마닐라는 고용, 주거, 환경, 교통 등 빠르게 진행되는 대도시화 과정에서 나타나는 여러 문제에 효율적으로 대응하지 못했다. 특히, 상류층 및 외국인 거주지인 게이티드 커뮤니티^{Gated Community: GC}와 슬럼^{Slum} 및 무허가 정착지인 스쿼터^{Squatter Settlements}의 대비는 심각한 주거양극화가 이중적 도시경관으로 고착되고 있음을 극명하게 보여준다. 1948년 미국 출신의 사업가이자 군인인 맥미킹^{Josep McMicking}이 필리핀의 대표적 재벌 아얄라^{Ayala} 그룹과 손잡고 마카티에 건설한 배타적 주거단지인 포브스파크^{Forbes Park}가 필리핀 최초의 GC였다. 이후 부유한 사람들이 외부와는 철저히 격리된 채 자체 경비대와 보안시설의 혜택을 받으며 살

▌마닐라 만

아가는 이 주거유형이 메트로 마닐라의 고급주택지 경관을 지배하게 됐고, 특히 마카티는 벨에어Bel-Air와 같은 배타적 근린이 다수를 차지한다.

대조적 풍경은 파시그 강 북측 항구에 인접한 톤도에서 쉽게 볼 수 있다. 거대한 슬럼과 스쿼터가 곳곳에 산재한 '빈민의 도시'로 잘 알려진 톤도는, 빈민이 마닐라 인구의 3분의 1을 차지한다거나, 필리핀의 도시인구 중 슬럼과 스쿼터 거주자 비율이 44%(2001년)나 된다는 등의 주장이 힘을 얻게 되는 생생한 증거가 되고 있다. 공터, 하천 변, 쓰레기매립장 변, 철로 변 등에 지어지는 이들 주거지는 메트로 마닐라 전역에서 526개 내외로 알려지기도 했다. 특히 톤도에는 20만 명 이상의 사람들이 1.5㎢의 협소한 면적에 밀집돼 열악한 환경에서 살아가는 지역도 있는데, 여기서 어려움이 있어도 어깨를 한 번 으쓱하고는 씩 웃고 넘겨버리는 필리핀 사람들 특유의 체념적 낙관주의 코드인 '바할라 나Bahala Na'의 모습이 발견되기도 한다.

1980년대 후반 이후에는 해외직접투자FDI의 유치증가로 마닐라의 도심부 지가가 급격히 상승하면서 주거단지, 쇼핑몰, 콘도 등을 개발하는 민간의 관심이 지가가 상대적으로 저렴한 교외로 집중됐다. 이 과정에서 교외에 거주하던 빈민주거지가 강제 철거되고 그들의 삶이 위협받는 경우가 허다해졌다. 필리핀 정부는 비정부조직NGOs 등과 협력해 이들의 주거지를 더 외곽지역으로 옮기는 프로그램을 종종 추진하지만, 대부분의 경우 정부예산의 한계로 새 주거지의 인프라 및 학교 등 공공시설이 제때 건설되기 어려운 실정이다. 또 빈민들의 생계수단인 비공식 경제활동 기회가 대부분 마닐라 시내에 있기 때문에 통근비용 문제 등으로 이러한 프로그램은 실패하기 십상이다.

환경문제 역시 쉬운 상황이 아니다. 주거시설 중 약 15%만이 개별 정화조가 있으며, 180만 명이 상수도, 보건, 의료혜택을 받지 못하는 것으로 보고된다. 도시기반시설의 만성적 부족은 적어도 부분적으로는 그간 마닐라의 개발이 민간부문 중심으로 이루어지면서 고질적 토지투기로 지가가 앙등하고, 이것이 다시 정부의 토지 매입능력을 저하시키기 때문이라는 분석이 주효한 것으로 보인다. 톤도 북쪽의 악명 높은 노천 쓰레기매립장 스모키 마운틴Smokey Mountain은 국제사회의 부정적 시각과 가난의 상징이라는 이유로 1990년대에 폐쇄됐으나, 케손시티의 파야타스 등 다른 매립장에서는 여전히 일당 5달러도 안 되는 벌이를 위해 사람들이 쓰레기 더미 속을 뒤진다.

마닐라를 상징하는 유명한 교통수단인 지프니Jeepney의 화려한 치장 뒤에는 마구 내뿜는 매연의 어두운 이미지가 숨어 있다. 메트로 마닐라에서 운행되는 전체 차량의 68% 정도(2000년)만 가솔린 연료를 쓰는 형편이고 산업시설에서 배출되는 매연에 대한 규제가 실효를 거두지 못하는 상황에서 좀처럼 대기오염의 문제가 완화될 기미는 보이지 않는다. 시민들의 반응도 심각하다. ≪마닐라 블리틴Manila Bulletin≫에 의하면, 2005년 메트로 마닐라 주민의 98%가 공해의 영향을 받고 있다고 생각하며, 50%는 보다 공기가 깨끗한 지역으로 이사하고 싶어 하는 것으로 조사됐다.

혼성(Hybrid)도시를 넘어 글로벌시티(Global City)로

앞의 '역사'에서 살펴보았듯이 스콜Squall과 태양 그리고 바다의 도시 마닐라의 풍경에는 시간Time의 차원이 깊이 새겨져 있다. 마닐라는 에스파냐 점령 이후 440여 년의 역사를 공간적으로 표상하면서, 식민풍의 도시공간과 건조환경을 고스란히 간직하고 있다. '성안의 도시City within the Wall' 인트라무로스에 남아 있는 산티아고 요새와 마닐라 교회는 식민지배와 가톨릭 개종이라는 정복자의 두 가지 목적을 오늘날까지 전하고 있다. 반달 형태에서 유래된 루네타 공원은 독립영웅 리살의 이름을 따서 리살 공원으로 불리며 그의 기념비, 처형장, 노천극장이 있고, 중국공원 및 일본공원 역시 마

┃에스파냐 점령기에 건립된 산티아고 요새(왼쪽)와 독립영웅인 호세 리살의 뜻을 기린 리살 공원(오른쪽)(자료: 필리핀 관광청)

마닐라 시내의 고층빌딩군

닐라의 역사적 사실을 증거하고 있다.

에스파냐의 지배는 바로크라는 새로운 건축양식을 마닐라에 이식했다. 마닐라를 광장 중심의 유럽식 도시로 계획했고, 에스파냐 건축가 세데뇨Antonio Sedeno로 하여금 최초의 석조성당을 로마네스크 양식으로 짓게 했다. 말라카냥 궁전Malacañang Palace 역시 식민풍 건축으로 총독관저로 사용됐다. 미국의 필리핀 지배 역시 앞서 설명한 버넘의 마닐라 계획과 더불어 마닐라의 건축에 많은 영향을 미쳤다. 대표적으로, 버넘의 도시계획에도 참여한 미국 건축가 파슨스William E. Parsons가 설계한 마닐라 호텔은 처마가 깊고 내부에 도리아식 기둥Doric Order과 아치arch가 들어간 캘리포니아 미션 스타일California Mission Style로 꾸며졌다.

식민풍의 건조환경에 덧씌워지는 최근의 개발패턴은 그야말로 (좋은 의미에서) '세계화 건축'으로 부를 수 있는 현대식 건물군이 위주가 되고 있다. 앞서 이야기한 GC는 글로벌 생활양식을 구가하는 서구 상류층의 주거양식을 마닐라에 옮겨놓은 것이라 할 수 있으며, 올티가스 업무지구의 SM메가몰, 로빈슨 갤러리아, 더포디엄 등 쇼핑시설, 마카티의 초고층 오피스 빌딩과 특급호텔들은 마닐라의 풍경을 더욱 혼성적으로 만든다. 여기에 더해 도시 여기저기에 수없이 산재한 슬럼과 스쿼터 주거지까지 겹치면 마닐라 경관은 마치 거대한 콜라주처럼 보이기도 한다.

그러나 이러한 표정들이 거대도시 메트로 마닐라의 전부는 아니다. 저성장과 빈곤, 정치·종교적 갈등이 있음에도 마닐라는 역동적으로 꿈틀대고 있다. 1611년에 설립된 아시아의 가장 오래된 대학 산토 토마스Santo Tomas 대학교를 비롯한 유수의 고등교육 기관이 있으며, 활기 넘치는 양질의 노동력과 높은 비율의 영어사용을 자랑한다. 그뿐만 아니라 아시아개발은행ADB, 세계보건기구WHO 아·태사무소, 국제미작연구소IRRI 등 여러 국제기구가 활동하고 많은 다국적 기업이 속속 입지하고 있다. 또한 1986년 2월의 '피플 파워People Power'로 상징되는 여러 시민사회 조직의 활력은 마닐라의 역동성과 개방적 미래를 만들어가는 원동력이 되고 있다. 머지않아 메트로 마닐라가 경쟁하는 동남아의 거대도시들을 제치고 선두에 서는 글로벌시티가 될 것을 기대해본다.

• 사진 제공(일부): 필리핀관광청, 이미지투데이

/ **권태호**(세명대학교 건축공학과 교수)

| 참 고 문 헌 |

• 권태호·신철경. 2006. 「동남아시아 대도시 종합계획의 비판적 고찰: 서구의 이론과 지역적 현실의 불화?」. 《아시아연구》, 9권 1호: 23~50.
• 박순관. 2002. 「동남아 건축문화의 역사적 흐름과 특성」. 권율 외 6인 공저. 『동남아 연구의 새로운 지평』. 서울: 도서출판 명원.
• http://www.manilacityph.com/
• http://www.mmda.gov.ph/
• http://www.census.gov.ph/

방콕

다섯 가지 키워드로 읽는 방콕의 풍경

Bangkok

▎ 방콕 시 전경

타이의 수도 방콕Bangkok의 정식 명칭은 기네스 북에 등재될 정도로 매우 길다. 1782년 짜끄리Chao Phraya Chakri가 라마Rama(또는 Rattanakosin) 왕조를 열면서 지금의 왕궁지역을 끄룽텝마하나콘Krung Thep Mahanakhon, 즉 '천사의 도시, 위대한 도시, 에메랄드 부처의 거주지'로 시작하는 긴 이름으로 부른 것이 방 콕 도시역사의 시작이라 할 수 있다. 이후 230여 년의

시간 속에서 방콕은 타이의 근대화 및 세계화 과정을 고스란히 담는 용기container의 역할을 충실히 해왔다. 그 결과 방콕은 이제 천사의 위대한 얼굴에서 벗어나 인간의 도시로 거듭나는 동시에 동남아의 대표적 세 계도시world city로 성장하고 있다.

차량, 시민, 관광객으로 항상 활기가 넘치고 붐비 는 이 도시의 풍경은 크고 작은 관공서, 왓Wat이라 불

리는 불교사원, 노선형 상점 및 주택, 주로 교외지역에 들어서 있는 공장 그리고 이들을 연결하는 크고 작은 도로와 수로klong가 겹쳐지면서 밤낮으로 그 독특함과 개성을 표출한다. 한편으로는 혼돈으로, 또 한편으로는 정교한 시스템으로 다가오는 방콕은 총천연색의 태피스트리tapestry며, 불교와 신앙, 국왕, 물, 서민, 그리고 개발과 세계화가 바로 이 피륙을 감상하는 중요한 키워드라 할 수 있다.

▌짜오프라야 강 변의 새벽 사원

▌에메랄드 사원

위치 타이 짜오프라야 강 하구
면적 1,568.7㎢
인구 8,280,925명(2010년 기준)
주요 기능 정치 · 경제 · 문화

Bangkok
◉

Thailand

| 짜오프라야 강 변의 수상가옥

불 교 와 민 간 신 앙 의 도 시

타이인에게 불교는 생활이다. '깨달은 존재'인 보살을 추구하는 한국의 대승불교와
는 달리 타이불교는 상좌불교, 즉 '사물의 본질을 인식하고 세속적 집착에서 해방되며
부패와 사망을 초월하는 존재'인 아라한阿羅漢을 추구한다. 따라서 개인적 해탈을 중
시하는 타이불교의 흔적들은 방콕의 생활공간에 무수히 녹아 있다. 우선 방콕 전역에
걸쳐 산재한 300여 개 이상의 불교사원 왓을 들 수 있는데, 한국에도 널리 알려진 짜오
프라야Chao Phraya 강 변의 새벽 사원Wat Arun과 왕실사원인 에메랄드 사원Wat Phra Kaew이
대표적이다.

타이에서는 전통적으로 사원이 일종의 커뮤니티 중심공간으로서 교육 및 의료, 복
지 등 다양한 기능을 수행해왔다. 근대교육과 의료제도가 도입되기 전, 사원은 아이들
에게 읽기, 쓰기, 산수 등을 가르쳤으며, 민간요법을 시술하는 동네병원인 동시에 고아

나 노약자를 수용하는 구호기관으로서 역할을 충실히 했다. 그뿐만 아니라 주민행사와 축제를 준비하는 매개공간의 역할도 했는데, 이러한 기능은 아직도 상당히 남아 있다. 아침마다 주택가나 거리에서는 탁발공양을 하는 주민들을 쉽게 볼 수 있다. 완 프라Wan Phra라 불리는 불일佛日에는 하루 종일 절에서 지내는 것이 다반사일 정도다.

불교와 밀접하게 관련되면서 방콕의 도시풍경에서 반드시 만나는 것은 땅이나 공간의 수호신을 믿는 것으로 산프라품San Phra Phum이라 불리는 사당이다. 간단히 '산'으로 불리기도 하며 관공서, 업무용 오피스, 주택 할 것 없이 거의 모든 경우에 설치되고, 그 규모는 건물의 규모에 따라 다양하다. 형태는 대개 외기둥 위에 얹혀 있으며, 왕궁, 불교사원, 전통가옥을 축소한 모양으로 꾸며지고 내부에는 고승을 비롯한 다양한 신상을 안치한다.

국왕의 도시

1932년 왕실 중심의 정부운영에 불만을 품은 엘리트 장교들과 유학파 관료들의 쿠데타로 정치체제가 절대군주제에서 입헌군주제로 바뀌었지만 방콕은 여전히 국왕의 도시이다. 라마 9세 푸미폰 아둔야뎃Bhumibol Adulyadej은 라마 8세였던 형의 의문의 죽음으로 1946년 왕위에 올랐지만, 60년을 훌쩍 넘긴 지금도 국민들의 존경과 사랑을 한 몸에 받고 있다. '아버지의 날'로 불리기도 하는 국왕의 생일(12월 5일)을 전후해 약 1개월 동안 방콕의 거리는 국왕과 왕족의 사진들로 넘쳐난다. 또한 TV 뉴스와 극장 영화 상영에는 반드시 국왕찬가가 나오며, 국가경축일에는 많은 참가자들이 노란색 셔츠를 입는데, 이는 왕이 태어난 월요일의 상징색이 노란색이기 때문이다.

물의 도시

방콕을 남북으로 관통하는 짜오프라야 강은 타이어로 메남Menam, 즉 '어머니me의 물nam'이라 불릴 정도로 방콕 사람들에게 매우 중요한 의미를 지닌다. 전통적으로 짜오프라야의 강물과 해자는 왕궁의 안전을 보장하는 방어수단이었다. 전장 372㎞, 유역면적 16만㎢에 이르는 이 강은 지금도 방콕의 어느 곳에나 접근할 수 있을 정도로 홀

| 인기 관광코스인 수상시장

　룡한 교통로 역할을 한다. 따라서 짜오프라야 강 주변으로 주거지가 형성된 것은 당연
한 결과이며, 지금도 많은 저소득 계층은 강변의 수상가옥에서 사는 것을 자연스럽게
여긴다. 최근 스카이트레인BTS 등 육상교통수단이 확대됐음에도 불구하고 짜오프라
야를 이용하는 통근·통학인구가 계속 유지되는 것은 이 강이 단순한 교통로의 역할만
하는 것이 아니라 서민의 생계 및 주거생활과도 밀접히 연계되기 때문이다.

　짜오프라야 강은 방콕 평원의 농업생산에 필수자원인 동시에 연중 풍부한 수산물
을 제공한다. 더불어 많은 관광객에게 담는사두악Damnoen Saduak과 같은 수상시장과 유
람선은 필수코스로 돼 있다. 한마디로 방콕 경제의 상당 부분이 짜오프라야 강에 의존

한다고 해도 과언이 아니며, 그래서 이 강을 '아시아의 밥그릇^{Rice bowl of Asia}'이라 부르기도 한다.

짜오프라야 강과 주변의 비옥한 저지대 삼각주는 방콕의 경제발전에 엄청난 기여를 해왔지만 동시에 그로 인해 거의 해마다 겪는 도시침수의 고통과 손실도 만만치 않다. 짜오프라야 강 유역은 방콕 클레이^{clay}라 불리는 배수가 어려운 점토질로 이루어진 데다 1980년대 이후 주거, 상업시설 개발, 도로 개설이 계속되면서 배수관로 역할을 하던 수로가 도로로 변하고 건축면적의 증가로 지반굴착이 증가하면서 지반침하가 계속되고 있다. 여기에 우기에 집중되는 스콜은 자주 도시 곳곳을 침수시킨다. 특히 2011년 10월에는 북부지방에 쏟아진 집중호우가 누적돼 거대한 물줄기가 서서히 남하하면서 수도 방콕을 포위하고 급기야 도시 내부를 물바다로 만들었다. 이 홍수로 인한 피해액은 보수적으로 추정해도 최소 440억 달러이며, 이 결과 타이 전체 경제성장률 역시 4.1%에서 2.6%로 감소한 것으로 보인다.

서 민 의 도 시

방콕을 여행하는 관광객들의 눈에 우선적으로 들어오는 풍경은 대체로 화려한 왕궁과 사원, 백화점과 호화스러운 호텔, 스카이트레인, 대규모 음식점 등일 것이다. 하지만 이 모던한 풍경의 이면에는 '서민의 방콕'이 활발하게 작동한다. 거리 어디에서나 볼 수 있는 수많은 먹거리 노점상, 철로 변에 늘어선 슬럼주택들, 소이^{soi}라 불리는 좁은 골목을 달리는 오토바이를 개조한 뚝뚝^{Tuk Tuk}과 트럭을 개조한 송때우^{Song Taew}, 주택가 여기저기서 보이는 영세한 무허가 제조업체 등 아직도 방콕 경제는 엄청난 규모의 비공식 경제활동에 의존하고 있다. 1990년대 초반 고용자 기준으로 약 40%로 추정되던 이 부문의 노동력은 방콕의 해외직접투자^{FDI} 유치 증대 및 외곽지역 산업단지 개발 등 공식경제의 확대로 상당히 감소한 것으로 보이지만, 1997년의 금융위기와 농촌지역 출신 이주자의 계속적 유입 등으로 규모가 크게 줄지 않고 있다.

시정부의 입장에서 보면 이러한 비공식 경제활동은 무허가이기 때문에 세금 징수가 어렵고 환경적으로 불결할 뿐만 아니라 눈에 거슬리거나 국공유지를 무단 점유하는 등 여러 문제를 야기하는 대상이다. 하지만 항구 주변의 끌롱뜨이 klong tocy처럼 대규모 재개발로 인한 정부와의 마찰을 제외하면 비공식 주거나 경제활동에 대한 정부의 태도는 대체로 너그러워서 '알면서도 내버려두는 태도benign neglect'로 일관한다. 불교적 관용과 상호 이해가 서민의 자생적 활동영역을 보장하는 사회적 분위기를 만들어내는 것이다. 그 결과 대저택 바로 앞에 노점상이 늘어서고 저택의 경비와 가정부는 그 노점상 주인의 절친한 친구이자 고객이 되며, 바로 옆의 관공서 공무원과 영세한 가내수공업 작업장의 여공들 역시 노점상에서 점심을 사는 방식의 공식-비공식의 '공생의 경제'가 만들어지는 것이다.

개 발 과 세 계 화 의 도 시

1932년 입헌군주제를 채택한 이후 수차례의 쿠데타를 겪는 과정에서 방콕은 민족주의 타이 근대화의 핵심공간이었다. 라따나꼬신Rattanakosin 외부를 중심으로 공공기관지역, 상업지역, 도시외곽 주거지, 공업지역 등으로 기능분화가 진행됐고, 파혼요틴Phahonyothin 및 남동쪽의 수쿰빗Sukhumvit 대로가 개설됐다. 당시의 도심경관은 민주기념탑Anusawari Prachathipatai(1939)과 전승기념탑Victory Monument(1941) 등 타이 민족의 우월성과 군부집권의 정당성을 강조하는 다수의 건축물들에 의해 지배됐다.

제2차 세계대전 동안 부진을 면치 못하던 방콕의 성장은 1950년대 한국전쟁 특수와 미국의 재정지원에 힘입어 개발동력을 얻었으며, 1960년대 초 돈무앙Don Muang 공항의 활주로 확장이 이루어지면서 외국인 관광객 유치가 증대됐다. 이후 베트남전쟁이 장기화되면서 방콕은 미군과 그 가족들의 휴양지로서 각광을 받게 됐으며, 1970년대 초까지 호텔과 식당 등 관광건축이 붐을 이루었다. 당시 건축된 대표적 호텔은 킹스 호텔, 캐피탈 호텔, 두싯타니 호텔, 몬티엔 호텔 등이다. 이 결과 1970년 방콕의 인구는 300만을 초과했고, 도시지역 면적도 1960년대보다 두 배 이상 확대돼 1971년에는 84㎢가 개발되기에 이르렀다.

1980년대 이후 방콕과 그 주변지역은 수출 지향적 산업화와 해외직접투자 유치 증가로 고도의 경제성장을 이루었다. 고도성장을 견인한 도시는 당연히 방콕이었다. 아

| 방콕 민주기념탑

시아 항공교통의 중요한 결절지이자 양질의 풍부한 노동력, 비교적 저렴한 토지를 보유한 방콕과 그 주변지역은 경제세계화의 첨병인 초국적기업TNCs이 동남아시아에서 가장 선호하는 해외직접투자 도시로 부상했다. 특히 1990년대에는 해외직접투자의 90%가 빠툼타니Pathum Thani 지역의 나와 나콘 산업단지 및 동부해안공업벨트ESB에 집중됨으로써 방콕대도시권Bangkok Metropolitan Region: BMR을 형성하는 데 결정적으로 기여했다.

방콕의 인구는 1990년 590만, 2000년 630만을 넘어 2007년에는 810만을 기록했다. 타이 국내총생산 중 방콕이 차지하는 비중도 1981년 35.8%, 1990년 39.4%, 1999년 37.2%, 2007년 44%를 기록해 여전히 타이 경제의 엔진 역할을 하고 있다. 방콕은 이제 농업 중심의 전통적 항구도시에서 탈피해 제조업과 서비스업 중심의 세계도시로 거듭나고 있다. 국내총생산을 기준으로 할 때 농업은 10.4%로 감소한 반면 제조업과 서비스업의 비중은 45.6% 및 44.0%로 증가한 것만 봐도 방콕의 수출 지향적 경제세계화를 쉽게 짐작할 수 있다.

방콕의 경제세계화가 가져온 공간적 결과는 여러 메가프로젝트의 추진에서 잘 나타난다. 방콕 동측 25㎞ 지점 방플리Bang Phli 구역의 신공항 수완나품Suwannabhumi은 독일계 미국인 건축가 헬무트 얀Helmut Jahn의 설계로 2006년 9월 개장했으며, 총건설비는 38억 달러가 소요됐고, 터미널 면적은 56만 3000㎡다. 골든시티Golden City는 방콕 북쪽 챙왓따나Chaeng Wattana 지구에 건설된 세계적 규모의 고층 복합주거단지로 무앙통

타니Muang Thong Thani라 부르며, 1990년대 동남아시아의 떠오르는 용으로 각광받던 타이의 경제성장을 상징하는 프로젝트로 유명하다. 사마끼 로드Samakee Road에 위치한 서구형 배타적 주거단지Gated Community 니차다타니Nichada Thani의 내부에는 국제학교인 ISBInternational School of Bangkok가 위치한다. 또한 서로 다른 유형의 주거시설뿐만 아니라 상점, 교회, 체육관, 골프장, 테니스코트 등 다양한 시설을 갖추어 고소득층에게 글로벌화된 생활공간을 제공한다. 완벽한 통신 및 보안 서비스를 이용할 수 있는 이 주거단지는 거주자의 대다수가 외국인이며, 빠르게 세계화하는 방콕의 표정을 충실히 반영하는 장소다.

• 사진 제공: 이미지투데이

/ 권태호(세명대학교 건축공학과 교수)

| 참 고 문 헌 |

• 권태호·박순관. 2005. 「동남아시아의 도시경관: 아시아 도시·건축의 새로운 인식론을 위하여」. ≪아시아연구≫, 8권 1호: 57∼84.

• 권태호. 2009. 「방콕: 크룽텝(Krung Thep)에서 세계도시(World City)로」. draft for BeSeTo-Asia Archive Guidebook. 서울: 서울시립대학교.

• ───. 2011. 「타이의 근대화와 방콕의 변화」. ≪아시아연구≫, 14권 2호: 141∼163.

• CIA. 2012. World fact Book 2011.

• Irandoust, S. and A. K. Biswas. 2012. "Floods in Asia: Lessons to be Learned from Thailand." *The Nation*, January 25, 2012.

• KWON, Taeho. 2007. "Three key words for configuring Southeast Asian Megacities." *SPACE*, 480: 122∼125.

• ───. 2008. "Bangkok: A view from beneath the surface." ACAU Program Special Lecture. Seoul. University of Seoul.

• Marshall, R. 2003. *Emerging Urbanity: Global Urban Projects in the Asia Pacific Rim*. London: Spon Press.

• http://www.bangkok.go.th

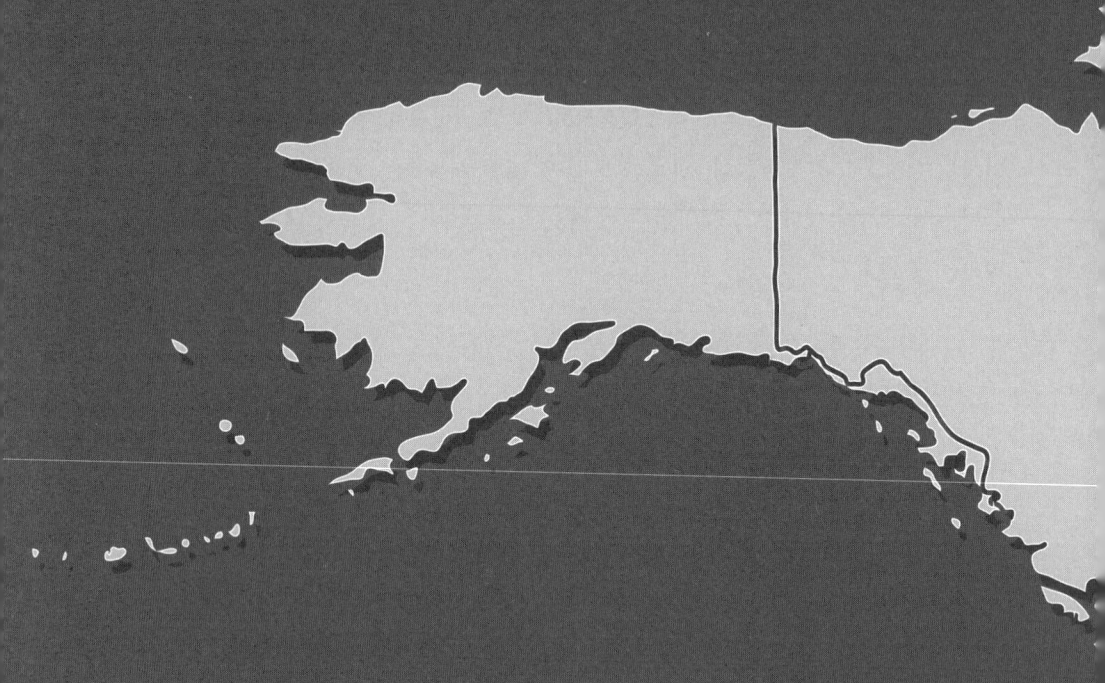

II. 북아메리카

미국 오스틴, 포틀랜드, 마이애미, 미니애폴리스, 애슐랜드, 애틀랜타, 클리

캐나다 밴쿠버, 캘거리, 퀘벡

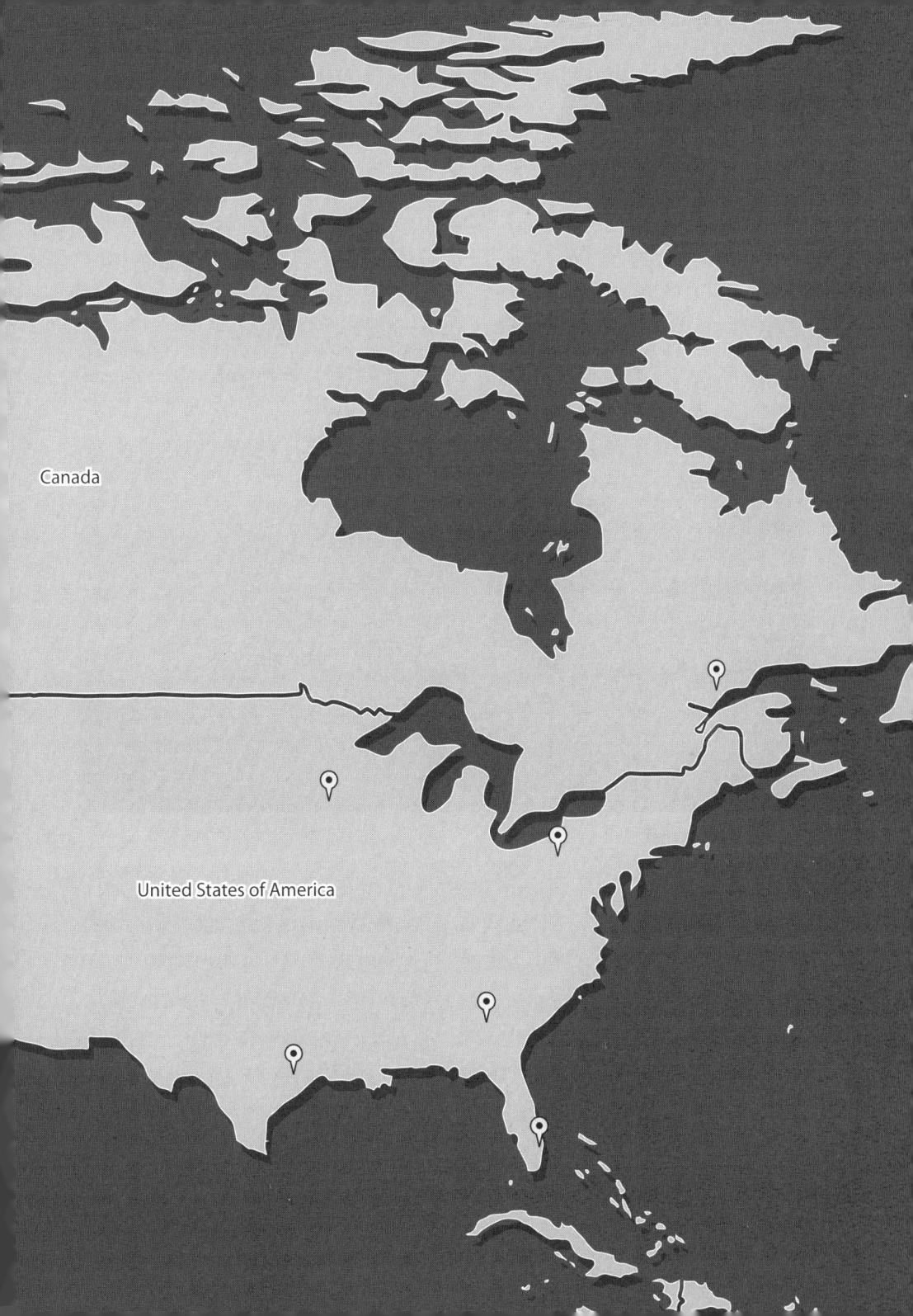

지속적인 성장과 환경의 도시

오스틴

Austin

▎오스틴 시내(ⓒ Leaflet)

오스틴Austin은 미국 텍사스Texas 주의 주도로서 텍사스의 정중앙에 위치하고 있다. 1830년대 콜로라도 Colorado 강 주변에서 워털루Waterloo라는 이름의 마을로 탄생한 이 도시는 1839년 '텍사스의 아버지'로 유명한 스티븐 오스틴Stephen F. Austin 장군의 이름을 기념해 오스틴이라는 지명으로 불리게 됐다. 당시 오스틴의 인구는 약 860명이었다. 오스틴은 19세기 동안

꾸준히 성장하면서 텍사스의 주도이자 텍사스대학교 University of Texas at Austin: UT가 위치한 대학도시로서 텍사스의 정치, 교육의 중심지로서 역할이 확대됐다.

오스틴은 텍사스에서 제일 큰 도시는 아니지만 미국에서 가장 살기 좋은 도시 중 하나다. 미국의 경제 전문 매체 CNN머니CNN Money의 2007년 조사에 따르면, 오스틴은 1990~2000년 동안 인구증가율 3위,

▌ 도심을 흐르는 콜로라도 강(왼쪽)(ⓒ Kemachs)과 텍사스대학교 중 가장 규모가 크고 중심이 되는 텍사스대학교 오스틴캠퍼스(오른쪽)(ⓒ Utexas)

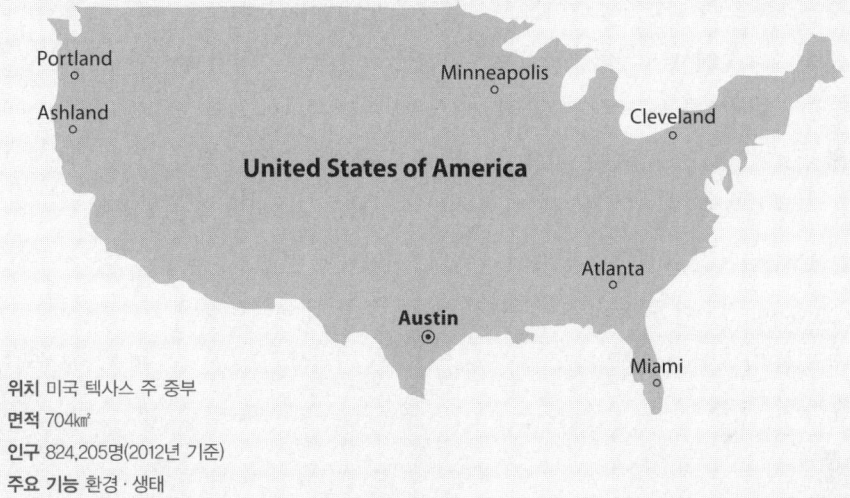

Portland
Ashland
Minneapolis
Cleveland
United States of America
Atlanta
Austin
⊙
Miami

위치 미국 텍사스 주 중부
면적 704㎢
인구 824,205명(2012년 기준)
주요 기능 환경 · 생태

일자리 증가율 5위를 기록했다. 그리고 2000~2006년 동안 가장 빨리 성장한 도시 3위를 기록했다.

오스틴의 인구는 2012년 현재 82만 4205명이다. 적은 인구 같지만 미국의 도시 중 13번째로 큰 도시이며, 1970년대 이후 최근까지 인구가 거의 세 배로 늘어났다. 특히 1980~1990년대 이후 오스틴의 주거민 수가 급증했는데, 그 직접적인 이유는 하이테크 산업의 발달 때문이다. Dell, IBM, 삼성전자 등 IT 산업이 입지하면서 캘리포니아의 실리콘밸리에 빗대어 이곳은 실리콘힐로 불린다. 텍사스는 산이 거의 없는 평지인데 오스틴 주변에는 언덕 같은 곳이 많아서 힐Hill로 불리게 됐다고 한다. 최근 오스틴은 급격한 인구증가, 개발에 의한 택지 감소, 그리고 교통정체 증가 때문에 스프롤Sprawl화의 가능성이 가장 높은 중간 크기의 도시 5개 중 하나로 꼽히고 있다.

전 세 계 라 이 브 음 악 의 수 도

오스틴 시민들은 오스틴나이트Austinites라고 일컬어지는데, 대부분이 대학교수, 학생, 공무원, 정치인, 음악가, 하이테크Hi-tech 산업 종사자, 노동자 등으로 구성돼 있다. 여기서 주목할 점은 오스틴에 음악가들이 다수 거주한다는 점이다. 1990년대 하이테크 산업이 오스틴에 집중됐을 때 시의 공식적 애칭이 실리콘힐이었다면, 오늘날 오스틴 시의 공식 애칭은 '전 세계 라이브 음악의 수도The Live Music Capital of the World'다. 오스틴에서는 매년 SXSW South by South West, 오스틴 시티 리미츠Austin City Limits 등의 음악축제를 개최해 도시 곳곳에서 라이브 뮤지션의 음악을 들을 수 있다.

또한 오스틴에서는 공식적으로 음악가들을 고용해 공공지역에서 일정 시간 동안 음악을 연주하도록 하고 있다. 오스틴 공항 내 또는 시의회 회의 도중에도 라이브 음악을 들을 수 있다. 오스틴은 이 같은 음악에 대한 배려를 통해 문화적으로 더욱 풍부한 도시가 되고 있다. 이러한 점에서 오스틴 시민들은 보수적인 텍사스 내에서도 자유로운 문화를 가진 지역으로 인식되고 있다. 시민들에 의한 도시의 비공식적 애칭은 'Keep Austin Weird'로 오스틴을 지역문화적으로 좀 더 독특한 곳으로 유지하려는 것을 의미한다. 이러한 태도는 오스틴 내 소규모의 지역상권Local Business이 잘 유지되는 이유이기도 하다.

오 스 틴 의 환 경 보 호 노 력

많은 사람들이 오스틴을 생각할 때 하이테크 산업과 텍사스대학교 등을 떠올리지만, 오스틴은 환경운동 및 강경한 환경정책들이 채택된 도시로도 미국 내에서 명성이 높다. 최고의 환경적 쾌적함을 갖춘 도시, 그것이 하이테크 산업을 끌어당기며 고급인력들이 거주하고 싶어 하는 지역으로 성장하는 데 큰 발판을 마련했다. 실제 오스틴 시는 도시정치학에서 성장기계체제Growth Machine Regime에 저항하는 진보적인 환경체제로 가장 먼저 전환한 도시로 일컬어진다.

대표적인 환경정책은 대부분 수질과 관련이 있다. 텍사스처럼 유전지역이 많은 곳에서는 물의 중요성이 일찍부터 대두됐는데, 1970년대 말부터 오스틴 의회는 수계보호조례들을 통과시켰다. 수계 주변의 도시개발에 대한 시민들의 우려가 증폭되면서 오스틴 시내에 위치한, 환경적으로 민감한 에드워즈 대수층Edwards Aquifer에 대한 보호 정책이 입안·채택됐다. 수질보호에 관한 환경적 관심은 1979년 수립된 오스틴의 장기 종합계획Austin Tomorrow Comprehensive Plan: ATCP에 반영됐다.

ATCP는 도시의 성장한계, 공원부지 인수, 그리고 녹지보전 등에 대해 다루고 있다. 도시 목표 및 주요한 정책 설정은 오스틴의 계획가들과 시민들이 함께 참여해 만들었다. 1974년에서 1977년까지 도시 목표 설정에 관한 논의를 지속적으로 진행해 ATGP Austin Tomorrow Goals Program라는 프로그램을 만들어냈다. 이 프로그램은 여덟 가지 주제로 지정돼 있는데, 도시설계, 경제성장, 환경관리, 정부와 기반시설 서비스, 근린주구 단지, 교통체계 그리고 건강과 인간을 위한 서비스다. ATCP는 40년 후인 오늘날까지도 오스틴에 영향을 끼치는 효력 있는 종합적인 계획으로 남아 있다.

환경운동의 활성화

오스틴의 좋은 자연환경은 조건 없이 주어진 자연의 선물이라기보다는 사람들이 노력해 보존한 환경운동의 산물이라고 할 수 있다. 1970년대 오스틴에서는 환경정책들의 확실한 결과 및 성공적인 구현이 나오지 않았다. ATCP는 오스틴 시민들의 환경적 관심을 제도적으로 반영하는 데 탁월한 효과를 보였지만 정책이나 목표를 이행할 계획이 없었으며, 주요한 체계적 결과도 하나도 없었다. 그러나 이러한 ATCP의 노력들은 환경문제를 도시의 주요한 정책의제로 삼는 데 성공적이었고, 환경단체들이 더욱더 조직화되도록 장려했다.

1970년대부터 시작된 환경운동 흐름은 1990년대 바턴스프링스Barton Springs를 도시개발에서 보호하려는 움직임으로 인해 절정에 달했다. 바턴스프링스는 오스틴에 위치한 온천으로 더운 여름에도 시원한 물이 올라와 오스틴 시민들이 수영을 하러 즐겨 찾는 곳이다. 옛날 인디언들은 그곳을 기적의 샘물이라고 부르며 전사들이 상처를 치유하는 곳이었다고 한다.

바턴스프링스의 보호를 위해 촉진된 환경운동을 통해 오스틴 시의회 의원들이 친

┃ 오스틴 시민들이 즐겨 찾는 온천, 바턴스프링스(© Downtown Austin)

환경주의자들로 대체됐으며, 오스틴의 여러 수계보호조례 등이 제정됐다. 1970년대 이후 제정된 모든 수계보호조례는 오스틴의 미래 도시개발에 영향을 주었지만, 대부분의 주요 조례 내용들은 1992년 통과된 SOS^{Save Our Springs} 조례에 포함돼 있다. 이 조례는 시민들의 참여를 통해 법이 채택됐다는 점에서 앞선 조례들과 다르다. 이 조례는 바턴스프링스 지역^{Barton Springs Zone}의 개발에 대해 다루고 있는데, 주요 조항들을 보면 수질 악화를 방지할 최선의 요건, 수질 변화 대비책 등이 있다.

개발과 환경의 갈등을 해소하는 스마트 성장정책

SOS 조례 같은 강경한 환경정책은 개발주의자들의 저항을 불러일으키며 환경과 성장 사이의 대립을 유발했다. 특히 1980년대와 1990년대 오스틴은 하이테크 산업의 입지로 인해 유례없는 호황을 누리면서 인구증가와 개발에 대한 욕구가 어느 때보다도 높은 상황이었다. 이런 상황 속에서 스마트 성장정책Smart Growth Initiative이 오스틴의 핵심정책으로 떠올랐다. 1994년 말 논의를 시작해 1998년 2월 시의회에서 채택된 스마트 성장정책은 1990년대 미국에서 가장 대표적인 성장관리정책 중 하나다.

스마트 성장정책은 도시의 스프롤에 대한 문제를 다루려는 노력이었다. 수계 보호는 주요 환경적 문제였고, 성장과 환경의 절충점이 모색됐다. 환경적 관점에서, 스마트 성장정책은 오스틴에 나타난 스프롤 성장에 대한 대안이었다. 이 계획은 환경적으로 중요한 지역에서 새로운 개발을 방지하고, 기존 개발지인 도시 중심부의 인구성장을 유도했다. 또한 더 살기 좋은 환경을 만들기 위해 경제발전과 자연환경 보호의 균형을 맞추기 위한 노력이었다.

스마트 성장정책의 첫 번째 목표 '어떻게 그리고 어디서 성장하는가'는 가장 많은 환경적 의미를 담고 있다. 이것은 간단히 남서부지역, 중요한 수계지역에서 새로운 개발을 피하고, 기존에 개발됐던 지역들에 개발을 집중시키는 것이다. 두 번째 목표 '삶의 질 높이기'는 사회적인 성격이 강하며, 오스틴 내 주거환경의 질을 높이고 자연환경을 잘 보존하는 것을 추구한다. 도시환경에서는 압축적인Compact 주거단지를 만드는 원칙에 초점을 둔다. 자연환경에서는 삶의 질 개선이라는 측면에서 환경을 잘 보존하고, 사람들이 그것을 이용 가능하게 만들어주는 것이다. 세 번째 목표 '과세기준의 강화'는 경제적 부분에 기반을 두었으며, 경제적으로 성장할 수 있도록 도시성장의 틀을 잡는 것이다. 좋은 성장이란 주민들에게 보다 안정적이고 강력한 세금 수익을 통해 삶의 질을 높여주는 것이다.

스마트 성장정책은 오스틴을 2개의 개발지역으로 나눈다. 식수보호구역Drinking Water Protection Zone: DWPZ은 민감한 대수층 때문에 도시개발이 이루어지면 곤란

메트로레일(ⓒ Michlaovic)

한 지역으로 간주되며, 도시 면적의 3분의 1이 포함된다. DWPZ의 목표는 도시의 식수 공급, 그 지역의 멸종위기 생물들 및 바턴스프링스 보호, 그리고 부적절한 부지 위에 건물이 들어서는 것을 방지하는 것이다.

스마트 성장정책은 오스틴 서쪽의 민감한 수계지역에서는 새로운 개발을 막으면서 도심이나 오스틴 동쪽 지역으로 새로운 개발이나 재개발 등을 유도하려는 계획을 지니고 있었다. DWPZ에서 개발을 몰아낸다는 것은 개발을 위한 다른 택지가 필요하다는 것을 의미한다. DWPZ를 제외한 도시의 3분의 2 지역들은 개발장려지역Desired Development Zone: DDZ으로 정해져 있다. 스마트 성장정책은 이미 주위가 개발돼 있고 대수층이 아니라는 점에서 DDZ에서의 개발이 장려됐다.

오스틴의 지속적인 성장과 미래

오스틴은 2000년 미국의 금융위기에 따른 영향이 거의 없었던 지역이다. 이러한 점은 오스틴의 지속가능한 성장을 위한 노력의 결과로 인식된다. 오스틴은 단순히 대학교, 고급인력과 하이테크 산업의 결합으로만 설명하기에는 부족한 도시다. 대학도시로서의 매력, 고급인력들이 몰려오는 도시, 하이테크 산업이 입지하는 이유 등을 살펴보는 것이 오스틴의 성공을 설명하는 지름길이다.

환경적 매력도가 단순히 환경계획 및 정책의 산물이 아니라는 점은 오스틴의 사례에서도 알 수 있다. 시민들의 환경에 대한 관심, 그리고 그것을 지키려는 노력이 도시계획 등의 제도적인 노력과 결합을 통해서 나타났다는 점에 주목할 필요가 있다.

현재도 오스틴에서는 환경보호 노력이 지속적으로 진행되고 있다. 스마트 성장정책은 2000년대 중반 제도적으로 중지됐다. 개발주의자들에 의해서가 아니라 오스틴 주민들의 불만과 환경주의자 및 개발주의자 양측의 불만에 의해서 중지된 것이다. 오스틴의 스마트 성장정책은 가난하고 소외된 사람들이 주로 사는 오스틴 동부지역에 대한 개발 집중으로 인해 지가상승, 빠른 고급주택화, 기존 주민 축출 등의 위협으로 나타났다. 오스틴 공동체 일원들의 관점에서는 스마트 성장정책이 오스틴 주민들의 요구를 들어주지 못한 것이다.

최근 오스틴은 지역 활성화 정책에 많은 관심을 기울이고 있다. 커뮤니티 재생 및 주민들에 대한 재교육, 사회복지시설 확충 등 오스틴의 그간 정책에 비하면 사회적 측면에 심혈을 기울이고 있는 것으로 보인다. 이러한 다양한 노력 속에 오스틴은 사람들이 더욱 살고 싶어 하는 도시Livable City로 거듭날 것으로 보인다.

/ 정주철(부산대학교 도시공학과 교수)

| 참 고 문 헌 |

• 정주철. 2006. 「From Environmental Movement to Smart Growth Policy: The Case of Austin, Texas」. ≪환경정책연구≫, 5권 1호: 71~97.

• Arnold, Mary. 2004. *Lecture and Discussion in Community and Regional Planning Program*. The University of Texas at Austin.

• Austin Chronicle staff. 2002. "The Battle for the Springs: A Chronology." Austin Chronicle, 21, no. 49. Austin, TX.

• _____. 2001. "The Price of Smart Growth." Austin Chronicle, August 9, 2002.

• City of Austin. 1979. *Austin Tomorrow Comprehensive Plan*. City of Austin Department of Planning. Austin, TX.

• http://www.ci.austin.tx.us

• http://www.city-data.com

• http://austintexas.gov

생동감 넘치는 그린시티
포틀랜드

| 포틀랜드 전경

미국 대도시 중 포틀랜드Portland라는 이름을 가진 곳은 북동부 메인Maine 주에 주청이 있는 포틀랜드와 북서부 오리건Oregon 주에 위치한 포틀랜드 등 두 곳이다. 이 글의 소개지인 오리건의 포틀랜드는 동서로 흐르는 컬럼비아Columbia 강을 경계로 북쪽으로 워싱턴 주와 접해 있다. 미국 서부에서 가장 긴(1,954㎞) 강인 컬럼비아 강은 도시 중심을 남북으로 가로지르는

윌러멧Willamette 강과 도시의 북서부에서 만나 태평양으로 흐른다.

2012년 현재 포틀랜드의 시 인구는 약 60만 명이나, 주변의 23개 중·소도시를 포함한 포틀랜드 대도시권의 인구는 약 200만 명으로 미국의 대도시권 중 24위다. 5번 고속도로를 이용해 북쪽으로 시애틀Seattle이 2시간 반, 캐나다 밴쿠버가 5시간 거리에 위

치해 북미 태평양 북서부Pacific Northwest지역의 경제
권을 형성하고 있다. 고속도로를 이용해 남쪽 캘리포
니아 주와의 경계까지는 약 5시간, 그리고 샌프란시
스코는 약 10시간 정도 소요된다.

위치 미국 오리건 주 북서부
면적 375.8㎢
인구 약 600,000명(2012년 기준)
주요 기능 환경·생태

임업에서 IT산업으로

포틀랜드 지역에 최초로 도시가 형성되기 시작한 시기는 19세기 초 무렵이며, 행정적으로 포틀랜드 시가 탄생한 해는 1851년이다. 당시 인구는 800명을 약간 넘는 수준이었지만, 그 후 지리적인 장점(태평양 연접 및 2개 강의 결절점)으로 산업이 발달하면서 급속도로 인구가 증가했다. 미국 대륙을 횡단해 포틀랜드를 지나 태평양에 최초로 다다른 탐험가인 루이스Meriwether Lewis와 클라크William Clark의 탐험 100주년을 기념하는 박람회가 1904년에 포틀랜드에서 개최됐으며, 이때부터가 포틀랜드의 산업이 본격적으로 발전한 시기로 보고 있다.

포틀랜드는 숲이 많고 수로를 이용한 교통상의 장점으로 1980년대까지 임업과 해운업이 주산업이었다. 또한 대륙을 가로지르는 컬럼비아 강을 이용해 미국 중서북부 지역(아이다호, 몬태나, 와이오밍 주 등)의 농산물을 주변지역은 물론 태평양 연안 국가에 수출하기 위한 중요한 역할을 했다. 특히 전 세계적으로 유명한 아이다호 감자의 주교역지로 현재까지도 유명하다. 그러나 1970, 1980년대 제조업의 쇠퇴를 경험한 미국의 다른 대도시와 마찬가지로 포틀랜드 역시 도시 주산업의 전환을 고려하지 않을 수 없었다.

IT산업 육성에 대한 포틀랜드의 노력으로 관련 업계의 많은 회사들이 유치됐다. 캘리포니아 베이에리어Bay Area 지역의 세계 최대 IT산업 클러스터인 실리콘밸리Silicon Valley를 벤치마킹한 '실리콘숲Silicon Forest'이 포틀랜드 도심에서 서쪽으로 약 30분 거리에 위치한 힐즈버러Hillsboro 시에 형성됐다. 이곳에는 약 1만 5000명의 직원이 근무하는 인텔Intel 본사를 비롯해 많은 IT계열 회사들이 입주해 있으며, 인근 비버턴Beaverton 시에도 나이키Nike 본사 등이 위치하고 있다.

자연과 함께하는 레저생활

포틀랜드 시의 별칭은 '장미의 도시City of Roses'다. 박람회 이듬해인 1905년부터 매년 6월 한 달 동안 도시 곳곳에서 다양한 이벤트Portland Rose Festival가 펼쳐진다. 특히 1917년에 조성된 국제장미실험정원International Rose Test Garden에서는 500여 종의 장미를

여름에도 만년설을 볼 수 있는 후드 산과 포틀랜드 전경

실험재배 중이며 축제의 중심 장소 중 하나다.

지리적 여건상 미국 북서부 지방 사람들에게는 캠핑 등 아웃도어 레저활동이 생활화돼 있다. 바다나 호수 그리고 산이 많은 이곳 자연환경과 너무 춥지도 덥지도 않은 기후는 이러한 활동을 가능케 하고 있다. 포틀랜드 도심에서 서쪽으로 1시간이면 태평양을 바라볼 수 있는 아름다운 오리건 해안을 만날 수 있다. 특히 에콜라 공원Ecola Park에서 내려다보는 캐넌 비치Canon Beach의 절경과 석양은 매우 환상적이어서, 이곳은 결혼식 등 각종 행사의 인기 장소로 활용되기도 한다.

도시의 동쪽으로는 더욱 다양한 자연을 경험할 수 있다. 뛰어난 경관을 자랑하는 컬럼비아 강의 절경Columbia Gorge은 도심에서 30분 거리에서부터 시작하는데, 아름다운 폭포, 각종 여름 스포츠 시설, 연어박물관 등이 있다. 여름에도 산 정상에 만년설이 있는 해발 3425m의 후드Hood 산도 도심에서 1시간 거리에 위치해 다운타운에서 그 절경을 바라볼 수 있으며, 겨울에는 스키를, 여름에는 트래킹tracking을 즐길 수 있다. 후드 산이 위치한 캐스케이드Cascade 산맥은 캐나다에서 캘리포니아까지 남북으로 가로지르며 3000m가 넘는 봉우리가 7개나 된다. 산맥의 동쪽은 사막으로 인디언보호구역Indian Reservation을 볼 수 있다.

도시의 북쪽으로 1시간 반 거리에 위치한 세인트헬렌스Saint Helens 산은 캐스케이드 산맥의 15개 화산 중 하나이며, 1980년 대폭발로 인해 산봉우리의 390m가 붕괴됐다. 1982년에는 미국화산국립기념물National Volcanic Monument로 지정돼 현재도 당시의 모습을 유지하고 있으며 분화구까지 관광도로가 개발돼 있다. 포틀랜드에서 남동쪽으로 3시간 거리에 위치한 벤드Bend는 은퇴휴양도시 선호도에서 항상 상위에 랭크되는 소도시다. 주변에 아름다운 산, 리조트, 골프코스, 스키장 등이 산재해 있다.

이러한 천혜의 자연환경으로 인해 레저활동이 생활화돼 있어 앞서 언급된 나이키를 포함해 레저상품 회사인 REIRecreation Equipment, Inc. 등이 이곳에서 회사 설립을 시작하게 만들었다. 독일의 아디다스Adidas 미국 지사도 이곳 포틀랜드에 위치해 있다.

풍부한 도심 속 공원

이러한 아름다운 자연환경은 주변지역뿐 아니라 도시 내 곳곳에도 잘 보존돼 있다. 다운타운을 둘러싸고 있는 월러멧 강 가의 강변공원은 총 37에이커(약 15만㎡)의 규모로, 로즈페스티벌을 포함한 다양한 행사가 연중 열린다. 원래 지역 간 고속도로가 통과했던 이곳이 고속도로를 우회시켜 도시공원으로 재탄생했다. 또한 미국에서 가장 큰(8.76에이커, 약 3만 5000㎡) 도시숲공원이며 국제장미실험정원, 동물원, 일본정원 등이 위치한 워싱턴 파크가 도심 서측에 있어 서울의 남산과 같은 역할을 하고 있다.

▌ 다운타운을 둘러싸고 있는 도심 속 공원

또한 다운타운의 10여 개 블록을 남북으로 가로지르는 파크애비뉴Park Avenue에는 보행자 중심의 아름다운 가로공원이 조성돼 있으며 다양한 문화시설도 연계돼 있다. 이곳에는 오리건심포니Oregon Symphony, 포틀랜드예술박물관Portland Art Museum, 오리건발레극장Oregon Ballet Theater 등이 들어서 있으며, 블록의 북쪽은 포틀랜드주립대학교Portland State University와 연접해 있다.

포틀랜드의 도심 활성화

포틀랜드는 도시계획 측면에서 미국에서 실험실 역할을 담당하고 있다. 전후 미국 대부분의 대도시에서 교외화 현상suburbanization이 나타나고, 심지어 최근에는 탈도시화 현상exurbanization이 보편화돼 있으나, 포틀랜드는 강력한 도시성장관리urban growth management 정책을 도입하고 있다. 따라서 포틀랜드는 도시계획 사례가 하나의 관광상품화 되고 있다.

이러한 도시성장관리 정책의 대표적인 실천방법은 도시성장선urban growth boundary 설정, 다운타운 재활성화downtown revitalization, 그리고 대중교통 활성화 등이다. 도시성장 선을 경계로 개발행위가 제한되기 때문에 도심에서 약 30분~1시간 거리의 도시성장선 주변지역에서는 도시화된 모습과 농촌의 대조적인 모습을 동시에 볼 수 있다.

그러나 포틀랜드의 가장 큰 매력은 무엇보다도 다양한 도심 재활성화 사업을 통해 재탄생된 생동감 넘치는 다운타운이라 하겠다. 1984년에 완공된 파이어니어 광장Pioneer Square은 포틀랜드의 중심 포인트이며, 각종 이벤트가 수시로 열려 시민들에게는 도시의 응접실로 여겨지고 있다.

펄 구역The Pearl District은 미국에서 가장 성공한 도심재생 사례 중의 하나로 소개되고 있다. 과거 대규모 창고들이 들어서 있던 구역이 예술적인 상업 및 주거구역으로 탈바꿈했다. 비록 임대료가 저렴하지는 않지만 오픈스페이스, 가로, 미술관 등이 잘 정비돼 있다. 펄(진주)이라는 이름은 재개발되기 전에 창고들이 마치 지저분한 굴 껍데기 같았고, 그 당시에도 산재해 있던 소규모 미술관들이 마치 진주와 같은 모습이었기 때문에 지어졌다고 한다.

| 고층빌딩과 윌러멧 강 변의 아름다운 야경

로이드센터Lloyd Center 또한 성공적인 도심재개발 사례 중 하나이며, 노후화된 구역을 재개발해 컨벤션센터 및 프로농구팀인 포틀랜드 트레일 블레이저스Portland Trail Blazers의 홈경기장인 로즈가든Rose Garden 등이 건설됐다. 이외에도 다운타운 지역에서는 차이나타운, 각종 노상카페 등을 볼 수 있다.

대 중 교 통 중 심 의 도 시 정 책

포틀랜드에는 대중교통 중심의 도시설계 및 보행자를 고려한 사례가 많다. 도시 중심인 파이어니어 광장 주변에서는 버스와 경전철MAX(공항선을 포함해 4개 노선 운영 중)의 연계가 평면적으로 잘 이루어지며, 다운타운 내에 대중교통 몰Transit Mall이 잘 형성돼 있다. 몰 주변은 대형 백화점 등이 들어서 하루 종일 붐비는 지역이다. 대중교통 활성화를 위한 정책으로 다운타운 지역 내에서는 대중교통을 무료로 이용할 수 있다.

또한 포틀랜드는 미국에서 자전거 전용도로가 제일 잘 발달된 도시 중의 하나이며, 자전거 이용을 위한 다양한 정책 및 시설이 제공되고 있다. 브리지 페달Bridge Pedal 행사는 윌러멧 강의 10개 다리를 자전거로 차례로 지나는 24마일(약 40㎞)의 자전거 투어 행사다. 특히 10개의 다리 중 2개(프리몬트 브리지와 맬컴 브리지)는 고속도로상의 다리로 평소에는 자전거나 보행자의 진입이 금지돼 있으나 이날만큼은 차들의 통행을 막고 자전거와 보행자의 통행을 허락해준다.

이러한 도심 재활성화와 대중교통 중심의 도시정책으로 포틀랜드는 대중교통 지향적 개발Transit-Oriented Development의 사례에 관해 가장 많이 소개되는 곳 중 하나이다. 다운타운은 물론, 신개발지역인 도시의 서쪽에는 경전철 도입과 역세권 개발이 조화돼 이루어진 사례를 다양하게 경험할 수 있다.

포틀랜드의 트램(위)과 오리건 컨벤션 센터 (아래)

살 기 좋 은 도 시 의 교 과 서

시애틀과 포틀랜드를 포함한 미국의 북서부지역은 겨울이 우기다. 11월부터 3월까지는 거의 매일 비가 온다. 그러나 강한 비가 내리는 경우는 그렇게 많지 않고 부슬부슬 내리는 정도다. 또한 기온도 온화해서 여름에는 한국보다 조금 덜 덥고, 겨울에도 덜 춥다. 따라서 강한 비가 오지 않는 이상 우산을 들고 다니는 사람은 별로 없고, 대부분의 사람들이 모자가 달린 레인재킷을 입고 다닌다. 이러한 날씨 때문에 커피문화가 발달돼 있다. 세계 최대의 커피소매점인 스타벅스Starbucks도 시애틀에서 시작됐으며,

포틀랜드에서도 커피는 시민의 일상 속에 깊이 포함돼 있다.

비가 많이 오는 겨울 때문에 포틀랜드의 봄과 여름은 눈부시게 아름답다. 도시 안팎으로 자연을 품고 있는 포틀랜드의 공기는 그 어느 대도시보다도 신선하다. 포틀랜드 사람들은 비가 오는 겨울에 열심히 일하고 여름에는 한두 달씩 주변의 자연에서 생활하는 사람들도 많다. 이러한 아름다운 자연환경과 생동감 넘치고 안전한 다운타운이 있기에 포틀랜드는 매년 각종 살기 좋은 도시 평가에서 상위에 랭크되고 있다.

도시계획에서 삶의 질에 대한 고려가 중시되고 있는 시대에 포틀랜드가 한국 도시에게 주는 시사점은 크다고 하겠다. 도심공원, 인간 중심의 대중교통 서비스 등은 그 동안의 양적 개발 위주의 공간정책에서 우리가 심각하게 고려하지 않았던 요소들이다. 하지만 포틀랜드와 같은 도시에서는 이러한 질적 요소들이 도시의 일상생활에서 중요시되고 있으며, 계획가들의 정책대안 마련에도 결정적인 요소로 자리 잡고 있다.

• 사진 제공: 이미지투데이

/ 정진규(국토연구원 연구위원)

| 참 고 문 헌 |

• 정선영. 2006. 「미국 오리건주 포틀랜드의 대중교통체계 구축방안」. ≪월간 국토≫, 통권292호: 57~63.
• 추상호. 2001. 「포틀랜드의 Smart Growth 정책」. ≪월간 교통≫, 통권 42호: 39~41.
• 편집부. 2006. 「자신만만세계여행-미국」. 삼성출판사.
• http://www.metro.dst.or.us

빈곤을 감춘 도시의 화려함
마이애미

마이애미 전경

미 대륙의 동남쪽에 위치한 마이애미Miami는 다양한 미디어를 통해 우리에게 비교적 친숙한 도시다. 인기 있는 텔레비전 드라마 〈CSI: 마이애미〉나 〈마이애미 바이스Miami Vice〉는 미국뿐만 아니라 세계인들에게 마이애미에 대한 깊은 인상을 심어주었다. 텔레비전 드라마와 여러 장르의 영화 등에 등장하는 마이애미의 고층건물, 화려한 아르데코Art Deco 양식의 건축물, 오색찬란한 조명들 사이로 비치는 대서양과 인트라 코스트intra-coast(육지 안쪽의 바다)의 매혹적인 물결 등은 이 도시의 이미지로 자리 잡게 됐다. 물론 마이애미를 다룬 드라마가 범죄라는 주제여서 부정적 이미지를 줄 수도 있지만, 오히려 자극과 흥미를 더욱 불러일으키게 된다. 화려한 도시 이미지를 지닌 마이애미는 2004년, 2005년 젊은이들에게 가장 인기 있는 시상식 중 하나인 MTV 비디오 뮤직 어워드 Video Music Award를 유치하고, 대학 풋볼의 4대 볼리그 중 하나인 오렌지 볼Orange Bowl을 유치한 바 있다. 마이애미는 전 미국의 그리고 세계적인 화려한 휴양지이자 엔터테인먼트의 중심지다.

명실공히 아름답고 화려한 모습들은 시정부와 민간 영역이 만들어온 효과적인 도시마케팅place-marketing의 결과라고 할 수 있다. 신이 허락한 아름다운 자연경관, 해변, 그리고 강렬한 태양빛으로 마이애미는 세계적인 관광도시로 발전할 수 있었다. 하지만 실제

마이애미는 우리가 가지고 있는 일반적인 이미지와는 상반된다. 그 이유 중 한 가지는 미국에서 가장 가난한 도시라는 점이다. 이러한 극단적인 화려함과 빈곤이 공존하는 도시가 바로 미국에서 다섯 번째로 큰 광역도시권 마이애미다. 이 글에서는 우리가 듣고 상상해온 마이애미의 실제를 도시연구 차원에서 소개하겠다. 여느 다른 도시들처럼 마이애미도 유기체적인 특성을 가지고 변화하고 있고, 현존하는 문제점들을 해결해나가며 새로운 모습과 기능의 도시로 가꾸어나가고 있다.

위치 미국 플로리다 주
면적 143.15㎢
인구 408,568명(2010년 기준)
주요 기능 경제산업

마이애미의 특징과 역사

마이애미는 플로리다 주 남동쪽에 위치한 메트로폴리탄이다. 마이애미 시 자체는 약 40만 명의 인구가 살고 있지만, 주위의 카운티와 도시들을 포함한 대도시권역metropolitan에는 약 540만 명의 인구가 거주하고 있다. 마이애미는 과거 관광산업 중심의 경제구조를 가지고 있었으나, 최근 도시발전의 가장 큰 기반은 국제금융 시장과 문화산업으로 이를 적극적으로 개발 및 육성하고 있다.

마이애미는 북아메리카, 중앙아메리카, 남아메리카의 여러 도시와 교류하기 좋은 위치에 있다. 이런 이점을 가지고 다양한 문화와 이민자들이 수용됐다. 특히, 정치적·군사적 이유로 쿠바 출신의 이민자들이 대규모로 이주해 살고 있다.

마이애미는 다인종·다민족 사회다. 인종은 약 67%의 백인과 약 22%의 흑인으로 구성돼 있고, 아시아 인종 등의 다른 인종은 1% 미만이며, 혼혈인구가 증가해 센서스 조사에 따르면 두 인종 이상의 혼혈인종이 4.7%를 차지하고 있다. 도시인구는 쿠바인Cuban 34%, 니카라과인Nicaraguan 5.6%, 아이티인Haitian 5%, 푸에르토리코인Puerto Rican 3.6%, 온두라스인Honduran 3.3%로 구성돼 있다. 이들 민족은 대부분 남미 및 카리브 해 지역으로부터 유입된 라티노Latino이다. 이에 비해 아시아 인종 등의 다른 인종들은 1% 미만의 아주 적은 인구만이 산다.

마이애미 시의 역사는 1896년으로 거슬러 올라간다. 1896년 약 400명의 남성 투표자들에 의해서 마이애미가 하나의 독립적인 행정단위로 구성됐고, 정부기구가 구성돼 현재의 마이애미 시의 시초가 만들어졌다. 그러나 실제적인 인구 거주는 약 1000년 전부터 한 인디언 부족Tequesta Indians이 이 지역에 살게 되면서 시작됐다고 한다. 본격적인 거주지역의 개발은 1567년 에스파냐 군대의 진주로부터 시작됐다. 현재 마이애미 시의 도시구조와 개발방향은 1920년대에 이루어졌다. 소위 플로리다 개발붐Florida Land Boom을 타고 이곳은 급속한 성장과 개발을 경험하게 됐고, 급속한 인구성장과 도시 인프라의 개발이 이루어졌다. 그러나 성장의 속도가 조절기를 거치는 동안 대공황Great Depression과 경제적 위기를 맞이하기도 했다. 제2차 세계대전은 이러한 상황을 극복하는 중요한 전기가 됐다. 독일의 막강한 잠수함 부대를 상대하기 위한 전략적 요충지로 미국정부는 군부대와 시설들을 투자하게 됐고, 이로 인해 마이애미는 40만 명 이상의 도시로 성장하게 됐다.

1959년 카스트로Fidel Castro가 혁명에 성공하자 많은 수의 쿠바 난민이 마이애미 지역으로 유입됐다. 이 변화는 마이애미의 입장에서는 여러 가지 유리한 조건을 갖게 해 지속적인 경제성장과 도시개발에 도움이 됐다. 하지만 1980년대와 1990년대에 도시가 인종문제로 불안을 겪었고, 마약과 관련된 갱들의 전쟁과 이로 인한 치안의 위기도 있었다. 유명한 TV 시리즈 〈마이애미 바이스〉도 이때를 배경으로 만들어진 형사들의 이야기다. 또한 허리케인 카트리나Hurricane Katrina 이전의 최악의 폭풍으로 불리는 허리케인 앤드루Hurricane Andrew가 이 지역에 심한 타격을 준 것도 이때다.

경 제 와   도 시 개 발

마이애미 시는 미국 경제에서 가장 중요한 금융 중심지 중 하나다. 미 동남부지역의 금융 중심지이며, 지리적 특성으로 인해 남미지역 및 카리브 해 지역을 연결하는 국제금융허브의 역할을 하고 있다. 1400여 개 다국적 기업들의 라틴 아메리카 관할 본부headquarters가 마이애미에 위치하고 있다. 현재 마이애미의 다운타운은 새로운 대규모 건설들이 곳곳에서 일어나고 있어, 일부는 이곳이 '맨해트니즘Manhattanization'의 가장 중요한 사례라고 말하고 있다.

이러한 도시재개발은 2005년에 정점에 다다른 부동산시장의 활황과도 많은 관련이 있다. 1920년대의 플로리다 개발붐 이후로 2000년대에 들어서면서 부동산시장이 가장 뜨겁게 달아올랐다. 마이애미를 비롯한 플로리다 전역이 건전한 경제기반과 지속적으로 유입되는 인구, 그리고 부동산시장의 활황과 맞물려 성장과 발전을 이뤘다. 하지만 2007년 들어 마이애미 부동산시장이 급속하게 냉각되고 플로리다에 유입되는 인구수가 줄어들고 있어, 이는 앞으로 상당 기간 조정기를 거쳐야 할 것으로 보인다.

마이애미 경제의 발전과 특징은 위치적 특징과 관련된다. 마이애미는 항구도시이지만, 관광산업을 중심으로 한 은퇴도시mecca for retirement로 더 알려져 있다. 마이애미의 위치상 겨울에도 25~26℃에 이르는 온화하고 따뜻한 날씨가 계속되고, 끝없이 펼쳐진

해변과 무한대로 내리쬐는 햇빛이 은퇴자와 관광객을 끌어들이고 있다. 마이애미 시의 모토는 'Fun in the Sun'이다. 햇빛과 따뜻한 기후는 끝없이 펼쳐진 해변과 자연환경과 어우러져 도시발전의 최고의 자산이 되고 있다.

자연이 주는 이점 이외에 마이애미가 도시로서 왕성한 경제활동을 벌이게 된 배경에는 쿠바에서 망명한 이민자들의 새로운 역할이 있었다. 미국에 온 쿠바 이민자Cuban American들이 커뮤니티를 형성하고, 최근 더욱 적극적인 경제활동을 통해 마이애미에 생산시설을 만들고 미국 전역 및 남미 등에 거래를 시작한 것이다. 이러한 쿠바 이민자들의 성공은 남미의 다른 국가들의 부유한 이민자들을 자극했다. 많은 이민자가 남미로부터 마이애미로 오게 됐고, 그들의 자본력과 인적자원은 또한 이 지역경제에 시너지 효과를 가져왔다. 새로운 이민자들은 리틀 아바나Little Havana에 오면 에스파냐어Spanish로만 이야기를 해도 된다. 이민자들뿐 아니라 무역업을 하는 남미의 상인들은

마이애미 도심부 전경

이곳 리틀 아바나에서 미국 상품들을 보고 구입해 남미의 구석구석에 재판매하는 무역을 진행하고 있다. 무역상품은 간단한 액세서리 및 옷 등에서부터 부가가치가 높은 서비스까지 다양하다.

빈 곤 의 문 제

마이애미는 '빈곤'이라는 굉장히 상반된 측면을 가지고 있다. 화려한 조명 이면에는 상당히 많은 인구와 지역이 빈곤과 도시병리현상urban pathology에 직면해 있는 것이다. 미국통계국US Census Bureau의 통계에 의하면, 마이애미는 가장 가난한 미국의 도시이기도 하다. 미 연방정부가 정한 빈곤선poverty line 이하의 세대수 비율이 미국에서 가장 높은 곳 중 하나다. 미국 도시들 중 미시간 주의 디트로이트Detroit와 텍사스 주의 엘패소El Paso에 빈곤한 세대가 더 많지만, 이 두 도시는 화려한 경제성장을 하고 있는 마이애미와는 다르다. 디트로이트는 산업 이전을 거치며 급격한 도시쇠락을 경험하고 있는 전형적인 동북부의 도시이고, 엘패소는 국경도시로서 안정되지 않은 이민자들의 급격한 증가로 빈곤을 경험하는 도시다. 하지만 마이애미는 이러한 도시들과는 전혀 달리 발전하고 있고 또한 화려한 도시의 이미지를 가지고 있으면서 심각한 빈곤의 문제, 그리고 이에 수반되는 범죄문제를 동시에 가지고 있다는 자체가 우려스럽다.

마이애미의 일인당 소득수준per capita income은 2만 732달러이고, 전체 인구의 27.7%가 빈곤선 아래에 위치해 있다. 또한 가구당 중간소득median household income은 3만 270달러이고, 약 26.9%의 가구가 빈곤의 문제에 직면해 있다. 플로리다국제대학Florida International University 메트로폴리탄센터의 연구에 의하면, 가장 큰 문제는 도시가 확산urban sprawl 되면서 많은 가난한 이민자가 집단적으로 게토 같은 지역으로 분리돼서 상황을 더욱 심각하게 하고 있다

▎포트로더데일 채널에서 바라본 범죄자 수용시설

는 점이다(US Census Bureau, 2007-2011).

즉, 발전을 위해 해변지역을 중심으로 하는 고급 콘도미니엄 단지(한국의 아파트 단지)가 즐비하게 늘어섰고, 다운타운에는 멋진 오피스가 계속해서 들어서서 마이애미의 경제를 이끌고 있으나, 내륙으로 들어가면 갈수록 투자도 없고 일부 지역은 빈곤과 범죄에 방치되는 형국이다. 한국적 표현으로는 일종의 양극화 현상이 일어나고 있는 것이다. 미국의 연방수사국FBI은 범죄 면에서 마이애미를 미국 대도시권에서 두 번째로 위험한 도시로 선정했을 정도다.

▎ 마이애미의 해변

인트라 코스트와 리틀 아바나

빛나는 햇빛과 펼쳐져 있는 해변이 마이애미의 가장 중요한 관광자원일 것이다. 가장 남쪽의 사우스비치South Beach에서 시작해 마이애미비치Miami Beach, 할리우드비치Hollywood Beach, 팜비치Palm Beach, 그리고 포트로더데일Fort Lauderdale 지역으로 이어지는 플로리다 남부의 해안선은 그야말로 최고의 관광지다. 너무 많은 비치가 있어서 다 나열하기 곤란할 정도로 펼쳐져 있다. 물의 빛깔은 하와이나 카리브 해안에서 볼 수 있

▌마이애미 선착장

는 맑은 빛깔로 온 가족이 즐기기에 아주 좋은 수온과 수심을 가지고 있다. 곳곳에서 식당가와 쇼핑가를 쉽게 찾을 수 있고, 고층으로 이어진 호텔과 콘도미니엄 빌딩들은 럭셔리한 주거지로 편리하게 구성돼 있다. 또 내륙으로 뻗어 있는 인트라 코스트는 중요한 관광자원으로 주위에 고급 주택 단지들이 즐비하게 있고, 배를 타고 파도도 없는 맑은 바다를 여행할 수 있다. 이 물길은 포트로더데일에서 마이애미 다운타운 또는 사우스비치까지 연결된다. 또 고급 주택가에는 이름을 들으면 알 수 있는 많은 스타의 집이 있어 일반인들의 호기심과 관심을 증대시키고 있다. 인트라 코스트를 따라 관광하는 수상여행은 이용비용도 거리에 따라 다르지만, 택시나 버스를 이용하듯 하루 이용권^{daily pass}을 사서 이곳저곳을 여행하며 관광할 수 있는 관광의 백미다.

1959년 이후 마이애미에 정착한 쿠바 난민들은 지금은 마이애미 사회의 중요한 일원이며 대표 그룹이라 할 수 있다. 인구의 35%에 달하는 쿠바계 미국인들은 또한 마이애미의 대표적 문화 주체다. 마이애미의 남서쪽에 위치한 리틀 아바나는 8번가^{8th Street}를 중심으로 수 마일에 걸쳐서 뻗어 있으며, 상가와 식당뿐 아니라 쿠바 이민자들의 집과 아파트 단지가 즐비하다. 사실 이곳은 마이애미 여러 곳에 펼쳐져 있는 다수의 쿠바인 집단거주지역 중 하나다. 그러나 이곳에 다양한 종류의 즐길 거리와 상업 중심지역이 형성되면서 세계적으로 알려지게 됐다. 이곳에 가면 많은 쿠바 전통 식당들을 찾을 수 있다. 쿠바 이민자들은 혁명을 통해 그들의 나라에서 나왔기 때문에 이곳을 제2의 쿠바로 만들고자 하는 욕구가 있어, 이곳을 쿠바의 아바나와 정말 비슷하게 그리고 그 정취와 추억을 되살릴 수 있도록 노력하고 있다.

마이애미의 미래

이미지가 중심이었고 다양한 미디어에 햇빛 찬란한 모습을 보여주던 마이애미는 변화하고 있다. 은퇴자들의 메카 그리고 소비적 특성이 강한 도시에서 남미와 카리브해 지역을 아우르는 세계 금융과 무역의 중심지로 성장하고 있다. 마이애미의 미래는 여러 가지 문제 속에서도 비교적 밝은 편이다. 왜냐하면 쿠바계를 중심으로 하는 라틴민족들이 이 지역의 경제를 더욱 활성화시킬 것이며, 또 수많은 은퇴자와 관광객이 끊임없이 이곳으로 유입되고 지출할 것이기 때문이다. 마이애미는 이제 빈곤의 이슈를 해결해야 할 제3세계적인 고민과 함께, 최상의 디자인과 고급으로 꾸며질 아름다운 비치들을 개발해야 할 즐거운 상상을 해야 한다. 만약 전자를 포기한다면 마이애미는 범죄의 도시라는 오명을 당분간은 가져야 할 것이며 도시발전의 큰 저해 요소가 될 것이다. 그리고 최근 지구온난화로 허리케인의 발생 빈도나 강도가 증가됨에 따라서 자칫 이러한 자연재해의 큰 피해자가 될 수 있다는 우려가 제기되고 있다. 그래서 마이애미 시정부와 연구기관들은 주정부와 연방정부의 국토안보부Department of Homeland Security와 협력해 적극적인 재난관리 프로그램Emergency Management Plan 등을 준비 중에 있다.

• 사진 제공(일부): 이미지투데이

/ 최현선(명지대학교 행정학과 부교수)

| 참 고 문 헌 |

• Macionis, John J. and Vincent N. Parrillo. 2006. *Cities and Urban Life*. 4th ed. U.S.: Pearson.
• Port of Miami Official Site. Miami-Dade County.
• QuickFacts for Miami (city), Florida. United States Census Bureau.
• U.S. Census Population Finder: Miami, Florida. U.S. Census Bureau.
• http://www.ci.miami.fl.us
• http://www.muninetguide.com/

예술이 살아 숨 쉬는 호수의 도시
미니애폴리스

Minneapolis

■ 미니애폴리스 도심 전경(ⓒ bobak Ha´Eri)

미니애폴리스Minneapolis는 미네소타 주에서 가장 큰 중심도시다. 미시시피Mississippi 강 중류에 위치하고 있으며, 강 건너의 세인트폴Saint Paul과 쌍둥이 도시를 형성하고 있다. 1872년 미시시피 강 동쪽의 세인트앤서니Saint Anthony와 강 서쪽의 미니애폴리스가 합쳐져 지금의 미니애폴리스가 됐다. 미시시피 강과 길이 19㎞의 미네통카Minetonka 호가 서부 외곽지대

에 있고, 미네하하Minnehaha 강의 발원지이며, 미시시피 강의 세인트앤서니 폭포 등 강과 호수가 많은 도시다. 미니애폴리스라는 지명도 다코타족어로 물을 뜻하는 'minne'와 그리스어의 도시를 뜻하는 'polis'가 합쳐져 만들어졌다.

필자가 몇 해 전 학회 일로 로스앤젤레스에서 댈러스로 가는 비행기에서 만난 미니애폴리스 거주자

는 미니애폴리스에 대해 '날씨는 춥지만 아름답고 건강한 도시'로 극찬했다. 미니애폴리스 메트로폴리탄은 인구 370만 명으로 미국에서 15번째로 큰 대도시권이다. 예술을 즐길 수 있는 기반시설이 많고 아름다운 자연환경은 이곳 사람들에게 풍요로움을 안겨주고 있다. 미시시피 강의 세인트앤서니 폭포를 이용

한 수력발전이 시를 공업도시로 발전시키는 원동력이 됐으며, 중서부 지대의 밀 재배로 제분업 중심지로자리 잡았다. 이러한 도시의 발달은 미니애폴리스를 미네소타 주의 상공업·경제·교육·문화의 심장부로 성장하게 했다.

위치 미국 미네소타 주 남동부
면적 151.3㎢
인구 387,753명(2011년 기준)
주요 기능 경제산업

| Minneapolis Institute of Arts(ⓒ Alvintrusty, 위키피디아)

미니애폴리스: 미 중북부의 중심도시

미니애폴리스는 목재와 밀가루 생산의 수도로 일컬어지기도 하며, 일리노이 주의 시카고와 워싱턴 주의 시애틀을 연결하는 가장 중요한 비즈니스 허브의 역할을 하고 있다. 이곳은 예술과 창의성이 넘치는 도시공간을 갖추고 있다. 수많은 공연장과 문화공간은 많은 예술인과 애호가를 불러들이며 독특한 문화를 만들어가고 있다. 미니애폴리스는 별명도 많은 편이어서, '쌍둥이 도시Twin Cities'와 더불어 '호수의 도시City of Lakes'로 불리기도 한다.

미니애폴리스는 1867년 시카고를 왕래하는 열차 운행이 결정된 이후에 시가 됐다. 이후 수력을 이용한 소맥분을 생산하는 산업기반을 만들면서, 1880년에서 1930년에 이르기까지 빠른 성장을 이룬다. 그러나 1930년대 대공황과 1940년대 제2차 세계대전 기간 동안 여러 가지 변화가 일어나게 된다. 특히 1960년대 시민권리운동Civil Rights Movement이 크게 일어나면서 이 지역은 아메리칸 인디언들의 인권운동 중심지가 되기도 했다.

미네소타 주와 미니애폴리스의 기후는 상당히 추운 편이다. 가장 추운 1월이나 2월에는 평균기온이 거의 영하 15℃까지 떨어질 정도로 살인적인 추위이며, 연평균 기온은 7℃ 정도다. 이러한 척박한 기후에도 불구하고 미니애폴리스는 아름답고 풍부한 수자원과 자연환경, 미시시피 강과 미네소타Minnesota 강 등을 이용한 물류, 그리고 시카고와 시애틀을 잇는 교통 및 산업의 중심지로 그 발전을 더하고 있다. 인종적으로는 백인들이 많고 흑인 인구나 라티노 계통이 이 지역의 소수인종으로 낮은 소득수준과 교육수준을 보인다. 외국에서 출생한 사람들도 적은데, 특히 아시아 지역에서 온 이민자의 수도 매우 적은 곳이다.

도 시 개 발 의 특 징

미니애폴리스와 세인트폴은 독립된 도시였던 1900년대 초에는 두 지역의 인구가 40만 명 정도로 두 도시 간의 협력이 필요 없었다. 하지만 1950년대에 들어서자 두 도시의 인구가 120만 명이 넘어서면서 두 도시는 어느덧 하나의 도시권으로 연결된다. 미시시피 강을 사이에 두고 다른 도시, 다른 형태로 발전하고 있던 미니애폴리스와 세인트폴은 1950년대 중반 이후 하나의 생활권이 되면서 두 도시 간의 새로운 관계형성과 협력이 절실하게 된 것이다.

두 도시는 비슷한 문제에 직면했다. 급속한 교외화 현상으로 두 도시의 다운타운을 재개발해야 할 필요가 생긴 것이다. 또한 앞으로 이 두 도시 또는 이 도시권을 어떤 식으로 개발하고 발전시켜야 하는지도 큰 의문으로 다가왔다. 두 도시의 정부 및 민간 전문가들은 이 문제를 진지하게 다루기 시작했고, 그 당시 가장 큰 이슈였던 광역 하수처리 시설sewer system 개발을 첫 번째로 작업하게 된다. 이 일들은 합의점을 도출하기 쉬운 광역문제로서, 서로 인접한 하나의

▌ 미니애폴리스 시내버스(ⓒ Mulad, 위키피디아)

생활권의 두 도시가 다른 2개의 계획을 가지고 공사를 한다는 것은 무척이나 비경제적인 것이기 때문이다. 그래서 두 도시 정부와 지역의 리더들은 서서히 두 도시를 하나의 지역으로 보게 됐다.

이런 합의의 결과로 미네소타 주정부는 미국 도시개발 역사에서 최초로 지방정부 협의회이자 광역교통위원회로 여겨지는 Metropolitan Planning Commission(MPC) 설립 법안을 통과하고 집행하게 된다. 이 조직은 지방정부의 대표 21명으로 구성해 의사결정을 하게 되며, 7명의 위원들은 미네소타의 비즈니스와 커뮤니티 이익을 대표할 수 있는 인물들로 주지사가 임명하게 됐다. 이 법안은 MPC의 역할과 권한을 기획과 제안이라는 부분으로 제한했다. 미니애폴리스의 특별한 도시구조는 이러한 광역 행정조직의 탄생에서 비롯됐다.

이 조직은 1967년에 주민들의 합의와 협조를 얻어낸 계획을 시행하는 단계에까지 이르렀다. 물론 MPC에는 집행력이 없지만, 지방정부들과 주정부가 시행하는 가운데 조정자의 역할을 하게 됨으로써 여러 가지 일에 깊이 관여하게 됐다. 또한 실제적인 협조를 위한 비용분담을 통해 지방세금을 분배하는tax-sharing arrangement 방식을 실행함으로써 사업들의 실행 가능성을 높였다.

미니애폴리스의 경제는 상업과 금융을 중심으로 물류와 헬스서비스 등의 산업이 발달했다. 《포천Fortune》이 선정한 500대 기업 중 Target Cooperation, US Bankcorps, Ameriprise Financial 등이 이곳에 위치해 있다. 그리고 미네소타주립대학과 연계한 신기술 개발에도 성과가 나타나 *Popular Science*지가 선정한 'Top Tech City'가 됐고(2005년), *Smart Places to Live*라는 잡지에서는 젊은 전문직 종사자들이 선호하는 7대 도시 중 하나로 뽑히기도 했다. 이는 이곳의 경제활동이 과거의 생산 중심 구조에서 새로운 기술과 전문가 중심의 구조로 바뀌고 있다는 증거이기도 하다. 미니애폴리스는 미네소타 주 전체 생산액의 약 64%를 차지하고 있으므로 경제, 인구, 행정 면에서 미네소타 주의 중심지라고 할 수 있다.

아름다운 미니애폴리스

미니애폴리스가 특별한 것은 이 도시가 매우 예술적인 도시라는 점이다. 뉴욕을 제외하고 미국에서 공연무대가 인구 대비 가장 많은 곳이 미니애폴리스다. 많은 공연장이 위치해 있을 뿐 아니라, 시정부는 노쇠하거나 어려움이 있는 예술단체 등을 인수 또는 투자해 새로이 탄생시켰다. 주요한 시설물을 새롭게 리모델링해 주민들이 즐길 수 있도록 개방하고 있다. 다양한 공연을 할 수 있는 공연장 중 The Southern Theater가 규모 면에서나 공연의 창작성과 수준 면에서 가장 많이 알려져 있다. 이 외에도 State Theatre, Guthrie Theater 등이 유명하며, 뉴욕의 브로드웨이처럼 연극 등을 위한 공연장이 즐비한 Hennepin Theatre District 거리가 조성돼 있다. 이곳에 1915년부터 시작된 Minneapolis Institute of Arts가 있는데, 오랜 역사만큼이나 지역을 위한 역할이나 소장하고 있는 작품들의 우수성으로 유명하다. 1만여 점의 소장품이 있고 때마다 특별 초청전을 벌이고 있다. 2006년에는 현대미술만을 위해서 미술관 건물을 신축했다.

또한 미니애폴리스에는 총 57개의 크고 작은 박물관들이 있다. 숫자상으로는 워싱턴 D.C.나 시카고보다 많으며, 그 전시물의 질 또한 뒤지지 않는다. 미니애폴리스는 음악, 특히 재즈 분야가 발달했는데, 미니애폴리스가 낳은 이름난 대중음악가로는 프린스Prince를 꼽을 수 있다. 그는 이곳에서 학교를 다니고 Minneapolis Dance Theatre에서 음악과 춤 등을 교육 받은 후 대중문화로 방향을 바꾸어 큰 성공을 거두었다.

다른 미국의 대도시들처럼 미니애폴리스도 스포츠산업에 전력을 다하고 있다. 미국의 국민 스포츠라

미니애폴리스의 상징인 체리 스푼(ⓒ FaceMePLS, 플리커)

▎1만 6000여 점의 현대미술 작품을 전시해놓은 와이즈먼 미술관(ⓒ mulad)

할 수 있는 미식축구가 유명하며, NFC^{National Football Conference} 소속의 미네소타 바이킹
스^{Minnesota Vikings}가 있다. 미니애폴리스는 워낙 추워서 미식축구를 위한 실내경기장을
가지고 있다. 야구는 Minnesota Twins, 농구는 Minnesota Timberwolves에서 실내경기
를 개최한다. 특히 Timberwolves는 The Target Center에 위치하고 있어 농구 경기뿐만
아니라 많은 사교 모임이 열린다. 아이스하키 팀으로는 The Minnesota Wild가 있다.
이들 모두 프로리그의 강팀에 속한다.

　또한 미니애폴리스는 미네소타주립대학을 중심으로 교육과 연구도시로의 면모도
보이고 있다. 약 5만 명의 학생이 이곳에서 공부를 하고 있는데, 1851년에 세워져서 현
재는 미국에서도 학생들의 등록 수 면에서 네 번째로 규모가 크다.

　미니애폴리스를 즐길 수 있는 방법은 다양하다. 57개에 이르는 뮤지엄들을 골라서

보는 즐거움이 있고, 또 주요한 공연들을 맘껏 즐길 수 있는 다양한 규모의 공연장이 있다. 만약 스포츠에 관심 있다면 갖가지 프로 경기를 연중 관람할 수 있다. 또한 도시의 멋과 자연과의 어우러짐을 보기 원한다면 다운타운 세그웨이Segway 투어가 좋은 선택이 될 것이다. 세그웨이는 서서 타는 1인용 교통수단으로 친환경적이다. 현재 미국 내 많은 다운타운에서, 특히 경찰들이 사용하거나 투어를 위해 사용하는 경우가 많고, 넓은 캠퍼스에서 사용하는 경우도 있다. 이 세그웨이를 타고 다운타운의 이곳저곳을 가이드를 따라다니며 관광할 수 있고, 아름다운 강가의 산책로를 달려도 된다. 폭포, 다리, 역사적 건물이나 구조물, 강에 위치해 있는 섬들을 볼 수 있는 이 투어는 약 3시간이 걸린다.

미니애폴리스는 백인 중심의 문화와 보수성이 종교적인 측면에서도 강하게 남아 있다. 세계적인 부흥사인 빌리 그레이엄Billy Graham 목사의 'The Billy Graham Evangelical Association'이 바로 이곳에 있다. 그 외에도 기독교 계통의 잡지사들과 방송국이 이곳에 있어 전 세계의 기독교인들에게 영향을 미치고 있다. 초창기 유럽 이민자들이 이주할 때부터 이곳은 무척 종교적이며 기독교적인 분위기에서 성장했다. 유럽을 중심으로 전해진 50여 개가 넘는 기독교 종파들이 이곳에 자리를 잡았다. 따라서 1850년대부터 1900년대 초까지 역사적으로 의미가 있는 교회 건물들이 이곳에 지어졌다. 이러한 분위기를 반영하듯 이곳에서는 남을 도와주려는 손길이 끊임없이 이어지고 있다. 전체 인구의 약 40%가 실제로 본인이 직접 남을 돕는 일에 자발적으로 참여해 시간을 사용하는 것으로 알려져 있다.

미 니 애 폴 리 스 의   미 래

미니애폴리스는 미네소타의 중심 도시이자 시카고와 시애틀을 연결하는 상업과 산업의 중심지다. 이 도시는 커다란 위기나 기복 없이 도시의 특성과 역량을 유지해왔다. 하지만 여러 가지 노력에도 불구하고 최근 인구의 하락세가 이어지고 있다. 2000년 센서스 자료와 비교해 2005년의 인구자료는 약 3% 가까운 인구의 하락을 나타내고 있다. 여러 가지 이유가 있지만, 추운 기후로 인해 일부 은퇴층과 새로운 경험을 하기

원하는 대학을 졸업한 젊은 인구가 미국의 남부와 서부 쪽으로 움직이고 있는 것으로 보인다.

전통이 있고 그 전통을 잘 가꾸어온 미니애폴리스이지만, 혹독한 기후와 새로움에 대한 갈망으로 앞으로도 이곳의 인구가 줄어들 것이라는 전망도 제기되고 있다. 미국 전체적으로 겪고 있는 인구이동의 양상이 앞으로 이곳에 얼마나 큰 영향을 줄지는 아직 모른다. 그러나 미니애폴리스는 앞으로도 도시의 좋은 특성을 유지하며, 쌍둥이 도시의 명성을 이어갈 것이다.

/ **최현선**(명지대학교 행정학과 부교수)

Ⅰ참 고 문 헌Ⅰ

• City of Minneapolis. 2003. Planning Division of the Minneapolis Department of Community Planning and Economic Development(http://www.ci.minneapolis.mn.us/)

• Levy, John M. 2006. *Contemporary Urban Planning*(7th Edition). NJ: Pearson Prentice Hall.

• Macionis, John J. and Vincent N. Parrillo. 2006. *Cities and Urban Life*(4th Edition). NJ: Pearson Education.

• Metropolitan Council. 2006. Twin Cities Region Population and Household Estimates. 2006.

• Minneapolis Visitors Bureau. 2007. Minneapolis & Saint Paul: Official Visitors Guide to the Twin Cities Area.

• U.S. Census Bureau.

• http://www.ci.minneapolis.mn.us/

• http://www.minneapolis.org/

• http://en.wikipedia.org/wiki/Minneapolis,_Minnesota(retrieved in Oct 8, 2007).

소도시 장소마케팅으로 주목받는

애슐랜드

애슐랜드 전경

소도시의 장소마케팅

'세계화'가 도시 행정가들과 지역 정치인들 사이에서 필수항목으로 입에 오르내리고 '장소마케팅Place Marketing' 전략의 해외사례가 소개되면서, 문화를 통한 도시개발 전략은 지방자치 단체장의 화두가 됐다. 장소마케팅은 새롭게 부흥하는 산업이나 문화축제, 도시광고 등으로 도시 이미지를 바꾸어 주민, 관광객, 기업을 끌어들이려는 도시발전 전략으로서 영국의 구산업도시들이 산업공동화로 인해 심각한 경기침체에 빠지자 이를 극복하기 위해 시작됐다. 도시의 발전에 깊이 관여하는 사람들, 즉 정부, 기업, 신문사, 대학, 부동산업자 등이 그 도시의 가치를 높이기 위해서 주로 쓰는 방법은 문화적인 매력을 높이는 것이 대표적이다. 교통의 발전, 여가시간 증가와 아울러 문화에 대한 관심이 높아지자 관광산업에 종사하는 사람과 관광을 주요 산업으로 삼는 도시가 많이 늘어났다. 그래서 문화축제와 관광은 장소마케팅에서 단골손님처럼 등장한다.

대도시들이 큼직한 문화축제를 치르며 장소마케팅에서도 선두를 달릴 때, 소도시의 행정가들이 세계적인 이벤트를 통해 세계화에 발맞추어 나아가는 것은 버거운 일일 것이다. 이미 한국 또한 지역의 독특한 문화축제가 많고 다양하지만, 아주 작고 주목받지 못하는 도시가 축제를 개최해 관광도시로 발돋움하겠다는 야심찬 계획은 축하보다 걱정과 우려의 목소리가 높은 것이 사실이다. 서울 등 대도시의 매력을 찾아 빠져나가는 인구 때문에 주민과 기업을 모두 잃기 십상이며, 다른 도시와 별반 다르지 않은 전통 속에서 독특한 역사와 이미지를 살려 관광객을 유치하기란 어렵기 때문이다.

한편, 대도시에 살고 있는 도시인들, 특히 부모세대들은 도시의 복잡스러움, 나쁜 공기, 각박한 정서 때문에 종종 진저리를 낸다. 왜 떠나지 않느냐고 물어보면 직장 때문에, 아이들 교육 때문에, 문화적인 혜택 때문에 대도시를 버릴 수가 없다고 얘기한다. 설혹 주변의 공기 좋은 곳으로 이사를 가더라도 결코 멀리 옮기지는 않는다. 시골의 여유롭고 평화로운 생활, 대도시의 문화혜택, 편의시설을 모두 누리고 싶은 도시인들 때문에 대도시 주변은 땅값도 비싼 편이다.

작은 규모에도 번듯하게 장소마케팅을 하고 싶은 소도시, 질 높은 교육과 문화를 추구하는 사람들, 이 글은 이 둘의 만남을 위한 제안이다.

위치 미국 오리건 주 남서부
면적 17.07㎢
인구 21,165명(2006년 기준)
주요 기능 관광

애슐랜드의 장소마케팅

애슐랜드Ashland는 시골의 정취, 대도시의 교육, 문화적 혜택을 모두 누리고 싶은 사람들, 문화축제를 통해 장소마케팅을 하고 싶은 소도시 정책가들이 한번쯤 눈여겨볼 만한 사례다. 주목하지 않으면 눈에 띄지 않는 도시가 애슐랜드지만, 눈여겨보고 나면 왜 이런 도시가 숨어 있는지 의아해진다. 애슐랜드는 고급문화의 상징인 셰익스피어 축제와 오락 및 휴식을 제공하는 자연환경으로 대규모의 관광객을 끌어들이는 작은 도시다. 또한 대도시 못지않은 교육환경, 자연이 어우러진 고급스러운 상가, 평화로운 소도시의 특징을 모두 가지고 있어 자녀교육에 욕심 있는 부모들과 은퇴한 노인들을 불러들이는 도시다.

미국 오리건Oregon 주 남쪽 언덕배기에 자리 잡은 애슐랜드는 장소마케팅의 관점에서 보면 그야말로 성공한 도시다. 애슐랜드의 인구 2만 명 중 상당수가 셰익스피어 축제를 보러 왔다가 이 도시의 매력에 이끌려 그대로 주저앉은 사람들이다. 미국 서부에서 가장 성공적인 셰익스피어 축제로 꼽히는 오리건 셰익스피어 축제Oregon Shakespeare Festival가 이곳에서 1년 중 8개월 동안 개최되고, 연간 38만 명의 관광객이 찾아온다. 그래서 사람들은 애슐랜드라고 하면 셰익스피어를 떠올릴 정도로 이 도시는 셰익스피어의 도시가 됐다. 도시 내 3개의 극장에서 11개의 셰익스피어 작품과 현대 극작품이 공연되고 있으며, 굳이 돈을 내고 공연을 보지 않더라도 리시아 공원Lithia Park에서 열리는 홍보 공연pre-show과 주말의 음악공연만으로도 애슐랜드를 찾아온 목적이 어느 정도 해소된다.

셰익스피어의 이름을 모르는 사

셰익스피어 축제를 알리는 현수막이 붙어 있는 거리

▌애슐랜드 곳곳에서는 유럽풍으로 꾸며진 레스토랑(왼쪽)과 상점(오른쪽)이 자주 눈에 띈다.

람이 거의 없을 정도로 셰익스피어는 대중적인 작가지만, 애슐랜드에서의 셰익스피어는 고급문화의 상징이다. 한 장에 30달러에서 60달러에 이르는 입장권을 서민들이 구입하기란 그리 쉬운 일이 아니기 때문이다. 그만큼 이 도시의 문화는 고급문화, 엘리트문화를 지향하고 있다. 이를 위해 애슐랜드에서는 미국 대중소비문화의 상징인 맥도널드MacDonald가 도시 복판에 들어오지 못하게 규제하고 있다. 미국에서는 유럽스타일이 고급스러움을 의미하는데, 애슐랜드 곳곳에서는 유럽풍으로 꾸며진 식당의 테라스와 야외 테이블을 볼 수 있다. 19, 20세기에 지어진 이층 건물들은 보존이 잘돼 있어 고풍스러우면서도 안정된 이곳의 분위기를 반영한다.

개 척 자 의   역 사 ,   장 소 마 케 팅

장소마케팅은 다분히 인위적인 전략이어서 의지가 있는 개척자가 한 지역의 장소마케팅에서 성공하면 그로 인한 개척자 신화가 널리 퍼지고 과장돼 다른 도시의 공연한 헛수고를 낳기도 하고, 추구하는 문화와 이미지가 그 지역 사람들을 소외시키고 희생자로 만들기도 한다.

애슐랜드의 장소마케팅 전략인 셰익스피어 축제는 이 도시를 만든 개척자들의 역사이자 성과물이다. 거의 1년 내내 열리는 셰익스피어 축제를 감안한다면 셰익스피어의 후손 중 누군가가 여기에 와서 정착을 했을지도 모른다는 추측을 낳지만, 셰익스피어와 애슐랜드는 별 인연이 없었다. 그런데도 셰익스피어 축제가 이 도시의 자연환경처럼 자연스럽게 정착해 있는 것은 과감한 시도를 통해 신화의 주인공이 된 개척자들이 있었기 때문이다.

관광하러 왔다가 정착하는 주민들이 지금도 있는 것처럼 애슐랜드는 1850년 당시에도 정착지로서 매력이 있었던 모양이다. 캘리포니아의 금을 캐러 나선 아벨 헬만Abel D. Helman이 윌러멧 밸리Willamette Valley에서 새먼Salmon 강으로 가는 도중에 잠시 이곳에서 휴식을 취하고는 가족과 지내기에 좋은 곳이라고 생각했다. 이후 가족들을 데리고 한 번 더 이곳에 들른 그는 수입 밀가루가 무척 비싼 것을 보고 1854년 이곳에 애슐랜드 방앗간Ashland Flouring Mill을 지었다. 그 이듬해인 1855년 12lots(토지구획단위)를 바쳐서 애슐랜드 밀즈Ashland Mills라고 불리는 도시를 만든 것이 애슐랜드의 기원이다.

1893년 애슐랜드는 국가 차원의 순회공연과 연설을 위해 셔터쿼 시리즈 중의 하나인 셔터쿼돔Chautauqua Dome을 지었다. 음악가, 정치인, 배우, 교육자, 연설가 들이 주로 거주하는 이곳에서 그들의 연설회가 자주 열렸고 사람들이 모여드는 계기를 제공했다. 1900년 초기에 애슐랜드 방앗간은 위기를 맞아 버려지고, 셔터쿼 방문객들은 황폐해진 애슐랜드를 봐야만 했다. 이때 여성진보클럽The Women's Civic Improvement Club이 결성돼 지역을 청소하고 시립공원을 짓기로 했다. 1911년 애슐랜드는 3500명의 인구로 공원을 가지고 있는 몇 개 안 되는 도시들 중 하나였다. 이 중 리시아 공원은 소풍, 독립기념일, 음악연주회의 장소가 됐는데, 지금은 셰익스피어 극장과 상가를 끼고 있는 애슐랜드 생활의 중심가다.

대공황에서 지역개발의 희망을

셰익스피어 연극으로 본격화된 애슐랜드 장소마케팅의 출발점은 1935년 대공황 시기였다. 많은 영국 도시들이 그랬듯이 경제적 불황을 탈피하고자 하는 노력으로 장소마케팅은 시작됐다. 당시 시멘트벽밖에 남지 않은 셔터쿼돔에 서던오리건학교Southern Oregon Normal School(현재의 서던오리건대학Southern Oregon University)의 젊은 영문학자와 드라마 전공 교수들이 모여들었다. 거기에서 희망을 본 교수가 애슐랜드 셰익스피어 축제의 아버지이자 장소마케팅의 선구자가 된 앵거스 보머Angus Bowmer다. 그에게 무대화법을 가르쳤던 스승 빅터 호페Victor Hoppe 교수는 많은 연극 전공자들이 그렇듯이 특별히 셰익스피어를 좋아했다고 한다.

앵거스 보머가 애슐랜드로 이사를 와서 연극을 가르치기 시작한 지 12년째 되던 해, 그는 도시 유지들에게 셰익스피어 야외공연을 열자고 제안했다. 실패할 것이라는 우려 속에서 앵거스 보머는 이들에게 400달러를 지원받았다. 당시 천장도 없이 벽밖에 남지 않은 셔터쿼돔을 빌려 1935년 7월 5일 애슐랜드에서는 첫 번째 셰익스피어 공연작으로 〈십이야Twelfth Night〉와 〈베니스의 상인The Merchant of Venice〉을 올렸다. 공연을 올리면서 수지를 맞추기 위해 공연 중간에 권투시합을 넣어야 했다고 하니 공연의 성공보다는 실패를 점친 사람들이 더 많았던 것 같다.

공연은 성공해서 권투시합 때문에 잃은 돈을 다 보충하고도 남았다. 1970년에 지어진 앵거스 보머 극장은 600명을 위한 좌석을 가지고 지금까지 800만 명이 넘는 관객을 맞았다. 5개의 고전극(〈Idiot's Delight〉, 〈Julius Caesar〉, 〈Noises Off〉, 〈Who is Afraid of Virginia Woof〉, 〈Saturday, Sunday, Monday〉)을 공연하는 이 극장은 이제 세계적인 극장이 됐고, 애슐랜드의 지역경제와 지역문화의 원동력을 대표하는 장소가 됐다.

애슐랜드의 축제는 수십만 명의 관광객을 유치하기는 하지만 그 시설은 웅장하지 않다. 서울 대학로에서 비교적 규모가 큰 극장을 떠올리면 된다. 세 곳의 셰익스피어 극장 중 하나가 보머의 이름을 딴 앵거스 보머 극장Angus Bowmer Theatre이다. 엘리자베스 극장Elizabethan Theatre은 고대 극장을 본떠서 만든 1200석의 야외극장으로 셰익스피어의 사랑, 비극 등을 다루는 공연이 펼쳐진다. 2000년부터 짓기 시작해 2002년 문을 연 뉴시

┃ 뉴시어터 극장

| 자연이 어우러진 애슐랜드 거리

어터New Theatre는 250~350명을 수용하는 극장으로서 〈맥베스Macbeth〉 등을 공연한다. 이 세 곳에서 8개월간 열리는 공연이 세계의 관광객을 애슐랜드로 불러들이는 주요인이다.

장소 마케팅을 돕는 자연환경

애슐랜드가 실속 있는 관광도시로 발전한 데는 자연환경도 한몫을 한다. 1년에 8개월을 야외에서 공연할 수 있도록 비가 적게 오는 건조한 날씨인 데다가 여름은 그리 무덥지 않고, 겨울에는 아주 춥지 않다. 그러면서도 근처 애슐랜드 산의 23개 스키 활강로에서는 스키와 눈썰매를 즐길 수 있도록 눈이 충분히 내린다. 30분 정도 달려가면 키가 큰 나무가 많은 숲이 나오고, 그 위로 더 올라가면 미국에서 일곱 번째로 크고 제일 깊다는 크레이터 호Crater Lake가 나온다. 백두산 천지와 같은 종류인 칼데라호인데, 위에서 내려다보면 그 맑기에 한숨이 나올 정도다. 배를 타고 호수를 한 바퀴 돌 수 있는 관광 코스도 개발돼 있다. 골프, 낚시, 급류 타기 장소가 개발돼 있는 자연환경은 세익스피어 축제와 상관없이 25만여 명의 관광객을 추가로 불러들인다.

애슐랜드의 자연경관은 관광객을 위한 관광지에 그치지 않고 주민들의 일상에 스며들어 있다. 도시가 산에 위치하고 있고 주변의 호수만 5개인 데다가 보행자 중심으로 거리가 디자인돼 있어 도시의 삭막함이나 자동차가 지배하는 거리의 황폐함이 느껴지지 않는다. 애슐랜드가 자랑하는 리시아 공원은 자연 속에서 가족들이 즐길 수 있는 휴식공간인데, 다운타운과 셰익스피어 극장이 바로 옆에 있어서 자연 속에 있는 도심, 문화와 함께하는 자연을 느끼게 해준다.

추수감사절과 크리스마스 사이에는 애슐랜드의 겨울을 보기 위해 수많은 관광객들이 몰려든다. 수많은 조명으로 밝혀놓은 다운타운으로 수천 명의 관광객들이 몰려와 조명 축제Festival of Light, 산타 퍼레이드Santa parade, 촛불놀이, 캐럴 행진 등에 참가한다. 여름에 와서 셰익스피어 축제와 주변의 물놀이를 즐기다가 겨울의 축제에 참가하고 스키를 타는 식의 긴 휴가를 즐기는 관광객도 있다. 그중에는 못내 아쉬워하며 떠났다가 아예 애슐랜드로 이사를 와서 이곳의 자연과 문화를 즐기는 사람들도 있다.

고급 이미지의 도시, 애슐랜드

인구는 고작 2만 명인데 관광객이 38만 명이라는 것이 이해될 정도로 이 도시에는 대학과 극장, 식당 말고는 대규모 일터가 보이지 않는다. 이 도시의 땅값이 규모에 비해 꽤 높은 편인 것을 보면 대충 벌어서는 살기 힘든 도시다. 그 때문에 이곳에는 서던오리건대학의 교수이거나 학생, 안락한 삶을 이어갈 만한 경제적 여유가 있는 은퇴한 노인, 관광객, 숙박시설 관계자, 예술가 등이 많다. 이곳 인구의 거의 절반이 학생 아니면 교직원인 셈인데 초등학교부터 고등학교까지 학생이 3277명, 교사가 394명이다. 5300명의 학생과 686명의 교직원이 재직하고 있는 서던오리건대학은 그 자체가 일자리를 제공하고, 450개의 소규모 사업에 컨설팅을 해준다. 또 정부와 공적·사적 파트너로서 연관돼 있는 조직이 200개나 있어서 이곳의 교육에 대해 협력하고 있다. 또 애슐랜드는 은퇴한 노인들이 여생을 보내기 위한 곳으로 선호하는 도시 중 10위 안에 든다.

미국에서 손꼽히는 명문인 애슐랜드고등학교와 서던오리건대학은 이 작은 도시의 교육적 분위기를 더해준다. 도시는 걸어다니는 것이 불편하지 않도록 잘 디자인됐고, 리시아 공원 주변에는 100여 개에 이르는 유럽풍 식당과 쇼핑센터가 있다.

장소마케팅은 많은 경우 고급문화를 지향하게 되고, 그것은 기존의 주민들을 소외시켜 정체성을 둘러싼 갈등을 가져온다. 도시의 경제가 이중화돼 장소마케팅 전략을 시작하기 전부터 살던 주민들은 화려해진 새로운 경제로 인해 뒷전으로 물러나 뒤치다꺼리를 하는 직업을 가지고, 새로 들어온 주민들이 주요 자리를 차지하는 경우도 많다.

애슐랜드는 이 도시의 형성과정 초기에서부터 교육에 종사하는 사람들이 살고 있었고 그들이 자신들에게 걸맞은 문화전략을 개발했기 때문에 이런 모순이 적은 편이다. 애슐랜드는 그 특유의 엘리트적인 역사 때문에 소도시도 문제없이 대규모의 관광객을 불러들일 수 있다는 식의 일반화를 할 수는 없다. 오히려 이 도시에서 얻을 수 있는 함의는 주민들의 일관성을 갖추려면 소도시여야만 가능하다는 것이다. 복잡 다양한 대도시가 거대 예산과 규모로 대규모의 축제를 단기간에 열 수 있는 능력을 가지고 있다면, 소도시는 오히려 주민들의 성격을 고려한 축제를 생각할 수 있는 이점을 가지고 있다. 새로운 전략의 시도를 지나치게 영웅시해서는 곤란하지만, 그런 개척정신이 평범하지 않는 사례를 낳는 것은 사실이다. 그 개척정신이 경쟁심에서 반짝 나오는 것이 아니라면 그 가능성은 더 높다.

/ 신혜란(서울대학교 지리학과 교수)

| 참 고 문 헌 |

• Totty, Patrick. "Ashland's Festival Seduces Bard Lovers."
• Ward, Stephen. 1998. "Selling the Frontier." *Selling Places*. Oxford: Alexandrin Press.
• http://homepages.rootsweb.com/~helman/lithiah.htm
• http://www.ashlandchamber.com/News.asp?NewsID=181
• http://www.osfashland.com
• http://www.theculturedtraveler.com/Festivals/Archives/Ashland_Shakespeare.htm

오피스, 쇼핑, 이벤트, 역사가 공존하는 도시

애틀랜타

▌애틀랜타 시 전경

미국 조지아 주의 주도州都인 '애틀랜타Atlanta' 하면 떠오르는 것은 『바람과 함께 사라지다Gone with the Wind』에서 여주인공 스칼렛 오하라가 애틀랜타 대화재 속에서 탈출하는 장면일 것이다. 애틀랜타는 미국의 남북전쟁(1861~1865년) 당시 흑인 노예해방을 반대하는 남부연합Confederate States of America(미합중국에서 탈퇴한 남부 11개 주가 구성한 국가)의 수도이기도 하며, 동시에 1950년대와 1960년대의 소수인종들, 특히 흑인의 인권과 관련한 시민 공민권 운동Civil Rights Movement의 주도자 마틴 루서 킹Martin Luther King Jr. 목사의 고향이자 활동의 중심지이기도 하다. 이렇듯 애틀랜타는 미국 남부의 대표 도시라는 역사적 이미지가 강한 편이다.

하지만 애틀랜타는 1990년대 이래 급속도로 성

장하고 있는 미국의 신성장지역 중의 하나이기도 하
다. 애틀랜타는 올림픽(1996년)을 개최한 도시이며,
CNN, 코카콜라, 델타항공, 홈디포 등 대기업 본사가
위치한 도시로 미국 남부의 경제중심지 역할을 수행
한다. 그리고 1990년대 이후 컴퓨터, IT 업종들이 집
중하기 시작하면서 급성장했다. 미국통계국US Census
Bureau에 따르면, 애틀랜타 대도시권Metropolitan Statisti-
cal Area(28개 카운티)의 인구는 약 527만 명으로 미국
에서 아홉 번째로 큰 대도시권MSA이며, GDP는 약
2720억 달러로 미국 내 GDP 기준 10위의 도시권으
로 성장했다(Metro Atlanta Chamber, 2012).

이 글에서는 컨벤션과 관광의 중심지로 도약하기
위해 진행됐던 애틀랜타 도심부 개발과정을 살펴보
도록 한다.

위치 미국 조지아 주
면적 343㎢
인구 432,427명(2011년 기준)
주요 기능 역사 · 문화

도심: 컨벤션과 관광의 중심지

애틀랜타의 도심은 미국의 영원한 낙후지역이라고 불리는 남부의 다른 도시와는 달리 코카콜라와 CNN 등과 같은 세계적인 기업들의 본사가 입지해 있는 곳으로서, 애틀랜타뿐만 아니라 조지아 주와 다른 인근 남부지역의 경제적 중심지라고 할 수 있다. 애틀랜타의 도심에는 고층건물들이 밀집해 있는데 낮게는 30층, 높게는 웨스틴 피치트리 플라자Westin Peachtree Plaza처럼 70층에 이르는 건물이 빼곡하다. 그 때문에 단층이나 2층 건물이 많은 저밀도지역에 있다가 도심에 들어가면 갑작스러운 경관의 변화로 혼란을 느끼기도 한다.

애틀랜타 도심의 특징은 오피스용 건물만 입지해 있는 것이 아니라 도심과 그 인근 지역에 대규모의 스포츠 시설, 컨벤션센터, 그리고 관광용 상업시설들이 밀집해 있어, 고용의 장소인 동시에 다양한 엔터테인먼트의 장소로 기능하고 있다는 것이다. 이러한 특징은 올림픽 개최를 계기로 건설된 스포츠 시설과 센테니얼 올림픽 공원Centennial Olympic Park 때문에 더욱 강화됐다고 볼 수 있다.

조지아 주 의사당. 의사당 내부에는 자연과학, 산업에 관한 전시코너가 있다.

언 더 그 라 운 드　애 틀 랜 타 : 쇼 핑 센 터 와　축 제 의　만 남

언더그라운드 애틀랜타Underground Atlanta(이하 언더그라운드)는 도심의 파이브 포인트Five Point 전철역에 위치한 대형 쇼핑·오락복합시설이다. 언더그라운드는 지하에 있던 철도역이 공해 등의 이유로 지상으로 이전하면서, 과거 1800년대 건축물을 그대로 복원해 역사적 투어공간으로 변신하게 됐다. 1968년에 애틀랜타는 역사적 도심경관의 복원을 결정했으며, 1969년에 언더그라운드가 개장됐다. 그 이후 1981년 폐쇄와 개보수를 거쳐 1989년 재개장했다. 현재는 6개 지구, 12에이커의 규모에 독특한 가게와 식당 등이 입주해 있다.

언더그라운드 개발사업은 미국에서 1980년대 각광받던 도심의 재활성화 방안 중 하나인 축제장터festival marketplace라는 정책적 개념하에 추진된 것으로, 애틀랜타 시정부와 축제장터 개념으로 유명해진 제임스 라우즈James Rouse의 회사Rouse Company와 그 외 민간회사들의 합작으로 시행됐다. 그 출발은 애틀랜타 대도시권역 내의 주민, 도심 노동자, 컨벤션 행사 참여자 및 각

가운데 원통형 건물이 70층 높이의 웨스틴 피치 트리 플라자

종 관광객을 유인하기 위해 대규모의 시설을 제공하는 데에 그치는 것이 아니라 각종 이벤트 활동(현재도 마법쇼나 보디페인팅 등이 무료로 제공되고 있다)이 펼쳐지는 축제장소를 제공하는 데 있었다. 구체적으로는 ① 직접적인 고용 창출, ② 컨벤션 관련 산업의 부흥(실제로 1980년대에 애틀랜타는 미국의 제3위 컨벤션 장소였음), ③ 판매세와 부동산 관련세 등을 통한 시정부와 주정부의 재원 확충, ④ 노후화된 도심환경의 물리적 개선, ⑤ 도심과 도시 전체의 이미지 개선 등을 목표로 했다(Sawicki, 1989). 그 당시 애틀랜타의 도심 내 하부 기반시설들은 너무 낙후돼서 공공투자 없이 민간의 참여를 촉진하기는 힘들었으며, 그에 따라 연방정부의 도시개발행동기금Urban Development Action Grant과 더불어 다른 공공자금의 다양한 조달을 통해 총사업비용(1억 2820만 달러) 중 공공이 1억 1270만 달러를, 그리고 민간은 단지 12%인 1550만 달러를 부담했다.

현재 연중 700만 명의 관광객이 이곳을 방문하고 있으며, 새해 전날 언더그라운드에서 행해지는 기념행사 때에는 약 35만 명이 방문하는 것으로 기록되고 있다(http://www.underground-atlanta.com).

도심의 관광벨트

이러한 언더그라운드의 성공은 단순히 쇼핑 및 엔터테인먼트센터 그 자체로만 이루어진 것이라고 보기는 힘들다. 그 성공의 열쇠 중 가장 중요한 것은 언더그라운드에서 걸어서 다닐 수 있는 곳에 애틀랜타의 모든 명소가 밀집해 있어서 하나의 관광벨트를 형성하고 있기 때문이라고 보는 것이 더욱 정확할 것이다. 가까운 곳에 코카콜라 박물관World of Coca-Cola Museum, CNN센터, 킹 목사를 기념하는 마틴 루서 킹 역사센터 Martin Luther King Jr. History Center 등이 있으며, 또한 올림픽을 계기로 조성돼 각종 문화행사가 개최되고 있는 센테니얼 올림픽 공원이 위치해 있다.

코카콜라 박물관은 코카콜라가 약 110년 전에 처음으로 언더그라운드 부근에서 판매를 시작했다는 사실을 기념해 애틀랜타에 건립한 3층짜리 박물관이다. 이 박물관은 지역에 따라 약간씩 맛이 다른 코카콜라를 시음할 기회를 제공하고 지금까지의 코카콜라 역사를 개관할 뿐만 아니라, 실제로 그 내부의 건축양식으로도 매우 유명한 곳이다. 또한 터너 방송국Turner Broadcasting System의 전 지구적 본사가 CNN센터에 위치하고 있으며, 이 센터에는 각종 전시회와 식당, 극장 등이 입주해 있다.

한편 언더그라운드에서 북동쪽으로 약 2.4㎞ 떨어진 곳에는 마틴 루서 킹 역사센터가 위치해 있는데, 이 역사센터는 킹 목사의 행적을 기념하기 위해 킹 목사 암살 후 12년이 지난 1980년 연방정부의 국립공원관리국에 의해 설립, 관리되고 있는 곳이다. 실제로 이 역사센터는 단 하나의 건물로 이루어진 곳이 아니라, 방문객에게 정보를 제공하는 안내센터visitor center와 함께 킹 목사의 생가, 킹 목사의 부인인 코렛타 스콧 킹 Coretta Scott King이 킹 목사를 기념해 세운 킹 센터King Center, 킹 목사와 그의 아버지가 같이 목사로 임했던 에벤에셀 침례교회Ebenezer Baptist Church, 그리고 그 당시의 소방서 Fire Station No.6 등으로 이루어져 있다.

현재 마틴 루서 킹 역사센터에는 생가와 침례교회가 그 당시의 역사와 기록들을 전시하고 있으며, 생가와 침례교회 사이에 위치한 킹 센터에는 킹 목사의 철학과 평소 스승으로 여겼던 간디의 동상, 비폭력 사회운동에 대한 철학이 보관돼 전시되고 있다. 이 센터에서는 다른 국립공원들이 모두 그러하듯이 각종 행사가 개최

코카콜라 박물관(ⓒ Rundvald)

되는데, 대표적으로는 킹 목사의 생일과 암살일, 그리고 연방 국경일인 매해 1월 세 번째 월요일인 킹홀리데이 등에 각종 행사를 추진하고 있다.

시민 참 여 적 인 민 관 협 력 의 사 례 : 센 테 니 얼 올 림 픽 공 원

도심의 한복판인 언더그라운드에서 CNN센터 쪽으로 나와 약간 걸어가다 보면 약 85㎢ 규모의 센테니얼 올림픽 공원이 있는데, 이 지역은 올림픽 이후에도 여전히 많은 사람들에게 사랑받고 있는 장소다. 요컨대, 언더그라운드를 시작으로 하는 관광 흐름은 코카콜라 박물관, CNN센터, 그리고 센테니얼 올림픽 공원으로 넘어가 풋볼경기장인 조지아 돔Georgia Dome과 조지아 세계회의센터Georgia World Congress Center에 이르게 된다.

센테니얼 올림픽 공원에는 고대와 현대의 올림픽을 기념하는 여러 조각과 올림픽 참가국의 국기가 문의 입구 아치에 그려져 있는 특설건물The Quilt of Nations Pavilion 등이 있으며, 현대 올림픽 게임의 100주년을 기념하기 위해 가로세로 100m의 광장이 있다. 현재에도 올림픽 공원은 콘서트나 가족 등 여러 모임을 위해 주기적으로 경기를 개최하고 있으며, 대부분 무료로 참여할 수 있다.

센테니얼 올림픽 공원의 시설 중 특히 모든 사람에게 사랑을 받는 것은 바로 오륜五輪 분수Fountain of Rings일 것이다. 이 분수는 올림픽의 상징인 오륜의 모양을 그대로

┃ 센테니얼 올림픽 공원의 조형물(ⓒ Scott Ehardt)

따서 만들어진 것으로, 상호 연결된 분수시스템으로는 세계에서 가장 큰 규모다. 5개의 고리는 각각 지름이 약 7.6m이며, 첫 번째 고리에서 마지막 고리까지의 길이는 약 25.14m다. 센테니얼 올림픽 공원을 운영·관리하고 있는 조지아 세계회의 센터국Georgia World Congress Center Authority: GWCCA은 이 오륜 분수에서 디즈니 애니메이션 영화인 〈인어공주〉의 주제가 「Under the Sea」 등 일곱 가지 노래에 맞추어서 분수쇼를 선보이고 있다. 평상시 분수의 높이는 1.2m에서 1.8m 정도이나, 분수쇼를 할 경우엔 보통 10.7m까지 올라가기도 한다.

그런데 센테니얼 올림픽 공원을 걷다보면 그 광장과 보도에 깔린 벽돌들에 뭔가 새겨져 있는 것이 눈에 들어올 것이다. 그 벽돌 각각에는 회사나 개인의 이름이 새겨져 있는데, 이는 센테니얼 올림픽 공원이 시민참여적인 민관협력에 의해서 건설됐음을 확연히 보여주는 증거다. 여기서 '시민참여적'이라고 말한 것은 계획의 입안과 진행 과정에서의 시민참여를 의미하는 것이 아니다. 단순히 공공부문과 민간 '회사'들이 매칭펀드matching fund 형태로 각자의 자금을 출자하는 것에 머무르지 않고, 시민들이 개별적으로 그 자금 마련에 참여했음을 의미한다.

센테니얼 올림픽 공원은 황무지에서 시작했다고 해도 과언이 아니다. 센테니얼 올림픽 공원은 미국 도심과 그 인근의 슬럼지역 사이에 있는 공터와 몇 개의 노후화된 건물을 철거한 위에 세워졌다. 1993년에 애틀랜타 올림픽게임 위원회Atlanta Committee for the Olympics Games: ACOG의 CEO인 빌리 페인Billy Payne이 그 공터를 보면서 도심 부근의 공원이 하나의 정치적·사회적 공동체의 장소로 사용돼야 한다고 주장했으며, 그에 따라 최초의 자금지원은 민간에 의해 이루어졌다(ACOG, 1997: 80~88). 당시 해당 지역에 가장 많은 토지를 보유하고 있었던 제뉴인 파츠 회사Genuine Parts Company가 거의 700만 달러에 달하는 토지를 기부하기로 결정했으며, 그에 따라 조지아 주정부 산하의 GWCCA가 계획을 입안했다. 이어서 애틀랜타 상공회의소Atlanta Chamber of Commerce가 기부금 모집 캠페인을 벌였고, 우드러프재단Woodruff Foundation이 대규모의 자금을 기부했다. 이러한 민간자금을 기초로 애틀랜타 올림픽게임 위원회가 다시 계획안을 검토하고 자금조달 방안을 마련하면서 나머지 자금의 조달을 책임지게 됐는데, 총비용의 30%를 확보하기 위해 벌인 사업이 바로 자금 기증자의 이름을 새긴 벽돌을 판매하는 것이었다. 홈디포 회사Home Depot(가정 내 관련 가구나 전기시설의 판매점)가 미국 전역의 판매망을 통해 이 벽돌을 판매하기 시작했으며, 그에 따라 약 50만 장의 벽돌이 팔려나갔다. 즉, 센테니얼 올림픽 공원은 주정부, 시정부, 민간회사, 그리고 계획에 동의하는 각계각층의 시민들이 자금을 지원해 조성된 것이다.

도심의 재활성화와 빈곤의 분산

앞서 언급한 애틀랜타의 노력들은 두 가지 목표에 의해서 진행된 것이라 할 수 있다. 단기적 목표로 관광객들의 유치, 각종 국제회의 개최 등을 통한 컨벤션 경제의 창출 등으로 애틀랜타 대도시권의 지역경제를 활성화시키는 것이었다. 장기적으로는 애틀랜타 시와 애틀랜타 대도시권 지역주민들이 축제나 이벤트에 참여하도록 유도함으로써 지역공동체를 강화하고자 하는 데 있었다.

그러나 애틀랜타 역시 미국의 다른 대도시와 마찬가지로 인종 간, 계층 간 경제적 분화현상이 나타나고 있다. 다만 과거에는 빈곤층이 애틀랜타 도심, 즉 애틀랜타 시[1])에 집중해 흑인 슬럼지역이 존재했다면, 애틀랜타 올림픽 개최(1996년)와 급속한 경제성장을 계기로 도심이 재개발되면서 빈곤층이 애틀랜타 시를 넘어서 I-285고속도로 근처로 분산되기 시작했다.

애틀랜타는 미국 내에서 정보통신산업 등 첨단산업의 증가로 급성장한 도시 중의 하나다. 1993년부터 1998년까지 애틀랜타 대도시권[2])에서 3만 8500명의 신규고용이 첨단산업에

<그림> 애틀랜타 대도시권(28개 카운티)

서 창출됐으며, 이는 산호세, 댈러스, 그리고 워싱턴 D.C.의 뒤를 이어 네 번째로 높은 수치였다(American Electronics Association, 2000). 애틀랜타 대도시권지역의 첨단산업 고용인의 수는 1998년에 11만 7300명으로 미국 내에서 일곱 번째로 큰 첨단산업지역으로 등장했다. 또한 첨단산업 고용이 2005년에는 12만 4300명에서 2006년 12만 6700명(미국 내 9위)으로 여전히 증가하고 있다.

신경제의 핵심산업들이 애틀랜타 시와 애틀랜타 대도시권지역의 경제성장을 주도하면서 물리적 경관도 변하기 시작했다. 1990년대 중반 이후부터 애틀랜타 시의 도심과 도심 인근인 미드타운, 그리고 벅헤드 지역에 오피스 건설이 활발히 이루어져 도심재개발이 진행됐다. 이러한 애틀랜타 지역의 산업팽창과 오피스 개발은 애틀랜타 시 북쪽 외곽에 있는 페리미터몰 지역에 금융서비스산업과 정보통신산업이 집중하고 있어 미국의 또 다른 변방도시edge city인가에 대한 논의를 촉발하기도 했다.

이러한 지역의 변화는 주거지 변화도 유도했다. 예를 들어, 과거 벅헤드 지역은 주지사 저택, 서구 전통 고택들, 그리고 애틀랜타 역사박물관Atlanta History Center 등이 위치한 조용한 주거지역이었으나 이제는 여피Yuppie들의 주거지이자 작업공간으로 거듭났다. 여피들은 젊고 독신이며 전문직에 종사하는 사람들로 미국의 전통적인 주거형태인 하우스(단독주택)보다는 고층의 주상복합을 선호하며, 각종 쇼핑몰, 문화공간, 클럽 등을 필요로 한다. 이에 따라 여러 백화점과 갤러리, 공연장이 몰려 있는 레녹스 지역이 더 화려하게 변모하기 시작하고 벅헤드 지역은 이제 애틀랜타의 '강남' 지역으로 변했으며, 그 주변지역은 오래된 (또는 새로 개보수한) 대저택과 울창한 숲으로 뒤덮여 있어 애틀랜타에서 최상층의 주거지역으로 자리 잡았다.

또한 애틀랜타 대도시권의 중심부지역(애틀랜타 시와 인근지역)이 개발되기 시작하면서 빈곤층 주거지역의 분산도 동시에 일어나게 됐다. 즉, 여피들과 고소득층의 도심회귀와 빈곤층의 도시핵심부에서 외곽으로의 이동이 나타났다. 조지아 돔 옆에 위치했던 애틀랜타의 슬럼지역은 올림픽 개최 전후와 그 이후의 경제성장으로 인해 면적이 축소돼왔다. 1990년 기준으로 벅헤드 지역 주민의 93.8%가 백인이었던 것에 반해, 가장 빈곤한 슬럼지역의[3) 주민은 55.3%가 흑인이었다. 또한 인구센서스 자료에 의하면 벅헤드 지역의 중간소득은 1990년에 3만 9314달러였으나 슬럼지역은 벅헤드의 12.8%에 해당되는 4999달러에 불과했다. 이러한 지역들은 향후 지속적인 주거지 개발과 오피스 개발로 점점 사라졌다.

〈표〉 애틀랜타의 빈곤율(poverty rate, %)

카운티	1990	2000	변화
체로키	6.1	5.3	−0.8
클레이턴	8.5	10.1	1.6
캅	6	6.5	0.5
드칼브	9.9	10.8	0.9
더글라스	6.6	7.8	1.2
파예트	2.6	2.6	0
풀턴	18.4	15.7	2.7
그위닛	4	5.7	1.7
헨리	6.1	4.9	−1.2
록데일	6.2	8.2	2
10개 카운티 전체	10.0	9.5	−0.5

자료: McMullen and Smith(2003)의 표와 내용을 취합.

1990년에 애틀랜타 대도시권의 핵심인 10개 카운티의 빈곤율은 10.0%였으나 2000년에는 9.5%로 빈곤선 아래에 있는 인구수가 감소해 지역 전체적으로는 빈곤이 완화됐다 할 수 있다(〈표〉 참조). 한편, 1990년에 빈곤율이 가장 높았던 두 지역은 풀턴 카운티(18.4%)와 드칼브 카운티(9.9%)였으며, 2000년에도 이 두 지역이 여전히 빈곤율이 가장 높았다. 그러나 2000년에는 클레이턴 카운티의 빈곤율이 10.1%로 증가했다. 1990년과 2000년 사이에 애틀랜타 시가 있는 풀턴 카운티는 2.7%가 감소했으나 애틀랜타 시의 외곽에 있는 록데일(2.0%), 그위닛(1.7%), 클레이턴(1.6%), 드칼브(0.9%) 등의 카운티 지역은 빈곤층이 증가했다. 즉, 애틀랜타 대도시권의 핵심부지역이 개발되기 시작하면서 빈곤층이 애틀랜타 시 외곽으로 이동해, 빈곤주거지역이 분산돼 나타나고 있음을 알 수 있다.

- 사진 제공(일부): 이미지투데이

/ 오은주(한국지방행정연구원 연구위원)

| 주 |

1 애틀랜타 시(City of Atlanta)의 90% 정도가 풀턴 카운티(Fulton County)에 걸쳐 있으며 나머지가 드칼브 카운티(Dekalb County)를 포함하고 있다.

2 애틀랜타 대도시권에 속한 28개 카운티의 대부분 지역은 1차 산업이나 저차의 2차 산업에 국한돼 있 으며, 애틀랜타 시가 있는 풀턴 카운티와 그 인근의 드칼브 카운티에 고차 서비스산업과 정보통신산 업들이 몰려 있다.

3 우편번호권역을 기준으로 센서스 자료를 추출했을 때의 결과다.

| 참 고 문 헌 |

• American Electronics Association. 2000. Cybercities: A City-by-City overview of the high-tech-nology industry.

• _____. 2008. Cybercities 2008: An overview of the high-technology industry in the Nation's Top 60 Cities.

• Atlanta Committee for the Olympic Games. 1997. The Official Report of the Centennial Olympic Games 1. Planning and Organizing.

• McMullen, Steven. C. and William J. Smith. 2003. "The geography of poverty in the Atlanta Re-gion." Census Issue 7. Atlanta Census 2000. Fiscal Resource Center of Andrew Young School of Policy Studies, Atlanta Regional Commission.(http://atlantacensus2000.gsu.edu/reports/report7/re-port7.pdf)

• Metro Atlanta Chamber. 2012. Metro Atlanta: An executive profile.

• Sawicki, David S. 1989. "The Festival Marketplace as Public Policy: Guidelines for future policy decision." Journal of the American Planning Association 55, 3: 347~361.

• http://www.atlantaga.gov

• http://www.atlanta.net

• http://www.underground-atlanta.com

• http://www.metroatlantachamber.com

제조업도시에서 첨단의료산업도시로
클리블랜드

Cleveland

| 이리 호 주변 전경

    야구선수 추신수가 활동했던 클리블랜드 인디언스Cleveland Indians로 한국 사람들에게 익숙한 도시 클리블랜드Cleveland는 미국 오하이오 주의 북동부에 위치하고 있다. 2012년 기준으로 인구는 약 39만 928명으로 오하이오 주에서는 두 번째로 큰 도시이며, 다른 도시에 비해 백인보다 흑인 인구의 비중이 약 54%로 높다는 특징을 가지고 있다. 지정학적으로는 오대호Great Lakes 중 하나인 이리Erie 호 옆에 위치하고 있어 겨울이 길고 춥다. 클리블랜드는 세계적으로 유명한 클리블랜드 오케스트라를 가진 음악의 도시이며, 메이저리그 야구팀인 클리블랜드 인디언스, 내셔널리그 미식축구팀인 클리블랜드 브라운스Cleveland Browns 등 다수의 스포츠팀을 가진 스포츠 도시이기도 하다. 그러나 과거 광공업의 중심지로 높은 위상을 가졌던

클리블랜드는 최근 미국 북동부지역의 광공업 쇠퇴로 지역경제 활성화라는 과제를 안고 있기도 하다.

클리블랜드의 시초

18세기 후반 미국 코네티컷Connecticut 서쪽 지역 개척을 위해 코네티컷 토지회사가 설립됐다. 이 회사의 설립자 중 한 명이었던 모지스 클리블랜드Moses Cleaveland가 코네티컷과 인근지역을 조사하기 위한 감독으로 선출됐다. 1796년 조사를 시작한 클리블랜드 일행은 쿠야호가Cuyahoga 강 입구에 도착했다. 그들은 인디언 영역이던 이 지역의 잠재성을 발견하고, 이곳이 코네티컷 북쪽 지역의 수도가 될 수 있을 것이라고 예상했다. 이에 따라 새로운 도시를 만들 계획에 착수하고, 그 지역 이름을 일행의 대장이었던 모지스 클리블랜드의 이름을 따서 '클리블랜드'라고 부르기로 결정했다. 그러나 그들이 계획을 끝내지 못하고 코네티컷으로 돌아가게 되자 그 지역은 한동안 잊혔다. 클리블랜드 지역이 다시 관심의 대상이 된 것은 1814년 로렌초 카터Lorenzo Carter가 정착하면서부터로 알려져 있다. 하지만 늪지에 인접해 있고 겨울 날씨가 혹독해 사람들이 정착하는 데 여전히 어려움을 겪었기 때문에 클리블랜드의 성장은 더디게 진행됐다.

위치 미국 오하이오 주 북부
면적 213.4㎢
인구 390,928명(2012년 기준)
주요 기능 경제산업

제조업 도시로의 성장

| 클리블랜드 시청

1822년에 경제적으로 지지부진했던 클리블랜드 지역을 새롭게 바꿀 수 있는 민선시장이 선출됐다. 그는 젊고 카리스마를 가진 법률가이자 정치가인 존 윌리John Willey였다. 그는 시장으로 선출되자 클리블랜드 경제를 성장시킬 수 있는 방안을 강구하기 시작했다. 당시 클리블랜드 지역은 쿠야호가 강을 중심으로 동쪽에는 클리블랜드가 서쪽에는 오하이오Ohio 시가 있었다. 시장은 클리블랜드의 콜럼버스 거리를 가로지르는 오하이오 시의 남동부지역을 사들였다. 그리고 그 지역의 이름을 윌리빌Willeyville이라고 명명하고, 클리블랜드와 오하이오 시를 연결하는 콜럼버스 스트리트 다리Columbus Street Bridge를 건설했다. 콜럼버스 스트리트 다리의 건설로 활기를 띠게 된 클리블랜드의 경제는 1832년에 중요한 전환점을 맞이하게 된다. 바로 오하이오 강과 오대호를 연결하는 운하가 건설된 것이다. 이후 철도가 건설되고, 1836년에는 클리블랜드가 시로 승격됐다.

운하와 철도의 건설은 이전까지 농업 중심이던 클리블랜드의 입지를 크게 바꾸어 놓았다. 클리블랜드 지역이 철도와 오대호를 통한 선박수송으로 운송의 중심지로 부상했던 것이다. 특히 오대호를 통해 미네소타에서 운반되는 철광석과 남쪽의 철도를 통해 운반되는 광석들(석탄 등)을 중심으로 경제적 중심지로 각광받기 시작했다. 이후 입지적 이점을 발판으로 제철산업의 중심이 되면서 제조업의 부흥을 이루어, 한때 미국에서 가장 기업하기 좋은 도시로 뽑히기도 했다.

이러한 제조업의 부흥을 바탕으로 1920년대에 스탠퍼드 오일의 설립자인 록펠러John D. Rockefeller가 그의 재단을 클리블랜드에 설립하면서 클리블랜드는 미국에서 다섯 번째로 큰 도시가 됐다. 또한 1936년에는 클리블랜드 100주년을 기념해서 오대호 전시회Great Lake Exposition를 열게 됐고, 이 전시회는 후에 오대호 사이언스센터Great Lakes

로큰롤 명예의 전당(© Derek Jensen)

Science Center, 로큰롤 명예의 전당Rock and Roll Hall of Fame의 기초가 됐다. 이후 제2차 세계
대전 직후, 1948년 월드시리즈에서 야구팀 클리블랜드 인디언스가 우승하고 1950년대
에는 브라운스가 미식축구계의 강자로 등장하는 등 도시는 여러 가지 면에서 성장을
계속했다.

제조업의 쇠퇴에 따른 도시의 쇠락

그러나 이러한 영광은 1960년대에 철강산업을 중심으로 한 중공업이 쇠락을 맞이
하면서 점차 빛이 바래기 시작했다. 클리블랜드는 중공업 중심의 산업체계를 가지고
있었으므로 중공업의 쇠락은 곧 클리블랜드 경제에 심각한 타격을 주게 됐다. 이후 클
리블랜드는 철강산업으로 큰 경제적 번영을 이루었으나 현재는 쇠락한 피츠버그Pitts-
burgh, 디트로이트Detroit 등 미국의 북동쪽 지역과 함께 러스트 벨트rust belt로 불리게 된

다. 결국 이러한 쇠락과 함께 클리블랜드는 역사에서 경제적으로 가장 힘든 시기를 겪는다. 바로 1978년 12월 15일 채무불이행Default을 하게 된 것이다. 클리블랜드는 미국 전체가 경제적 공황으로 타격을 입었던 시기에 채무불이행을 한 최초의 미국 대도시다. 이 시기에 언론은 클리블랜드를 '호수의 실수the mistake on the lake'라고 불렀으며, 도시의 재정적 위기는 최고조에 달했다. 1990년대 중반 잠시의 경제적 성장으로 얻었던 '돌아온 도시Comeback City라는 이미지가 새롭게 형성되고, 관민합작이나 다운타운 지역의 재개발, 도시재개발의 성공케이스들이 미디어에 소개되면서 이러한 이미지는 점차 불식되고 있다. 그러나 클리블랜드에게 채무불이행을 한 최초의 도시라는 불명예는 뼈아픈 것이었다.

첨단의료산업도시로의 도약

중공업산업의 쇠락 이후 지역경제를 성장시키는 것이 클리블랜드가 안고 있는 중요한 당면과제 중 하나이다. 최근 들어 중공업 중심의 산업구조를 대체할 산업으로 클리블랜드에서 가장 주목받고 있는 산업 중 하나는 의료산업으로, 그 중심에는 세계적인 명성을 얻고 있는 클리블랜드 클리닉The Cleveland Clinic이 위치하고 있다. 클리블랜드 클리닉은 미국 내 대학병원 순위에서 하버드 대학병원, 존스홉킨스 대학병원, 메이요 클리닉과 더불어 4대 병원으로 꼽히며, 특히 심장 분야에서 세계적인 권위를 가지고 있는 것으로 알려져 있다. 따라서 클리블랜드 클리닉에는 지역 내에서 가장 많은 고용자가 종사하고 있으며, 지역경제에 기여하는 바도 상당히 크다고 할 수 있다. 이러한 클리블랜드 클리닉을 비롯해 지역 내에는 암, 여성질환 등을 연구하는 케이스 메디컬센터Case Medical Center라고 불리는 클리블랜드 대학병원University Hospitals of Cleveland 등이 운영 중이다. 클리블랜드는 경쟁력을 가지고 있는 이러한 의료산업을 바탕으로 바이오테크놀러지산업 등 첨단의료산업을 양성하기 위해 어느 지역보다도 막대한 투자를 하고 있다. 최근 들어 바이오테크놀러지 연구센터와 인큐베이터를 건립하겠다는 계획을 발표하며 첨단의료산업의 발전에 박차를 가하고 있다.

예술과 건축의 도시 클리블랜드

클리블랜드는 플레이하우스 극장 Playhouse Square Center을 중심으로 미국 동북부 예술의 중심지다. 브로드웨이를 제외하고 미국 내 두 번째로 큰 공연장인 플레이하우스 극장에서는 오페라, 발레뿐만 아니라 다양한 브로드웨이 뮤지컬, 콘서트 등이 열린다. 또한 클리블랜드는 미국 5대 오케스트라 중 하나로 명성이 높은 클리블랜드 오케스트라를 가지고 있으며, 시민들이 쉽게 접할 수 있는 다양한 음악 공연을 제공하는 음악의 도시라고 할 수 있다.

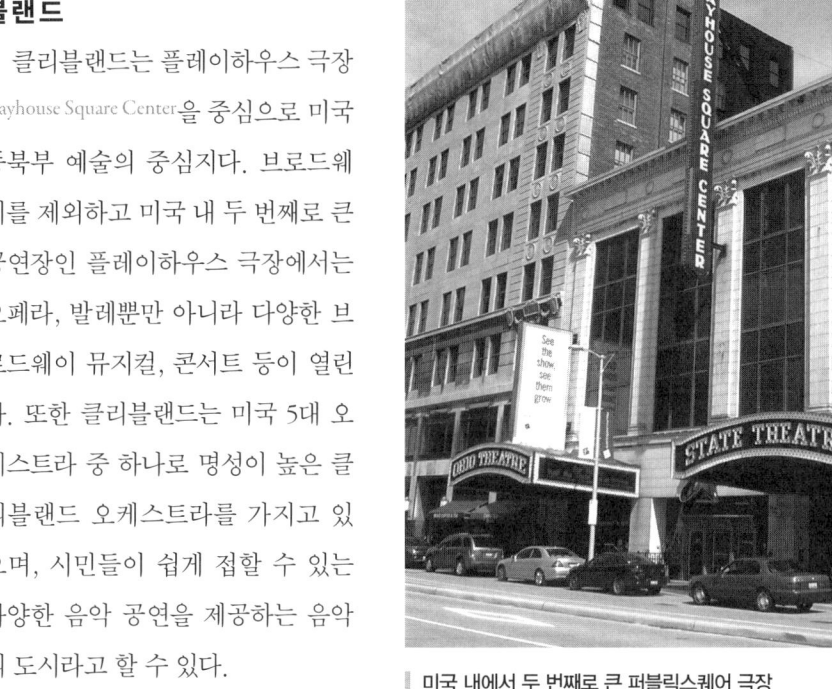

미국 내에서 두 번째로 큰 퍼블릭스퀘어 극장

클리블랜드 다운타운 지역의 건축물 역시 다양한 역사와 전통을 자랑한다. 다운타운 지역에는 시청, 쿠야호가 카운티 법원, 도서관 등의 유서 깊은 건물들이 위치하고 있다. 터미널타워는 1930년에 건설됐으며, 1967년까지 뉴욕을 제외하고는 북미지역에서 가장 높은 건물이었다. 또한 인접해 위치한 키타워 Key Tower는 현재 오하이오에서 가장 높은 빌딩이다. 클리블랜드 탄생의 모태가 됐던 다운타운 지역 중에서도 퍼블릭스퀘어에서 유니버시티서클에 이르는 지역은 우아함과 전통으로 유명한 곳이다. 1880년대 후반에 시인 베이어드 테일러 Bayard Taylor는 이곳을 '세계에서 가장 아름다운 지역'이라고 묘사하기도 했다.

클리블랜드의 도시구조

1800년대 이전까지 농업 중심 산업으로 인해 클리블랜드의 도시구조는 다른 미국

타워시티의 모습

의 소도시들과 큰 차별점이 없었다. 하지만 1832년 건설된 운하로 인해 클리블랜드는 경제적·사회적으로 큰 변화를 겪게 된다. 이러한 변화는 클리블랜드의 도시구조에도 영향을 미쳤다. 새로 생겨난 기업과 산업체, 그리고 새로 유입된 인구는 최적의 입지를 찾게 됐고, 이때 가장 중요한 점은 교통이었다. 즉, 다운타운 지역으로부터 얼마나 가까운지가 관건이었다. 1900년대 산업도시의 경우, 공장들은 운반을 고려해 갈아타는 연결지점에 입지하거나 강이나 바다 근처 혹은 가능하다면 원자재 주변에 입지하는 경향이 있었다. 그러나 1930년대에 현재의 자동차가 발명되면서 미국 도시들을 교외화시키게 된다.

1870년까지 클리블랜드 지역은 운하 건설 이후 운송의 중심지가 도시의 중심지CBD가 됐다. 그리고 다수의 주거지가 이 CBD 주변에 위치하고 있었다. 따라서 CBD 지역은 가장 비싸고 가장 살고 싶어 하는 곳이었다. 그러나 폭발적인 인구증가와 경제성장은 미국의 다른 대도시들처럼 클리블랜드의 교외화를 이끌게 됐다. 먼저 CBD에 입지했던 상업시설들이 이동을 시작했고 주거인구가 그 뒤를 따랐다. 제조업시설 역시 똑같은 패턴을 보였다. 다른 점은 이들 산업은 장거리시장과 원재료를 공급해주는 공급자와 관련된 철도나 해상운송 수단에 조금 더 영향을 받았다는 정도다.

현재 클리블랜드의 중심부에 위치한 계층은 흑인과 저임금 노동자가 주를 이룬다. 이들은 소득 수준이 낮기 때문에 한때 명품매장이 즐비했던 다운타운가는 점점 문을 닫는 상점이 늘어나고 있으며 교외화의 속도와 폭은 점점 증가하고 있다. 교외화에 따른 CBD의 붕괴는 오늘날 클리블랜드가 당면하고 있는 가장 큰 도시문제 중의 하나다.

재개발과 재건축을 중심으로 한 도시관리정책

교외화를 비롯한 도시문제를 해결하기 위해 클리블랜드는 여러 도시관리정책을 시도해왔는데, 그중 하나가 다운타운 재개발과 도시재생Urban Renaissance이다. 특히 'ed's and med's'로 불리는 유니버시티서클 지역을 중심으로 한 재개발정책은 도시관리정책 중 가장 큰 프로젝트로 꼽는다. 이 프로젝트는 클리블랜드 클리닉을 중심으로 관련 지역을 개발하는 것을 포함한다. 이 프로젝트와 더불어 다운타운 지역을 중심으로 한 관

유클리드 코리더 프로젝트 건설 후 신설된 버스(Health Line)

런 재개발정책은 다음과 같다.

첫째, 유클리드 코리더Euclid Corridor 프로젝트는 교통과 관련된 다운타운 재개발정책이다. 유클리드 코리더 프로젝트는 다운타운, 미드타운 그리고 유니버시티서클 지역을 버스를 통해 연결하는 프로젝트다. 이 프로젝트는 다운타운 지역에서 유니버시티서클(다운타운 지역에서 약 6.4km 밖에 위치하고 있는 지역)을 연결하기 위해 도로 중간에 빨리 환승할 수 있는 정류장의 건설, 버스 우선의 신호체계 등 다양한 수단을 마련했다. 이를 위해 새로운 교통시스템의 도입과 막대한 도로공사가 이루어졌다. 또한 이 프로젝트는 클리블랜드의 자랑인 예술을 지원하기 위해 버스 노선이 유명한 예술가들과 관련된 지역을 통과하게 했다.

둘째, 다운타운 지역의 아파트 재개발이다. 이는 다운타운 주변 아파트 지역의 동쪽에 위치한 예술거리를 재개발하려는 계획이다. 현재 동쪽 지역을 철거하고 수백 개의 아파트와 타운하우스, 상업시설을 재건축하고 있으며, 일부는 완공된 상태다. 이러한 재개발을 통해 신규 오피스빌딩을 도심에 건설함으로써 일자리를 창출하려는 목적을 가지고 있다.

셋째, 애비뉴 구역에 고소득자를 위한 주택을 건설하는 애비뉴 구역Avenue District 프로젝트다. 이 프로젝트는 400개 이상의 콘도미니엄 건설과 함께 타운하우스, 상점, 주차장, 보행자 중심의 도로 개발을 포함했다. 이러한 프로젝트를 통해 다운타운 지역의 여러 시설에 손쉽게 접근할 수 있는 수준 높은 주거지역이 형성됐다.

클리블랜드의 미래

한때 오대호의 자랑이었던 클리블랜드의 쇠락은 미국 북동부 중공업의 붕괴와 궤를 같이한다. 다른 도시들이 경제의 흐름에 따라 중공업에서 서비스업이나 IT산업으로의 전환을 시도했다면, 클리블랜드는 그 흐름을 읽지 못한 채 그대로 주저앉았다고 할 수 있다. 1990년대 중반 잠시의 경제적 성장으로 얻었던 '돌아온 도시'라는 명성은 이미 과거의 일이 됐다. 클리블랜드의 지역신문인 ≪플레인 딜러The Plain Dealer≫는 '돌아온 도시'라는 이미지마저도 미래지향적인 이미지가 아니라 과거에 얽매여 있다고 지적하면서 클리블랜드의 미래에 우려를 표했다. 과거 클리블랜드와 함께 중공업산업을 이끌었던 디트로이트가 2013년 7월 파산하고 말았다. 파산을 신청한 디트로이트의 빚은 미국 역사상 가장 많은 것으로 알려져 있다. 디트로이트의 파산이 과거 미국 대도시 중 최초의 채무불이행 도시였던 클리블랜드에게 주는 위기감 또한 남다를 것이다. 하지만 클리블랜드 클리닉을 중심으로 한 첨단의료산업을 육성하는 등 지역경제를 활성화하고자 하는 클리블랜드의 노력이 계속된다면 클리블랜드의 미래는 결코 어둡지만은 않을 것이다.

/ 주미진(중앙대학교 도시계획·부동산학과 조교수)

ㅣ참고문헌ㅣ

• Campbell, Thomas F. and Edward M. Miggins. 1988. *The Birth of Modern Cleveland: 1865-1930*.
• Cleveland Western Reserve Historical Society: Associated University Presses.
• Condon, George E. 1967. *Cleveland: the Best kept secret*. Garden city. New York: Doubleday & company, inc.
• Rose, William Ganson. 1990. *Cleveland: The Making of a City*. The world publishing company.
• The plain dealer. 2001. Comeback City' fights old-shoe image.
• http://en.wikipedia.org Cleveland part

첨단산업이 선도하는 녹색도시
밴쿠버

Vancouver

밴쿠버 전경

밴쿠버Vancouver는 수천 년 전부터 바다를 주 무대로 하는 아메리칸 인디언의 생활지였다. 해변가의 부족들은 노련한 어부들로서 고래잡이를 했으며, 토템기둥Totem Pole을 세우고 마스크를 조각하며 풍요로운 문화를 유지했다. 1774년 에스파냐 탐험가들이 밴쿠버 섬을 발견한 이후, 제임스 쿡James Cook이 처음으로 밴쿠버 섬에 발을 들여놓았다. 이후 영국 탐험가 조지 밴쿠버George Vancouver가 태평양 연안을 조사해 해안의 수많은 산과 강, 지역에 자신의 이름을 붙인 데서 현재 밴쿠버의 지명이 유래했다.

브리티시컬럼비아British Columbia 지역은 1866년 영국의 식민지가 됐고, 초기 식민지 개척자들은 이곳이 동부 캐나다와 너무 격리돼 있어서 미국 연방으로 합류시킬까 고민했으나, 캐나다 대륙횡단철도 건설을 약속받고 캐나다 연방에 남기기로 의견을 모았다.

밴쿠버는 대륙횡단철도가 1885년 개통되고, 2년 후 서쪽의 마지막 역이 '밴쿠버'로 명명되면서 브리티시컬럼비아에서 가장 큰 도시로 발돋움하게 됐다. 이후 파나마 운하의 개항이 밴쿠버 경제발전의 계기가 돼 캐나다의 관문도시gateway city로 성장했으며, 유럽과 미국 동부지역에 목재를 수출하면서 임가공산업을 주력산업으로 해 발전을 이루었다.

▌스탠리 공원에 있는 토템상

다양한 민족의 특성을 하나로 녹여 '미국적인 것'을 창출하는 용광로melting pot 같은 미국의 정책에 반해, 캐나다의 국민통합정책은 다양한 민족의 고유성과 특성을 살리면서 함께 발전해나가는 다문화주의multi-culturalism를 추구하고 있다. 서부 캐나다 밴쿠버 지역은 오랫동안 친아시아 정책을 추구했으며, 1997년 홍콩의 중국 반환을 계기로 대규모 홍콩 이민을 수용했기 때문에 북미 대륙에서 아시아인의 비율이 상당히 높아 소수민족 차별이 적은 도시에 속한다. 여기에 환경보전을 최우선 가치로 두는 환경우위정책과 사회민주적인 정치전통을 바탕으로 시민사회의 정치 참여와 사회보장혜택이 우수해, 세계에서 가장 살기 좋은 도시로 여러 차례 선정됐다.

위치 캐나다 브리티시컬럼비아 주 남서부
면적 114.71㎢
인구 603,502명(2011년 기준)
주요 기능 경제산업

Canada

Calgary

Vancouver

Quebec

밴쿠버의 인구와 경제

광역밴쿠버는 21개의 자치구역과 인디언 보호구역으로 이루어져 있다. 지역의 핵심이 되는 밴쿠버 시의 인구는 약 58만 명이며, 실질적으로 하나의 생활권을 이루고 있는 광역밴쿠버 전체의 인구는 약 216만 명이다(2005년 기준). 광역밴쿠버에서 인구가 많은 지역으로는 서리Surrey(약 39만 명), 버나비Burnaby(약 20만 명), 리치먼드Richmond (약 17만 명) 등이 있다. 이민국가인 캐나다 서부지역의 중심도시답게 도시 전체에서 비영어권 인구visible minorities의 비중이 무척 높다. 특히 밴쿠버는 비영어권 인구비중이 44.8%, 중국 이민이 많은 리치먼드는 49.3%, 한국 교민이 상대적으로 많은 버나비는 39.4%로 광역밴쿠버의 핵심 세 도시의 비영어권 인구비중은 절반에 육박하고 있다. 이에 비해 백인 중산층의 비중이 높은 노스밴쿠버North Vancouver는 19.0%, 교외지역인 랭리Langley, 메이플 리지Maple Ridge, 미션Mission 등은 6.2%, 7.0%, 6.4%로 급격히 낮아지는 전형적인 북미 대도시지역의 민족분포 경향을 보인다.

광역밴쿠버 지역의 이민자는 아시아계가 주류를 이루고 있다. 1991~2001년 동안의 이민자 총 32만 4815명 중에서 중국 18.0%(5만 8495명), 홍콩 15.1%(4만 8915명), 타이완 11.7%(3만 8125명)로 중국인이 44.8%를 차지하고, 인도 9.4%, 필리핀 8.0%에 이어 한국인이 4.6%(1만 4840명)를 점하고 있다. 특히 밴쿠버 공항 옆 리치먼드의 경우에는 약 50%를 차지하는 비영어권 주민의 거의 대다수가 중국인일 정도로 아시아계가 다수를 차지한다.

나아가 최근 아시아 지역의 조기영어교육과 조기유학의 영향으로 인구통계에 계산되지 않는 단기유학, 단기어학 연수자와 그 가족 등을 포함하면 밴쿠버 지역의 아시아계 인구비중은 더욱 높을 것이다. 이처럼 높은 아시아계 인구비중만큼 도시의 많은 행정서비스와 도시의 대다수 표지판이 영어와 아시아계 언어로 표기돼 있어 다문화주의 정책을 피부로 느낄 수 있다.

살기 좋은 도시인 만큼 밴쿠버를 찾는 관광객도 빠르게 증가하고 있으며, 아시아권과 한국의 관광객 증가는 무척 가파르다. 2005년 밴쿠버 관광객 860만여 명 중에 캐나다 타 도시에서 유입된 관광객이 504만여 명으로 59%를 차지하고, 뒤를 이어 미국 관

| 아름다운 밴쿠버의 항구

광객 222만여 명, 아시아·오세아니아 관광객 78만여 명, 유럽 관광객 43만여 명의 순서이며, 한국 관광객은 11만여 명이었다. 절대수로는 크지 않지만 1995~2005년 동안한국 관광객의 증가율이 106%로서 남미의 한두 나라를 제외하고는 세계에서 가장 높음을 알 수 있다.

밴쿠버에 관광객이 많은 이유로는 밴쿠버 지역 자체가 제공하는 쾌적한 환경과 문화, 그리고 태평양을 품고 있는 다양한 위락시설을 들 수 있다. 그러나 한국의 평창 지역을 간발의 차로 물리치고 2010년 동계올림픽을 성공적으로 치른 북미 최대의 스키리조트 휘슬러Whistler가 30분 거리에 있고, 오래된 영국식 도시경관을 유지하고 있는캐나다의 주도州都 빅토리아Victoria와 세계 수준의 부차트 가든Butchart Gardens이 있는 밴쿠버 섬, 북미 최고의 관광지 로키 산맥으로 가는 관광객들이 첫 번째 기착지로 밴쿠버를택하기 때문이기도 하다. 캐나다 관광의 관문gateway 역할을 수행하고 있는 것이다.

밴쿠버의 경제는 19세기 브리티시컬럼비아 주의 풍부한 산림을 기반으로 한 목재와 목재가공을 주로 해 북미와 유럽으로 수출하는 1차 산업 중심이었으나, 첨단산업과 서비스업을 중심으로 빠르게 구조가 변하고 있다. 특히 교육수준이 높은 이민자가 매년 2만 5000여 명씩 유입되고 있으며, 사회민주주의에 바탕을 둔 시민참여의 정치행정, 브리티시컬럼비아대학교^{UBC}, 사이먼프레이저^{Simon Fraser}대학교 등 유수의 교육기관, 잘 발달된 교통하부구조, 쾌적한 기후, 안전하고 살기 좋은 지역사회, 풍부한 문화예술환경 등이 바탕이 돼 바이오산업, 영상산업, 정보통신산업, 환경산업 등을 중심으로 첨단산업이 급속히 증가하고 있다.

1999~2004년 동안 가장 빠르게 증가한 업종을 보면, 유입인구를 수용하기 위한 건설업 종사자가 1만 7100명 증가했으며, 의료·사회사업 종사자 1만 4300명, 교육서비스업 1만 4100명, 그리고 경영·관리·사업서비스업, 음식·숙박업, 전문·과학·기술업, 금융·보험·부동산업 등의 종사자가 각각 1만 1000명 이상 증가했다. 사업이민과 조기유학의 수요를 급속히 흡수하는 대도시의 특성답게 사회·보건서비스와 교육서비스, 기업·금융서비스 등 서비스업의 증가가 뚜렷하다.

밴쿠버의 첨단산업: 바이오산업

밴쿠버는 북미에서 일곱 번째로 규모가 큰 바이오 클러스터지역이다. 100여 개의 바이오기업과 3000여 명의 종사자가 집중해 있으며, 캐나다의 바이오산업 연구개발비의 4분의 1이 밴쿠버 지역에서 소요되고 있다. 밴쿠버 바이오산업의 지난 5년간 성장률은 52%에 이르는데, 밴쿠버 바이오산업의 창출은 주로 대학과 연구기관에서 스핀오프^{spin-off}돼 창업하는 전형적인 혁신클러스터지역의 특징을 보여준다. 밴쿠버 바이오산업은 49%가 바이오의약산업이며, 식물바이오산업 15%, 바이오농업 15%, 바이오진단산업 10% 등으로 구성돼 있다.

| 사이언스월드 과학관

밴쿠버 바이오산업의 발전에는 브리티시컬럼비아대학교, 브리티시컬럼비아 암센터 등의 대학과 연구기관의 역할도 크지만, 브리티시컬럼비아 주와 밴쿠버 시정부의 적극적인 지원프로그램이 커다란 영향을 주었다. 주요 연구지원 프로그램을 소개하자면, 산업연구지원

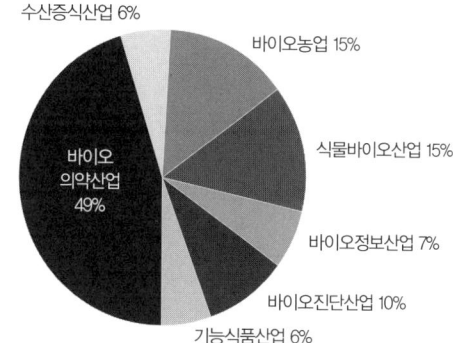

〈그림〉 밴쿠버 바이오산업의 업종분포

수산증식산업 6%
바이오농업 15%
식물바이오산업 15%
바이오의약산업 49%
바이오정보산업 7%
바이오진단산업 10%
기능식품산업 6%

자료: Vancouver Economic Development Commission(2012).

프로그램Industrial Research Assistance Program은 중소벤처기업의 연구개발활동과 신기술의 상업화를 지원한다. 캐나다 석좌연구제도Canada Research Chairs는 2000년 9억 달러의 연구기금을 조성해 캐나다 전역의 대학 2000여 개 분야에 캐나다 석좌연구제도를 지정해, 주로 자연과학과 공학 분야를 지원하고 있다. 또한 과학연구실험발전 프로그램Scientific Research and Experimental Development은 벤처기업의 연구개발활동 지원을 위해 연구개발비의 일정 비율만큼 소득세와 투자세를 감면해준다. 생명과학 지적재산권세 인센티브Life Science Intellectual Property Tax Incentives는 브리티시컬럼비아 주 바이오기업의 특허출원과 투자활성화를 위해 지원한다. 마지막으로 국제지원 프로그램International Financial Activity Program은 브리티시컬럼비아 주 바이오기업의 국제적 연구개발, 마케팅, 제휴 등을 진작하기 위해 국제적으로 활동하는 바이오기업의 법인세를 지원하고 있다.

이처럼 적극적인 정부지원 프로그램과 풍부한 고급인력의 유입, 연구개발의 하부구조가 튼튼하기 때문에 밴쿠버 바이오산업은 캐나다 바이오산업 전체 투자액의 절반 이상을 차지하고 있으며, 기업 수는 토론토나 몬트리올보다 적지만, Anqiotech, QLT, Cardiome Pharma 등 대규모 바이오기업이 많아 바이오산업의 선도적 발전을 주도하고 있다.

밴쿠버의 첨단산업 : 영상산업

밴쿠버는 할리우드의 스타들이 가장 선호하는 영화와 방송 촬영지다. 할리우드나 뉴욕의 비싼 촬영비용을 피하고, 영어로 의사소통이 가능하며, 대도시의 활발한 분위기부터 대자연의 모습까지 다양한 로케이션이 가능하다. 또한 풍부한 영상 관련 숙련 인력과 영상산업에 대해 최소화된 규제, LA와의 근접성, 안전하고 쾌적한 도시의 분위기로 인해 할리우드의 역외 촬영지runaway production로 가장 적합하다는 평가를 받고 있다. 2005년 밴쿠버의 영화·방송산업의 총사업비는 20억 달러를 상회했으며 총지출액은 12억 달러였는데, 이 중 해외 프로덕션의 지출액이 10억 달러에 이른다.

밴쿠버 시는 영상산업의 지원을 위해 시내에 밴쿠버필름 스튜디오, 맘모스 스튜디오, 노스쇼어 스튜디오 등 초대형 스튜디오를 제작해 지원하고 있으며, 다양한 세제혜택을 제공하고 있다.

캐나다 정부에서는 국내외 기업을 막론하고 캐나다 종사자의 임금에 대해 연방세를 16% 감면해주고 있다. 그리고 캐나다 내 제작비에 대한 세금감면 프로그램을 운영하고 있고, 브리티시컬럼비아 주에서는 주 내 제작비에 대한 세금감면 프로그램을 시행 중이다. 국내외 기업을 막론하고 브리티시컬럼비아 주 종사자의 임금에 대해 주세 18% 감면, 브리티시컬럼비아 주 인가 종사자의 임금에 대해 주세 6% 추가 감면, 영화산업의 경우 브리티시컬럼비아 주 종사자의 임금에 대해 주세 30% 감면과 브리티시컬럼비아 주민이 영상 관련 교육기관 등록 시 주세 30% 감면 등 다양한 세제지원를 제공하고 있다.

이외에도 브리티시컬럼비아 영상위원회BC Film Commission에서는 로케이션, 사후제작post production, 마케팅 등의 제반 활동을 지원하고 있다. 영상산업은 부가가치가 높고 고용

┃ 캐나다의 상징으로 불리는 캐나다 플레이스(© Nicolas Untz, 위키피디아)

| 라이언스 게이트(Lion's Gate) 다리

파급 효과가 클 뿐만 아니라, 디지털 제작, 3-D, HDTV 등의 첨단기술과 밀접히 연관
돼 있어 첨단산업의 발전에 많은 영향을 준다. 이는 영화 〈반지의 제왕〉을 연출한 피
터 잭슨Peter Jackson 감독의 고향 뉴질랜드 웰링턴이 영상특수효과업체의 산실이 된 사
실에서도 확인할 수 있다.

살기 좋은 도시 밴쿠버

세계에서 가장 살기 좋은 도시 밴쿠버가 만들어진 중요한 요인 중의 하나는 주민
의 적극적인 시정참여와 이를 지원하는 상향식 의사결정구조에서 찾을 수 있다. 1990
년대 후반에 수립된 도시계획은 형식적인 시민참여가 아닌 실질적이고 심도 있는 시
민참여와 정책형성과정에서 나타나는 갈등에 대해 필요한 대안수단trade-offs을 시민에
게 공개하고 시민의 의사를 반영해 결정하도록 하고 있다. 또한 밴쿠버 도시정책의 중
심은 '근린지역'을 최우선의 가치로 상정하고 살기 좋은 근린지역을 만드는 것이 살기
좋은 도시를 만드는 것이라는 원칙을 고수하고 있다.

밴쿠버 도시계획의 핵심비전을 보면, 근린 중심의 도시A city of neighbourhoods, 지역
사회 중심의 도시A city having a sense of community, 건강한 경제·환경도시A city with a healthy
economy and environment, 주민이 주체가 되는 도시A city where people have a say in the decisions that
affect their neighbourhoods and their lives 등이다. 주민이 자신이 거주하고 있는 지역을 변화시

키는 사업을 충분히 이해하고 정책집행과정에 참여한다는 것은, 지역에 대한 애정과 책임이 커지고 생활에 대한 만족도 제고에 크게 기여한다.

　밴쿠버 시는 이와 같은 도시계획뿐만 아니라 기후변화대응정책, 지역사회정책, 교통소음저감정책, 주거지 도로설계, 소규모 개발계획, 유적보호 등 다양한 분야에서 공청회를 비롯해 주민을 위원으로 참여시켜서 정책을 충분히 설명하고, 갈등을 해소하며, 지역사회 변화의 능동적 주체가 되도록 하는 사회민주주의를 실천하고 있다.

　밴쿠버가 세계에서 가장 살기 좋은 도시로 선정된 배경에는 앞서 살펴본 바와 같이 수려하고 쾌적한 도시환경과 교육, 의료, 사회사업 등 다양한 도시서비스, 공해 없는 첨단산업의 발전과 생활수준 향상 등의 요인뿐만 아니라, 시민의 일상정치 참여를 높이고 지역사회의 변화에 적극적으로 참여해 의견을 개진하고 실천하는 '사회자본social capital'이 풍부한 생활정치의 민주화도 중요한 역할을 하고 있다.

　• 사진 제공(일부): 이미지투데이

/ 남기범(서울시립대학교 도시사회학과 교수)

| 참 고 문 헌 |

• 송인성. 2004. 「도시의 삶의 질 제고방안―광주시와 밴쿠버시를 사례로」. ≪한국지역개발학회지≫, 16권 2호: 107~140.

• BC Film Commission. 2006. *British Columbia Film Commission Production Statistics 2005*. BC Film Commission.

• Edgington, D. and T. Hutton. 2000. "Multiculturalism and local government in Vancouver." *Western Geography*, 10: 1~29.

• The Greater Vancouver Convention and Visitors Bureau. 2006. *Tourism Vancouver's Visitor Volume Model*. The Greater Vancouver Convention and Visitors Bureau.

• Uyesugi, J. and Shipley. 2005. "Visioning diversity: planning Vancouver's multicultural communities." *International Planning Studies*, 10, 3-4: 305~322.

• Vancouver Economic Development Commission. 2002. *Vancouver: A North American Biotechnology Centre*. BC Biotech.

캐나다 로키의 문화 축제도시
캘거리

▌ 올림픽 플라자와 캘거리 도시 전경

캐나다 로키의 관문이자 카우보이 축제인 캘거리 스탬피드Calgary Stampede로 널리 알려진 캘거리Calgary 는 인구 100만 2000명(2007년)의 대도시. 앨버타Alberta 주의 풍부한 석유자원을 바탕으로 경제성장을 상징하는 각종 석유회사와 금융사의 본사가 위치해 있으며, 캐나다 프레리Prairie(초원지대)와 로키 산맥이 만나는 지리적 위치로 인해 1년 내내 축제가 개최되

는 축제의 도시다. 캘거리는 생기가 가득하고 활발함 과 분주함으로 바삐 움직이는 개척시대의 정신이 그 대로 살아 있음을 느낄 수 있는 곳이다. 면적으로 캐 나다에서 두 번째로 큰 도시이며, 기업 본사도 토론토Toronto 다음으로 가장 집중도가 높은 경제 중심지이 고, 대도시권 인구를 보면 토론토, 밴쿠버 대도시지역 다음으로 3위를 차지한다.

캐나다 프레리 지역의 경제·문화 중심지

캘거리는 1875년 북서 기마경찰대North West Mounted Police: NWMP가 성채를 지을 때까지 아메리칸 인디언 블랙풋Blackfoot족과 소수의 백인 목장주가 살던 목초지였다. 포트 캘거리Port Calgary란 이름은 당시 사령관인 매클라우드James Macleod 대령이 스코틀랜드의 멀 섬Isle of Mull에 있는 캘라개라드Cala-ghearraidh를 기억해 명명했다고 전해진다. 캘거리에 캐나다 퍼시픽 철도가 놓이자 캘거리는 중요한 곡물 교역지대가 됐으며, 동과 서를 잇는 주요 교역도시로 발전했다. 현재 캐나다 퍼시픽 철도의 본사는 캘거리에 있다.

20세기로 접어들면서 캘거리 근교에서 잇달아 유전이 발견됐다. 앨버타에서 석유는 1902년 발견됐지만, 캘거리 경제의 본격적인 발전은 오일 붐Oil boom이 있던 1973년 이후부터다. 현재 캐나다에서 생산되는 석유의 65%, 천연가스의 80%가 앨버타 주에서 생산되고 있다. 급속한 오일 붐으로 인해 캘거리의 인구는 1971년 27만 명에서 1989년 68만 명으로 증가했으며, 지금은 100만 명이 넘게 됐다. 이후 캘거리는 중요 석유기지가 돼 시내에는 석유회사의 고층빌딩이 눈에 띄게 됐다. 1980년대의 유가하락으로 캘거리 경제는 침체를 겪기도 했지만, 캐나다 프레리 지역의 경제와 문화의 중심지로 자리 잡았다.

오일달러의 영향이기도 하지만 캘거리는 캐나다 대도시의 평균 월 급여 비교에서 2위인 토론토, 3위인 오타와Ottawa를 제치고 1위를 차지하고 있는 경제도시다. 전 산업에서 비즈니스서비스산업이 25.1%를 차지하며, 보건·교육이 25.1%, 제조업이 15.8%를 차지하는 가장 선진적인 산업구조를 보이고 있다. 또한 실업률도 4.1%로 선진국 도시 중 수위를 차지한다.

1988년의 제15회 동계올림픽 개최도 캘거리의 위상과 도시발전에 큰 역할을 했다. 올림픽을 통해 전 세계에 캘거리를 알렸으며, 스포츠뿐만 아니라 도시의 공간구조나 치안, 환경친화적인 산업, 관광, 인종적 다양성 등 오늘날 코즈모폴리턴적 도시의 특성을 갖추는 계기가 됐다. 이후 캘거리는 세계에서 살기 좋은 도시 선정에서 항상 수위를 차지하고 있으며, 캐나다에서 가장 다양성이 존중되는 도시로 평가받고 있다.

위치 캐나다 앨버타 주 남부
면적 726.5㎢
인구 약 1,002,000명(2007년 기준)
주요 기능 경제산업

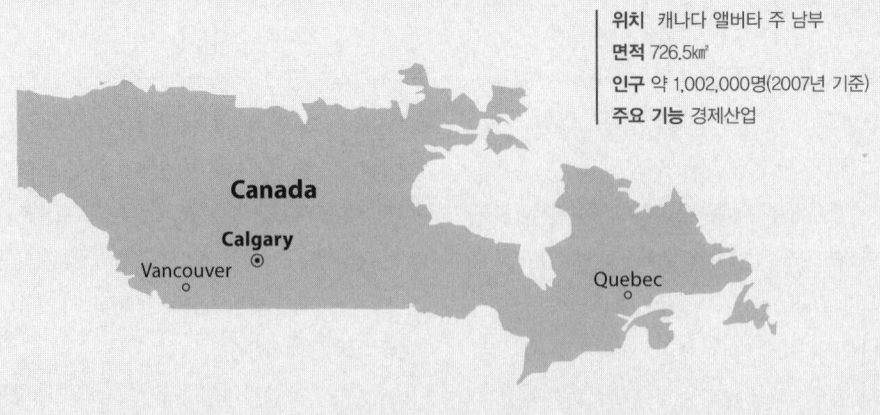

상업지구인 스티븐 애비뉴(Stephen Ave) 거리(자료: 앨버타 주 관광청)

공연과 축제의 도시

캘거리는 연간 500만 명 이상의 관광객이 찾는 관광도시다. 캐나다 관광의 하이라이트인 로키 산맥을 보기 위한 관문인 밴프Banff 지역과 60㎞ 정도 떨어져 있어 항공 편으로 로키 산맥에 가려는 사람들이 캘거리를 거치고 있지만, 캘거리 자체의 공연과 축제를 즐기기 위해 방문하는 관광객도 상당하다.

캘거리는 영화 로케이션 산업이 상당히 빠르게 증가하고 있다. 물론 할리우드의 주요 역외 촬영runaway production 지역인 밴쿠버만큼은 아니지만, 고층건물이 즐비한 다운타운은 영화 〈슈퍼맨〉의 배경이 되기도 했고, 브레드 피트 주연의 〈가을의 전설〉, 클린트 이스트우드 주연의 〈용서받지 못한 자〉 등의 영화 촬영지가 바로 캘거리였다. 또한 TV 드라마였던 〈엑스 파일X-File〉도 캘거리를 배경으로 하고 있다. 특히 캘거리 올림픽 스타디움을 배경으로 한 영화 〈쿨 러닝Cool Running〉은 자메이카 봅슬레이팀을 소재로 해 캘거리 올림픽 이후 다시 캘거리에 대한 많은 관심을 자아냈다.

캘거리는 또한 1년 내내 공연이 끊이지 않기로 유명하다. 다양한 캘거리 라운드업밴드Calgary Round-Up Band와 스텟슨 쇼밴드Calgary Stetson Show Band 등 밴드활동은 물론 연

극과 축제가 계속된다. 대표적인 것으로 캘거리 국제영화제Calgary International Film Festival와 캘거리 프린지 페스티벌Calgary Fringe Festival이 있으며, 라일락 축제Lilac Festival, 민속음악제Calgary Folk Music Festival, 세계 4대 캐리비언 축제인 캐리페스트Carifest Calgary와 원 옐로우 레빗 세계 공연축제One Yellow Rabbit-High Performance Rodeo 등이 있으며, 캘거

캘거리의 명문 세이트 공과대학(SAIT Polytechnic)(자료: 앨버타 주 관광청)

리 그리스 페스티벌Calgary Greek Festival, 모자이크 문화축제Mosaic Cultural Festival 등 다양한 다문화 축제가 연중 계속된다. 이처럼 풍부하고 다양한 공연과 축제는 캘거리를 살기 좋은 도시뿐만 아니라 코즈모폴리턴적 도시로 자리 잡게 하는 데 중요한 역할을 한다.

캘거리 스탬피드

캘거리 축제의 대명사는 100여 년의 역사와 연간 약 130만 명의 방문객을 자랑하는 캘거리 스탬피드다. 스탬피드는 '지구상에서 가장 거대한 야외쇼The Greatest Outdoor Show on Earth'라는 별칭을 가질 만큼 큰 행사다. 잘 알려진 로데오 경기만이 아니라 농작물 박람회, 사륜마차 경주Chuckwagon Races, 아메리칸 인디언들의 전시회First Nations exhibitions 등이 어우러진 대형 페스티벌이다. 특히 북미에서 두 번째로 큰 퍼레이드인 스탬피드 퍼레이드는 약 40만 명의 관객을 유인한다.

스탬피드의 역사는 20세기 초로 거슬러 올라간다. 1912년, 뛰어난 승마기술을 가진 가이 위딕Guy weadick이 카우보이와 삶에 대한 찬사와 존경을 남기기 위한 축제를 기획해 기업의 지원을 이끌어냈다. 위딕은 와일드한 서부 카우보이쇼의 아이디어를 현실로 옮겼는데, 이것이 오늘날 캘거리 스탬피드 축제의 시초가 됐다. 1회 로데오 대회의 우승자 상금은 2만 달러로 당시 가장 큰 금액이었다. 2004년에는 상금이 백만 달러로 증가했다.

'스탬피드'라는 말은 '소 떼 등이 놀라서 우르르 도망가는 모양'을 의미한다. 1912년 최초의 스탬피드 축제는 대성공을 거두었다. 100여 명의 아메리칸 인디언이 전통복장을 하고 얼굴에 화려한 색을 칠한 채 행사장에 나타나 많은 반향을 불러일으켰으며, 이후 아메리칸 인디언은 스탬피드의 중요한 구성원이 됐다. 스탬피드는 매년 7월 첫째 주 금요일에 시작해 10일간 계속된다. 축제 초기에는 기간이 6일간이었으나 1967년부터 9일간으로, 1968년부터는 10일간으로 확대됐다. 축제기간을 이렇게 구성하는 것은 총 축제기간 10일 중 4일의 휴일(두 번의 토요일과 일요일)을 포함할 수 있어서 방문객을 최대로 확보할 수 있다는 장점이 있다.

스탬피드는 그 규모와 명성에 비해 축제의 구성은 매우 단순하다. 개막일 아침 9시에는 시내 다운타운에서 퍼레이드가 열린다. 10일 동안 매일 오후 1시 30분부터는 로데오 경기가, 밤 8시부터는 사륜마차 경주가 열리고, 이후 그랜드스탠드쇼Grandstand Show가 열린다. 이것을 마치면 화려한 불꽃놀이로 하루의 축제를 마감한다. 그랜드스탠드쇼의 출연자들은 대부분 캘거리 주민인데, 특히 젊은 남녀학생들이 나와서 춤추고 노래하는 솜씨가 탁월하다. 스탬피드는 이처럼 축제가 축제 전문가의 행사가 아닌, 주민이 참여하고 주민이 주체가 되며 주민이 관객이 될 때 내실이 다져지고 전국적·국제적 축제로 성장하는 전범을 보여준다. 스탬피드 입장객의 60%는 지역주민이고, 40%는 외부 관광객이다. 축제의 피날레는 제10일째(두 번째 일요일)에 벌어지는 경기인 'Sudden Death'로 여기서 최종 우승자를 선발한다.

스탬피드 축제의 수입은 2000년에는 약 2900만 캐나다달러, 2006년 1억 900만 캐나다달러, 2007년에는 1억 2000만 캐나다달러로 지속적으로 상승하고 있으며, 지역경제에 미치는 파급효과도 상당히 커서 2000년도의 경우 축제기간 중 캘거리 지역에 유입된 직접적인 수입만 1억 3600만 캐나다달러에 달했다.

캘거리의 공연과 축제가 연중 열리고 이처럼 성공적으로 진행될 수 있는 것은 '지역 내 수요와 공급'에 충실하기 때문이다. 다양한 공연장과 인디예술가를 지원하는 시정

| 스탬피드 경기장(자료: 앨버타 주 관광청)

부의 프로그램, 그리고 시민들의 적극적인 참여가 가장 중요한 성공 요인이다. '북부
의 내슈빌Nashville of the North'이라는 별칭이 상징하듯이 컨트리 음악의 본고장이기도 하
면서 메탈, 팝, 재즈, 블루스 등 다양한 장르의 연주자와 애호가가 캘거리의 큰 자산이
된다.

프레리를 상징하는 스탬피드 축제는 캐나다 중부지방과는 다른 서부의 중심으로서
강한 자존심을 갖고 있는 캘거리 사람들의 정서에 부합한다. 축제기간 내내 거의 모든
주민이 카우보이와 카우걸의 복장으로 생활하며, 다양한 공연과 축제의 주인공이 되
는 것이다. 스탬피드 축제만큼 자원봉사자의 역할이 두드러진 사례는 상당히 드물다.
나아가 시정부가 지원은 하되 자발적인 시민의 조직에 의해 축제가 운영되는 거버넌
스와 투명한 성과공개를 통해 기업의 지속적인 후원과 격려를 받는 원동력이 됐다.

도시발전의 명암
빠르게 성장한 도시인 만큼 캘거리의 도시문제는 스프롤현상urban sprawl이 핵심이

다. 캘거리의 도시면적은 뉴욕 시와 비슷하지만 인구는 8분의 1도 되지 않는다. 도심을 재개발하고 기능과 주민을 되찾기 위한 시정부의 노력에도 불구하고, 캘거리는 계속 공간확장을 하고 있다. 다양한 인종구성과 '운전자의 도시driver's city'라는 별명이 보여주듯이 극심한 자동차문명화motorization의 영향으로 인해 스프롤은 멈추지 않고 있다.

스프롤현상으로 인해 도로의 확장압력과 대중교통의 혼잡은 더욱 심해진다. 2003년의 통계를 보면 도심부(Downtown Commercial Core, the Downtown East Village, the Downtown West End, Eau Claire, and Chinatown)의 인구는 1만 2600명 정도밖에 되지 않으며, 도심권 남부의 벨트라인Beltline 지역의 인구도 1만 7200명이다.

또한 빌딩의 높이가 올라갈수록 그림자도 커지는 것처럼 캘거리 전체의 역량과 쾌적성은 높아졌지만 도심지역의 거주환경이 악화되고 있으며, 거주비용도 빠르게 상승하고 있다. 도심지의 오피스 가격이 캐나다에서 1위이며, 주택 가격도 2위를 차지해 캐나다에서 일상생활의 비용이 가장 높은 도시로 알려져 있다. 특히 노숙자homeless의

▌캘거리의 고층빌딩군(자료: 앨버타 주 관광청)

증가가 상당해 도시의 문제들을 형성하고 있다. 2004~2006년간의 통계를 보면, 노숙자가 2004년에 비해 32.3%나 증가해 2006년에는 3436명에 이르고 있다.

캘거리 시정부와 시민단체는 캘거리의 미래 발전방향을 밀도Density, 다양성Diversity, 발견Discovery의 세 가지로 압축하고, 다음과 같은 정책방향을 제시하고 있다. ① 스프롤현상의 극복, ② 새로운 교통시스템의 개발, ③ 인적자원의 잠재력과 사회적 통합 개선, ④ 이민자원의 효과 극대화, ⑤ 새로운 경제성장엔진의 개발, ⑥ 창의성과 문화의 창달, ⑦ 대학의 발전, ⑧ 시민참여의 확대다.

캘거리가 대도시의 문제들을 슬기롭게 해결하면서 살기 좋고 쾌적하며 다양성이 존중되는 진정한 코즈모폴리턴 도시로 성장하기를 기대한다. 가장 부유한 계층과 가장 가난한 계층이 공존한다는 세계도시의 양면성dual city을 극복한 모범도시로 거듭나기를 바라는 마음이다.

• 사진 제공: 앨버타 주 관광청, 이미지투데이

/ 남기범(서울시립대학교 도시사회학과 교수)

| 참 고 문 헌 |

• 김춘식. 2002. 『세계축제경영』. 서울: 김영사.

• Calgary Exhibition & Stampede. 2007. *Calgary Stampede Annual Report 2007*. Calgary Exhibition & Stampede.

• Canada 25. 2002. *The 2nd Annual Calgary Urban Summit: Shifting Gears for a New Calgary*. Canada 25.

• City of Calgary. 2006. *Results of the 2006: Count of homeless persons in Calgary*. Calgary Community & Neighbourhood Services.

• Conference Board of Canada. 2006. *Metropolitan Outlook*. Conference Board of Canada.

• Sun, H. et al. 2007. "Modelling urban land use change and urban sprawl: Calgary, Alberta, Canada." *Netw. Spat. Econ.* 7: 353~376.

캐나다 속의 프랑스 문화
퀘벡

| 퀘벡 시 전경

영어가 주류를 이루는 북미에서 프랑스어가 더 많이 사용되는 퀘벡Quebec 주는 일본의 다섯 배, 프랑스의 세 배, 알래스카보다 큰 땅덩어리를 갖고 있다. 100만 개의 호수와 강이 흐르고 있는 퀘벡 주에서 가장 큰 도시는 인구 200만여 명인 몬트리올Montreal이지만 주도는 퀘벡 시다.

아메리칸 인디언 부족의 하나인 알곤킨Algonquin 족의 언어로 'Kebec'은 '강이 좁아지는 곳'을 의미한다. 오늘날 퀘벡은 이름 그대로 길이 1200㎞에 이르는 세인트로렌스Saint Lawrence 강의 폭이 1㎞ 정도로 좁아지는 곳에 자리 잡고 있다.

약 1만 년 전 퀘벡은 유목민이 지배하고 있었지만, 1534년 당시 프랑스 국왕의 명을 받고 자크 카르티에Jacques Cartier가 첫발을 디딤으로써 역사가 시작된

프랑스 고전양식으로 지어진 퀘벡 주 의사당(왼쪽)과 퀘벡 시의 랜드마크인 페르몽르샤토프롱트낙(Fairmont Le Chateau Frontenac) 호텔(오른쪽)

다. 당시 카르티에는 이곳의 원주민과 적대적 관계를 갖고 있었는데, 혹독한 겨울을 지내고 본국에 돌아간 후 퀘벡의 중요성이 인식되지 못해 관심에서 멀어져갔다. 이후 1608년 7월 3일, 프랑스의 탐험가이자 외교관이었던 사뮈엘 드 샹플랭Samuel de Champlain이 'Stadacona'라고 불린, 오랫동안 버려졌던 이로쿼이Iroquois 족 정착지에 자리를 잡아 오늘의 퀘벡이 만들어졌다. 샹플랭은 뉴프랑스New France의 아버지라 일컬어지며 이곳을 통치하며 여생을 보냈다. 당시 이곳의 지명에서 '캐나다'라는 이름이 붙여졌다. 퀘벡은 캐나다에서 가장 오래된 도시이며, 북미에서 유럽인이 세운 첫 번째 도시로 간주된다. 1665년경에는 70채의 집에 550명이 살았으며, 그중 4분의 1이 종교인들이었다. 샹플랭이 도읍을 정한 날이 퀘벡 시의 창립일로, 2008년에는 정도 400주년 기념식을 가졌다.

이 지역은 프랑스가 지배하면서 뉴프랑스로 명명돼 있었지만, 1759년 아브라함 평원에서 맞붙은 전투에서 프랑스군이 패하면서 1763년 영국에 이양됐다. 프랑스의 통치가 종료될 때 이곳의 인구는 8000명 정도였다. 이때 프랑스 귀족들은 본국으로 돌아갔고, 남은 프랑스 사람들이 이곳에 정착했다. 당시 영국 정복자가 이들의 고유 언어와 문화를 유지할 수 있도록 허용해 현재의 퀘벡이 형성되는 데 일조했다.

1840년 캐나다 주정부가 들어선 후 마침내 1867년 오타와Ottawa가 캐나다 수도로 정해졌고, 이때 퀘벡이 캐나다에 속하면서 오늘에 이르게 됐다. 퀘벡 주의 주민들은 캐나다 국민이지만 본질적으로 핏줄 속에는 프랑스인의 피가 흐르고 있어서 캐나다에서 독립을 꿈꾸어왔다. 첫 번째 시도는 1980년으로 국민투표 결과 40%가 독립을 찬성했다. 1995년 두 번째 국민투표에서는 찬성표가 49.5%로 0.5% 부족해 또다시 부결됐다. 이러한 움직임과 함께 2003년에는 13개 지역구로 형성된 퀘벡 주 의회를 창설해 독자적인 의회 활동을 펼치고 있다. 2006년에는 캐나다와 퀘벡 주가 유네스코 및 캐나다의 영구대표로서 모든 활동을 할 수 있는 협약을 체결해 현재까지 퀘벡 주는 독자적인 국제활동을 수행하고 있다.

위치 캐나다 동부 퀘벡 주
면적 454.26㎢
인구 491,142명(2006년 기준)
주요 기능 역사·문화

성곽으로 둘러싸인 올드 퀘벡의 성문 입구

세계문화유산, 올드 퀘벡

퀘벡은 6개 구역으로 나누어져 있는데, 그중 퀘벡의 특징을 가장 잘 나타내고 있는 곳이 올드 퀘벡Old Quebec이다. 올드 퀘벡 구역은 세인트로렌스 강에 인접해 절벽 위에 만들어진 어퍼 타운Upper Town과 강변에 만들어진 로어 타운Lower Town으로 구성된다. 올드 퀘벡은 17세기 프랑스군과 영국군이 만들었던 성벽으로 둘러싸여 있는데, 멕시코 북쪽에서는 유일하게 성곽이 남아 있는 도시다. 이러한 역사적 특징으로 인해 올드 퀘벡은 1985년 유네스코의 세계문화유산World Heritage Site으로 지정됐다.

올드 퀘벡은 정착 초기부터 사람들이 살던 곳으로 다양한 양식의 건축물이 있다. 1790~1820년의 고전복고풍부터 1930~1965년의 국제 스타일까지 열한 가지의 건축양식을 찾아볼 수 있는 이곳에는 좁은 길에 면해 아기자기한 17세기풍의 상점들이 늘어서 있으며, 관광객이 한 번쯤은 발길을 들여놓는 곳이다. 특히 15만 톤급 배의 정박이 가능한 퀘벡 항구에는 매년 5~10월에 10만 명 이상의 크루즈 관광객이 미국, 유럽 등지에서 찾아와 아메리카에서 프랑스 문화의 발상지를 찾아보는 데 즐거움을 느낀다.

2개 국어를 사용하는 도시

퀘벡의 공식적인 언어는 프랑스어다. 퀘벡 시 인구의 약 90%가 프랑스어를 사용하고, 약 40%는 2개 국어를 사용한다. 그렇지만 영어도 흔히 사용돼 외국인이 관광하는 데 불편한 점은 없다. 퀘벡에서는 거의 모든 생활이 두 언어로 이루어진다. 퀘벡을 오고 가는 항공기에 비치된 안내책자, 안전 가이드 등도 모두 영어와 프랑스어로 씌어 있고, 퀘벡의 TV 방송도 프랑스어와 영어 방송을 따로 내보낸다. 두 언어로 서비스를 하는 데 드는 행정 비용이 적지 않겠지만, 그것이 바로 퀘벡의 특징이기도 하다.

❙ 올드 퀘벡의 좁은 길과 예쁜 상점들

경쟁력 있는 도시

쿼벡 시는 북위 46°에 위치한 도시답게 연간 100일 3m의 눈이 내리며, 연간 30일 이상 평균기온이 영하 20℃ 이하다. 특히 연간 175일은 영하의 기온을 유지할 정도로 추운 곳이다. 2008년 558cm의 눈이 내린 것이 기록이다. 이처럼 자연환경은 거칠지만, 쿼벡 시는 오늘날 경쟁력 있는 도시로서 캐나다에서 경제활동이 가장 활발한 곳 중 하나이기도 하다.

2008년에 발표된 2006년 인구조사에 의하면, 쿼벡의 인구는 49만 1000명(대도시권은 71만 5000명)이며, 대도시권 인구는 2001년에 비해 4.2% 증가했는데, 4세 이하가 4%, 65세 이상의 은퇴연령 인구가 16%이며, 평균연령은 42.7세다.

쿼벡은 세인트로렌스 강에 입지한 항구도시로서 모피와 목재를 중심으로 교역을 해 성장했다. 그러나 19세기 중반, 항해기술이 발달하면서 몬트리올이 거점이 돼 인구이주가 촉진됐다. 쿼벡은 주도로서 행정, 정치의 중심지였지만 인구성장은 느렸다. 특히 1980년대 구도심의 불량한 주거환경으로 인해 교외부로 인구이주가 확산됐다. 교외의 현대적인 대형 쇼핑몰 개발이 인구이주를 촉진시켜 올드 쿼벡은 공동화 현상도 겪었다. 1990년대 들어 도심재개발이 이루어지고, 첨단기술을 중심으로 하는 경제활동이 다양화되면서 구도심이 살아나기 시작했다. 특히 라발Laval대학교의 일부가 도심으로 이전하면서 젊은 학생들이 유입된 것도 도심 활성화에 큰 역할을 했다.

쿼벡 시는 해외기업들에 투자를 권유할 때 가장 큰 장점으로 품질 좋은 노동력을 들고 있다. 쿼벡 시의 인구 중 15세 이상의 고교 졸업 이상인 인구비율이 82.2%, 대학 학사학위 이상을 가진 사람이 21.1%나 된다. 직종은 서비스 분야에 85.6%, 제조업 생산 분야에 16.4%가 종사하고 있다.

둘째 요인은 쿼벡 시가 다양한 경제활동이 이루어지는, 전략적이고 접근 가능한 시장이라는 점이다. 특히 캐나다와 자유무역을 실시하는 미국과 접근이 용이하고, 4억 4000만 명의 소비자와 인접해 있다. 현재 쿼벡 주 수출품의 80%는 미국으로, 10%는 유럽으로 나가고 있다. 쿼벡 시에는 세 곳의 항구지역 및 하나의 공항이 입지해 있다.

셋째 요인은 경쟁력 있는 창업비용이다. 쿼벡 시에는 14개 산업단지와 기술단지,

5개의 산업지구 등이 갖추어져 있어서 기업의 창업비용이나 운영비용이 매우 경쟁력을 갖추고 있다. 기업활동의 다양화에 따라 경제가 성장하고 있으며, 이에 따라 사업투자에 따른 회수율이 높다. 고급기술 분야의 경우 기술혁신 사례도 증가하고 있다.

넷째 요인은 퀘벡 시가 R&D의 전선이고, 첨단기술의 허브로서 캐나다에서 연구센터와 기술이전센터가 가장 밀집된 곳 중 하나라는 점이다. 매년 수백만 달러가 투자돼 연구센터의 선도역할을 하며, 특히 생명과학 분야, 대학연구소 등에서 앞서가고 있다. 퀘벡 시는 광학, 사진 분야에서 뛰어나고, 3개의 세계적인 연구센터를 갖고 있으며, 전자 및 의료 분야의 연구도 앞서 나가고 있다. 이러한 창조적 기업활동이 오늘날의 퀘벡을 만들었다고 해도 과언이 아니다.

2012년 퀘벡의 GDP는 275억 달러였다. 세계적으로 경제가 어려웠던 2008~2011년에 실질적 GDP의 증가율이 연평균 0.9%로 다른 OECD 국가들에 비해 세 배 정도 높았다. 그리고 같은 기간의 고용 증가율도 2.1%로 캐나다에서 가장 높았고 북미 16개 도시권 중에서도 최고 수준이었는데, 이러한 경제지표는 퀘벡 지역의 높은 경쟁력을 입증한다.

한편, 퀘벡의 경제적 활동은 공항, 항만 및 도로와 철도의 네트워크가 뒷받침하고 있다. 도심에서 20분 거리에 있는 국제공항은 뉴욕, 파리, 토론토 등 국내외 도시를 주 350회 직항하고 있다. 2006~2011년 국제선 여객이 50%나 증가했다. 퀘벡의 전략적 입지에 부응해 퀘벡 항은 수심이 깊으며, 2011년 처리한 물동량은 2900만 톤이나 된다. 도로와 철도는 상호 수송을 지원하고, 캐나다와 미국을 연계하며, 특히 화물을 용이하게 수송하는 것을 도와주고 있다.

살 기 좋 고 안 전 한 도 시

퀘벡 시는 다른 도시와 비교할 수 없을 정도로 삶의 질이 좋다. 공원과 녹색 공지가 454개소 있으며, 집값은 평균 약 2억 원 정도로 저렴하다. 캐나다의 다른 도시에 비해 매우 경쟁력이 있어서 집 소유가 용이하다. 수용 가능한 교육에 덧붙여 효율적인 대중교통 서비스, 무료 건강진료 및 전반적인 생활비 수준이 매력적이다. 취학 전 학교와 초등학교 및 중학교가 130개가 넘으며, 교육 네트워크가 잘 갖추어져 있고, 적절한 비용으로 학습이 가능하다.

특히 쿼벡 시는 북미에서 가장 낮은 범죄율을 기록하고 있을 정도로 안전한 도시다. 북아메리카의 큰 도시 중심지 중에서 범죄율이 가장 낮으며, 살인율(인구 10만 명당 1.2명)도 낮다. ≪오늘의 부모Today's Parent≫라는 잡지에서는 쿼벡 시가 아이를 기르는 데 가장 좋은 도시라고 소개했다.

환경친화적인 도시

쿼벡은 환경친화적인 도시다. 현재 3개 구에서 산업, 기업 및 기관 등의 음식물 쓰레기를 수거하면서 친환경 생활을 실천하고 있다. 2009년 말까지 100개 정도의 중소기업들이 참여해 1000톤 이상의 음식물 쓰레기를 처리했다. 음식물 쓰레기는 퇴비로 만들어 묘목장 또는 개인에게 토지개량을 위해 팔았다. 성곽으로 둘러싸인 올드 쿼벡 지역에서는 환경 영향을 고려해 조용하고 매연이 없는 전기버스인 이콜로Ecolo 버스를 무료로 운행하고 있다.

녹색 이웃 프로젝트도 실시하고 있는데, 이는 생태 발자국을 줄이기 위해 지속가능한 발전 기준에 따라 주거단지를 짓는 것을 의미한다. 이 프로젝트에서는 목재와 재생된 섬유물질 같은 지속가능한 재료를 사용하며, 우수한 절연체, 방풍 및 방수, 해를 향한 창, 고품질의 건축기술을 활용하고 있다. 지열과 같은 새로운 기술을 이용

| 쿼벡 시내에서 운행하는 이콜로 친환경 버스

해 건물의 난방과 냉방에 이용하고, 태양열 같은 재생 가능한 에너지를 사용한다. 거주지 가로에 트럭 통행을 줄이도록 쓰레기, 재생, 비료관리 기술 등 쓰레기 관리를 한다. 도시의 열섬을 줄이고 공지를 활용하기 위해 주차장을 지하에 둔다. 주차상한제를 도입하고, 카풀 및 자전거를 위한 주차공간을 확보한다. 이러한 기준에 따라 만들어진 곳에 사는 주민들은 아주 쾌적한 환경에서 지낼 수 있게 되고, 걸어서 출근이 가능하며, 차 없이도 쇼핑을 가게 된다. 이러한 녹색 이웃 프로젝트가 3개 지구에서 실시되고 있다.

관광객이 넘쳐나는 흥겨운 도시

퀘벡은 2007년 '캐나다의 놀라운 곳 7'의 하나로 선정됐다. 캐나다 CBC TV 방송국에서 라디오 방송국의 협찬으로 전국의 시청자가 보내온 후보지를 두고 온라인 투표를 해, 그 가운데 심사자들이 선정한 것이다. 그만큼 퀘벡은 캐나다인에게도 인상적인 곳이다.

퀘벡을 찾는 관광객은 연간 900만 명 정도 된다. ≪콘데 나스 트래블러Condé Nast Traveller≫라는 잡지에 의하면 퀘벡은 캐나다에서 가장 인기 있는 방문지이며, 세계에서는 여섯 번째로 인기가 높다. 계절마다 유명한 축제가 열리는데, 특히 여름철 축제와 겨울철 카니발이 유명하다. 여름철에는 넘치는 인파로 인해 올드 퀘벡이 흥청대며, 이러한 거리풍경이 색다른 볼거리가 된다. 뉴프랑스 축제, 국경일의 축제가 인기가 많다. 6월 24일은 퀘벡의 국경일로 약 20만 명이 아브라함 평원에 모여 밤을 새워 축제를 연다. 7월 중순에는 11일 동안 음악 쇼가 펼쳐지며, 이 기간에 국제적으로 유명한 음악인들이 모여든다. 또한 8월 말에는 세계 군악대 축제도 열린다.

2월 첫 주에 열리는 겨울철 카니발은 긴 겨울철을 즐겁게 보내기 위해 1950년대부터 시작됐다. 빨간색 체크무늬가 있는 천을 허리에 두른 눈사람 모양의 본옴Bon Homme이 마스코트로 사용되며, 축제기간 중 시내 도처에서 이 모습을 볼 수 있다. 본옴은 매년 다른 모습으로 선보인다. 겨울 카니발 기간에는 축제 본부로 사용되는 얼음 궁전이 만들어지고, 국제 얼음조각전도 열린다.

| 많은 관광객이 찾는 겨울 카니발 중 지어진 얼음 궁전

한편 1월부터 4월까지 세계에서 두 개밖에 없는 얼음 호텔Ice Hotel이 운영된다. 시내에서 서쪽으로 30분 정도 거리(Saint-Joseph-du-Lac)에 있으며 하루 숙박요금이 299달러 이상이라고 하지만, 특별한 추억을 간직하고 싶어 하는 사람들에게 인기가 많다. 얼음으로 만들어진 결혼식용 예배실도 갖추고 있다. 겨울이 비교적 긴 곳이지만, 퀘벡은 오히려 이를 관광자원으로 잘 활용하고 있다.

• 사진 제공(일부): 이미지투데이

/ 조남건(국토연구원 선임연구위원)

ㅣ참 고 문 헌 ㅣ

• Quebec. 2007. Quebec at a Glance.

• Quebec International. 2013. Invest in the Quebec City Region(퀘벡시 홈페이지 자료).

• http://www.flickr.com

• http://ubin.krihs.re.kr

• http://www.ville.quebec.qc.ca

• http://www.wikipedia.com

III. 중남아메리카

도미니카공화국 산토도밍고

볼리비아 라파스

가난하지만 즐겁고 행복한 얼굴

산토도밍고

Santo Domingo

산토도밍고 도심 전경(© Abrget47, 위키피디아)

카리브 해에 위치한 도미니카공화국의 수도, 산토도밍고의 첫인상은 화려하다. 화려한 네온사인의 호텔, 카지노와 쇼핑몰, 카리브 해의 각종 해물을 요리하는 레스토랑 등은 이곳이 중미의 대표적 관광도시임을 알게 해준다. 이것들은 모두 관광객을 위한 것이다. 산토도밍고 사람들은 대부분 가난하다. 행인의 옷차림이나 차량의 외관도 초라하기 그지없다. 그러나

겉모양이 그럴 뿐 필자가 본 그들은 카리브 해의 에메랄드빛 바다를 즐기며 여유로운 마음을 가지고 행복한 모습으로 살아간다.

미국 플로리다 주 마이애미 시에서 항공 편으로 2시간가량 남쪽으로 이동하면 한국보다 다소 작은 규모의 히스파니올라 섬을 만날 수 있다. 이 섬에는 2010년 1월 대지진으로 22만 명의 목숨을 잃은 아

이티공화국과 도미니카공화국이 공존하고 있다. 도미니카공화국은 이 섬의 약 65%를 차지하고 있으며, 수도인 산토도밍고 시에는 약 300만 명 이상이 거주하고 있다.

콜럼버스 그리고 슬픈 역사의 시작

산토도밍고의 역사는 가난과 고난으로 점철돼 있다. 1492년 크리스토퍼 콜럼버스가 이곳에 첫발을 내딛은 후로 재앙은 시작됐다. 콜럼버스가 도착한 후 섬의 원주민은 1세기 만에 전멸했고, 산토도밍고는 아프리카 흑인 노예와 에스파냐인들로 채워졌다. 이후에는 프랑스, 에스파냐, 아이티, 미국 등이 강자라는 미명하에 이곳을 지배해왔다. 이들의 지배는 산토도밍고 사람들의 삶을 궁핍하게 만들었고, 오늘날에도 많은 젊은이가 가족의 생계를 위해 미국, 멕시코 등지로 타향살이를 떠나고 있다. 강대국의 핍박은 그들의 손과 발을 부르트게 만들었지만 그들의 눈빛은 여전히 따듯하고 평화롭다.

위치 북미와 남미 사이의 카리브 해에 인접
면적 104.44㎢
인구 2,907,100명(2010년 기준)
주요 기능 정치 · 경제 · 문화

Dominican Republic

Santo Domingo
◉

'콜럼버스의 등대'에 있는 콜럼버스 무덤

중미 최초의 계획도시

침략자들은 죽음과 가난뿐만 아니라 도시라는 변화를 함께 가져왔다. 대표적인 것이 산토도밍고가 자랑하는 콜럼버스 유적지Zona Colonial로 1990년 유네스코는 이곳을 세계문화유산으로 지정했다. 콜럼버스 상륙 이후 산토도밍고에는 아메리카 대륙 최초의 성당, 병원, 세관, 대학 등이 설립됐다. 특히 이 식민도시는 격자형 도로망으로 구성됐으며, 이후 신세계의 모든 도시계획의 모델이 됐다.

콜럼버스 유적지는 산토도밍고를 관통하는 오사마Ozama 강의 서쪽 편에 위치하고 있는데, 콜럼버스도 이 강을 통해 산토도밍고에 입성했다. 오사마 강에서 Puerta del Conde(Gate of the Count)까지는 방어벽으로 둘러싸여 있었으며, 19세기 말까지 내륙지방으로 들어갈 수 있는 유일한 통로였다. 현재는 5㎢의 면적에 에스파냐 식민지 시대에 건설된 수많은 문화유산이 보존돼 있는 중요한 지역이다. 수많은 기념물로 둘러싸여 있는 콜럼버스 유적지에는 Calle del Conde와 Avenida Daurte라는 중요한 두 상업지구가 있다. 두 지구 모두에는 수많은 상점과 카페가 밀집해 있으며, 현재까지도 산토도밍고의 사회활동 중심지로서 그 역할을 다하고 있다. 이곳에는 콜럼버스의 아들 디에고 콜럼버스Diego Columbus가 세운 콜럼버스 가문의 식민지 왕국이 있으며, 현재는 박물관으로 사용되고 있다.

콜럼버스의 무덤

지난 1992년은 콜럼버스가 산토도밍고에 상륙한 지 정확히 500년 되던 해였다. 이를 기념해 산토도밍고 동쪽 지역에 '콜럼버스의 등대Faro a Colon'라는 기념관이 건립됐다.[1] 기념관은 기독교를 상징하는 십자가 모양으로 건설됐으며 야간에는 빛줄기를 쏘아 올리는데, 이 빛은 바다 건너 푸에르토리코에서도 볼 수 있다고 한다. 근래에는 전력난으로 거의 조명을 켜지 않는다. 기념관 내에는 세계 48개국 고유의 문화와 기념물을 소개하는 전시관이 있으며 한국관도 운영 중이다.

'콜럼버스의 등대'에는 콜럼버스의 무덤이 있다. 콜럼버스가 죽으면서 산토도밍고에 묻어달라는 유언을 남긴 것으로 전해진다. 산토도밍고에 대한 그의 사랑과 애증을 미루어 짐작할 수 있다. 흥미로운 점은 에스파냐의 세비야Sevilla에도 콜럼버스의 무덤이 있다는 것이다. 어느 쪽의 무덤에 콜럼버스의 진짜 유해가 있는지에 대한 논란은 100년을 이어 내려오고 있다. 아직도 논란이 진행 중이나 콜럼버스 유해의 일부가 산토도밍고와 세비야에 보관되고 있다고 보면 될 것 같다.

콜럼버스는 산토도밍고를 궁핍하게 만들었지만 여전히 그들의 자랑거리로 기억되고 있다. 참으로 아이러니한 대목이다.

┃ 아름다운 보카치카 해변

해 변 은   지 상 낙 원

산토도밍고를 바라보던 눈길을 카리브 해로 돌리면, 지구상에서 가장 아름답고 다양한 장관을 만끽할 수 있는 열대섬이 나온다. 아프리카풍의 음악, 춤, 축제 들로 다양한 볼거리가 제공되며, 고풍스러운 건축물은 고운 모래로 덮인 백사장과 수정처럼 맑은 바닷물과 잘 어우러진다.

특히 산토도밍고 중심에서 30분가량 떨어진 보카치카Boca Chica 해변은 산토도밍고 시민들이 가장 많이 찾는 대표적인 휴양지다. 에메랄드, 크리스털, 산호색 등 뭐라 말로 형용할 수 없을 정도의 맑은 물과 새하얀 모래사장이 펼쳐지는 곳이다. Boca(입) Chica(작은)라는 이름에서도 알 수 있듯이 이곳은 암초로 인해 입 모양의 반원형 만을 이뤄 독특한 풍경을 갖게 됐다. 바닷물은 아주 고요하고 수심도 얕아서 안전하게 수영을 즐길 수 있다.

그러나 굳이 이곳까지 찾아가지 않아도 산토도밍고의 모든 해안은 한껏 아름다우며, 특히 고요한 바다와 함께하는 낙조는 이곳의 명물이다. 넓은 초원에서 한가롭게 풀을 뜯는 소와 말의 모습, 구멍가게 앞에 앉아 맥주 한 잔에 앞발 없는 가재 등 다양한 카리브 해의 해물 요리를 곁들여 담화를 나누는 사람들에게서 평화와 여유로움을 느낄 수 있다.

교 통 대 란

도시를 관찰하다보면 항상 교통상황이 제일 먼저 눈에 띈다. 산토도밍고의 도시교통 문제는 심각한 수준이다. 도로시설이 절대적으로 부족한 상황에서 지난 5년간 자동차 등록대수가 무려 150% 상승한 결과, 도로소통, 주차, 대기오염 등 다양한 문제가 발생했다. 필자가 그곳을 찾았을 때 대부분의 신호등은 전력난으로 작동되지 않고 있었다. 출퇴근 시간 도시 전체의 평균 통행속도는 15㎞/h 미만 수준에 불과하다. 산토도밍고는 이러한 문제를 해결하기 위해 지난 2011년 1월 한국의 첨단교통시스템(ITS)을 도입하기로 결정했다. 한국의 첨단신호, 이동식 주차단속, 교통정보 수집 및 제공, 교차로 신호위반 등의 시스템이 근간이 돼 이곳의 교통문제 해결을 위해 많은 활약을 해줄 수 있을 것으로 기대된다.

산토도밍고 시민들 대부분은 버스를 이용한다. 버스는 정부에서 운영하는 버스와 민간에서 운영하는 일반버스로 나뉜다. 정부에서 운영하는 버스(OMSA)는 5~10페소 정도의 요금을 받고 있는데, 평균기온이 27℃ 전후인 산토도밍고의 기후 사정 때문에 차량의 에어컨 설치 유무에 따라 요금이 다르게 적용되고 있다.

OMSA 버스는 주요 간선도로를 따라 직선 방향으로만 운행하고 있어 많은 시민들은 일반버스를 이용한다. 일반버스는 '구아구아'로 불리는 25인승 버스와 '볼라도라'로 불리는 12~15인승 버스가 있는데, 요금은 20페소가량으로 정부버스에 비해 비싸다. 일반버스는 지정된 정류장이 별도로 존재하지 않아 승객의 요청에 따라 승하차가 이루어지고 있다. 이는 1960~1970년대 한국 시골의 버스운영 모습을 상상케 한다. 대부분 10년 이상의 노후 차량인 일반버스는 입석은커녕 몸이 밖으로 다 나온 채 매달리면서 버스에 승차하는 사람이 부지기수여서 안전사고의 위험이 항상 존재하고 있으

며, 심각한 배기가스는 대기오염을 가중시키고 있다.

산토도밍고에는 지하철이 운영되고 있는데, 비록 남북 하나의 축만 연결하고 있지만 시민들에게는 매우 유용한 교통수단이다. 남북으로 뻗은 Máximo Gómez Avenue를 따라서 1호선이 운행되고 있으며, 동서 방향의 2호선이 현재 건설 중에 있다. 경제적으로 어려운 환경에서도 도시의 큰 동력이 만들어지고 있는 셈이다. 산토도밍고 시정부는 6호선까지 지하철 건설계획을 추진하고 있어 향후 도시 모습에 큰 변화가 있을 것으로 기대된다.

방치된 신호등(위). 많은 신호등이 작동하지 않고 있다. 시민들의 발이 되어주는 버스(아래). 매달려 가는 것이 위태롭기만 하다.

관광객을 주로 상대하는 산토도밍고의 택시는 크게 'RUTA'라는 노선택시와 일반택시가 있다. 정해진 도로를 양방향으로 운행하는 RUTA는 한국의 노선버스와 비슷한 형태로 운영되며, 일반택시는 한국 택시와 운영체계가 비슷하다. 일반택시는 주로 차체 전부를 노란색으로 칠해 RUTA와 구분하고 있으며, 요금은 RUTA 택시에 비해 다소 비싼 편이다.

그들은 행복하다

도심 중앙에 위치한 콜럼버스 유적지 구역은 한때 중남미 신도시 계획의 모델이었지만 오늘날의 자동차 시대에는 적절하지 못하다. 그럼에도 불구하고 산토도밍고는 유적지의 역사적 가치를 고려해 계속해서 보존하려 할 것이다. 비록 콜럼버스가 섬의 원주민을 전멸시키고 산토도밍고를 수백 년간 식민지로 만들었으나 그는 산토도밍고의 자랑거리이며, 산토도밍고 사람들은 그와 관련된 모든 것을 보존하고 그 상태에서 발전을 도모하고 있다. 급진적인 도시구조적 변화보다는 자신들의 역사를 간직하면서 현대문명의 도입과 경제발전을 추구하고자 하는 것이 산토도밍고의 발전방식인 것이다.

현재 산토도밍고의 생계수단은 관광산업이다. IMF의 통제를 받고 있을 정도로 산토도밍고는 가난하다. 그러나 그들의 눈에는 여유로움을 넘어서 행복한 기운이 넘친다. 카리브 해의 에메랄드빛 바다가 그들을 행복하게 만드는 것 같다.

▌어려운 경제난 속에서도 건설된 지하철 1호선

/ 오성호(국토연구원 연구위원)

┃ 주 ┃

1 산토도밍고에서는 콜럼버스를 콜롱(Colon)이라 부르고 있으며, 기념관 건립에는 약 7000만 달러의 공사비가 투입됐다.

┃ 참 고 문 헌 ┃

• 한국수출입은행 경협지원실. 2010. 「도미니카 공화국 ITS 구축사업 사업타당성조사(F/S) 보고서」. 서울: 한국수출입은행.
• Sean Harvey. 2011. The Rough Guide to the Dominican Republic. Rough Guides.
• http://www.roughguides.com/destinations/central-america-and-the-caribbean/dominican-republic/
• http://100.naver.com/
• http://en.wikipedia.org
• http://www.encyber.com
• http://www.superbrasilia.com

하늘과 가장 가까운 도시
라파스

La Paz

■ 라파스 전경

남아메리카에 위치한 볼리비아는 육지로 둘러싸인 국가다. 볼리비아 서쪽으로는 남아프리카의 거대 산맥인 안데스Andes 산맥이 관통하며, 동쪽 평지의 대부분은 아마존의 울창한 숲으로 덮여 있다. 볼리비아의 명물인 티티카카Titicaca 호수는 볼리비아와 페루의 국경에 위치하며, 세계 최대의 소금호수인 우유니 호수Salar de Uyuni는 볼리비아 서남쪽 포토시Potosi 행정

구역에 위치하고 있다. 볼리비아의 수도 라파스La Paz는 안데스 산맥 산 정상에 위치한 고원상의 분지인 알티플라노Altiplano에 자리 잡고 있다.

볼리비아의 행정수도 라파스는 백두산보다 높은 해발 3700m의 고산지대에 위치한 지구상에서 하늘과 가장 가까운 도시다. 라파스는 에스파냐의 식민지로 성장한 도시이자 열악한 지형에 잘 적응한 도시

이기도 하다. 라파스의 인구는 100만 899명(2010년)으로 서쪽의 인근 도시 엘알토^{El Alto}와 광역권을 형성하고 있다. 국제공항이 위치한 엘알토는 라파스에서 태평양으로 향하는 고속도로와 철도가 관통해 교통의 허브역할을 한다. 엘알토는 노동자와 남아메리카 원주민, 그리고 메스티소^{mestizo}라고 불리는 혼혈민족 등이 모여 거주하는 빈곤층의 도시이기도 하다.

라파스 국제공항에 도착하는 순간 방문객들이 가장 먼저 느끼는 것은 산소 부족으로 인한 현기증과 지독한 휘발유 냄새다. 고산지대에 위치한 이곳의 첫인상은 나무가 거의 없는 황폐한 사막이지만, 공항을 벗어나 라파스 도심에 진입하면 고급호텔들과 상업시설들로 전혀 다른 도시풍경이 펼쳐진다. 라파스 도심은 남아메리카 원주민들의 전통의상인 아이마라^{Aymara}를 입은 여인들과 수많은 인파로 붐빈다. 도심은 어도비 벽돌, 혹은 붉은 벽돌로 지어진 낡은 건물들과 그 뒤로 보이는 해발 6458m의 만년설로 뒤덮인 일리마니^{Illimani} 산이 어우러져 아름다운 풍경을 자랑한다. 도심을 벗어나 남쪽으로 약 10㎞를 향하면 고급단독주택들과 쾌적한 도시환경을 만날 수 있다. 이 지역은 주로 부유층이 거주하고 있어 미국과 유럽의 고급주택단지 못지않게 화려하고 고급스러운 분위기를 연출한다. 남아메리카 대부분의 대도시가 그렇겠지만, 라파스는 빈부의 격차가 심한 도시다. 남아메리카 원주민과 메스티소는 주로 구도심과 엘알토에 거주하고 있으며, 유럽계 부유층은 쇠퇴한 구도심에서 벗어나 인근의 비도시지역에 거대한 주택을 짓고 생활한다.

라파스와 엘알토를 포함한 광역권의 전체 인구는 170만 명으로 고산지대의 열악한 지형과 남아메리카 특유의 민족성을 잘 극복해왔다. 1985년 볼리비아에 신자유주의가 뿌리내리면서 빈부의 격차가 본격적으로 심화됐고, 시민들은 국가경제와 정치에 불만이 커지기 시작했다. 2003년 시민들의 불만은 결국 반란으로 이어져 당시 볼리비아 대통령 곤살로 산체스 데 로사다^{Gonzalo Sánchez de Lozada}를 대통령직에서 물러나게 만든다. 이는 에스파냐 식민지 시대부터 형성된 볼리비아 시민들의 강한 민족성을 보여주는 좋은 예다.

위치 볼리비아 서부 라파스 주
면적 470㎢
인구 1,000,899명(2010년 기준)
주요 기능 정치·경제·문화

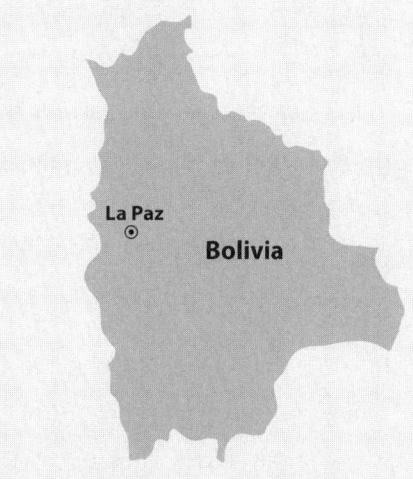

La Paz
Bolivia

| 라파스 서쪽에 위치한 티티카카 호수(© Entropy1963)

볼 리 비 아 정 치 · 경 제 의 중 심 지

볼리비아는 지난 500년간은 주석 등과 같은 풍부한 자연자원을 바탕으로 일찍이 에스파냐, 영국, 미국 등의 선진국들과 교류해왔다. 1899년부터 라파스는 볼리비아의 행정수도로서 정치 및 경제의 중심지 역할을 하고 있다.

라파스는 약 100년간 에스파냐의 통치를 받으며 풍부한 자원으로 전 세계의 관심을 받아왔다. 당시 에스파냐는 볼리비아 남부에 위치한 포토시 광산에서 수많은 금과 은을 통해 부를 축적하고 있었다. 포토시 광산의 금과 은의 생산량은 전 세계 생산량의 절반 이상을 차지하고 있을 만큼 풍부했다. 에스파냐인들은 포토시 광산에서 나오는 자원을 주로 페루 항구를 통해 에스파냐로 이송했고, 알티플라노Altiplano에 위치한 라자Laja라는 작은 마을을 중간거점으로 활용해 휴식을 취하고 식량을 보충했다.

이후 에스파냐인들은 기후가 좋지 않은 라자 지역을 떠나 1549년 새로운 거점인 라파스로 이전하게 된다. 이때부터 라파스는 빠른 속도로 성장해 포토시와 당시 행정중심도시였던 수크레Sucre와 함께 볼리비아의 정치 및 경제의 중심지가 됐다. 라파스의 주요 노동력은 원주민과 메스티소 등 빈곤층으로 구성됐다. 당시 그들은 주로 도심에 거주했고, 대부분 하인이어서 도시경제활동에 참여하는 비율은 매우 낮았다. 시민들의 권리는 정부로부터 점점 외면 받게 돼 메스티소의 인구는 점차 감소하기 시작했다. 결국 정부는 이들을 도심에서 내쫓기 위해 법적으로 도심거주를 금지하게 된다. 갈 곳 없는 이들은 라파스의 외곽 구릉지에 모여 거주하게 됐고, 라파스 외곽의 구릉지는 이들의 낡은 주택들로 포화상태에 이르게 됐다. 더 이상 살 곳이 없어진 메스티소들은 결국 라파스의 시 외곽 북동지역에 모이게 돼 지금의 엘알토가 탄생했다.

라 파 스 의 인 구 와 도 시 구 조 의 변 화

18세기 라파스의 인구는 약 4만 명이었다. 1900년대 인구는 7만 명으로, 1950년도에는 엘알토를 포함해 32만 명으로 증가한다. 라파스-엘알토 광역권의 인구는 1970년도에 배로 증가하고 2000년도에는 다시 배로 증가해, 2010년 라파스의 추정인구는 약 100만 명이다. 1980년대 초 라파스-엘알토 광역권의 인구는 주로 도심에 집중됐는데 20세기에 들어서 공항, 정유공장, 철도청 등 시설부지의 확보를 위해 지금의 엘알토 평탄지역이 개발됐으나 소수의 인구만이 생활했다. 라파스의 인구증가보다는 엘알토의 인구증가가 뚜렷하게 눈에 띄는데, 이는 크게 자연적인 이유와 경제적인 이유를 꼽을 수 있다. 자연적인 이유로는 1983년과 1983년 사이 엘니뇨현상으로 인한 전국적인 가뭄이 농부들을 도시로 모이게 한 것이다. 그리고 1985년 신자유주의의 영향으로 광업 노동자들이 일자리를 잃으면서 도시로 몰려오기 시작했다. 2002년 엘알토의 인구는 65만 명으로 증가했는데, 이 수치는 1950년부터 연간 8.2%가 증가한 수치다. 급격한 인구증가는 범죄와 사회혼란 등 다양한 도시문제를 일으키기도 했다.

엘알토의 급격한 인구증가는 라파스의 도시구조를 변화시켰다. 작은 웅덩이 속에 자리 잡은 듯한 라파스의 특이한 지형과 극적인 고도 변화는 도시확산을 제한시키는 역할을 했다. 라파스 도심의 인구밀도는 ㎢당 2만 3000명으로, 현재도 수많은 고층 아파트가 저층 벽돌집들을 대신해 건설되고 있다. 라파스 동쪽의 안데스 산맥은 가파른 언덕으로 도시확산을 막고 있으며, 원주민의 쇠퇴한 주거들이 가파른 경사에 자리 잡고 있다. 이곳은 매년 산사태가 일어나고, 2002년 2월에는 대형 참사로 이어져 약 70명의 목숨을 앗아간 위험지역이다. 이와 대조적으로 엘알토의 지형은 매우 평탄하며 수많은 도시 유입인구를 흡수할 수 있었다.

　　도심의 쇠퇴로 새로운 보금자리를 찾던 라파스의 부유층은 남쪽으로 시선을 돌리기 시작했다. 지난 20년 동안 라파스의 남쪽 지역에는 중산층 및 부유층이 모여들고 있다. 이 지역에는 각국의 대사관과 관저가 위치하고 있으며, 세련되고 거대한 단독주택들이 담장으로 둘러싸여 있다. 잘 정비된 도로와 보행자로 등 각종 시설은 쾌적한 환경을 제공하고 있다. 이 고급주택에서 일하는 하인, 운전수, 정원사 등의 서비스업자는 주로 도심이나 엘알토에 거주하는 노동자들이다.

　　라파스와 엘알토의 빈부격차는 곧바로 도시구조와 도시성격에 반영되고 있다. 라파스는 저조한 인구증가를 나타내고 있고 공공의 투자규모도 감소하는 반면에, 엘알토는 급속한 도시확산으로 나타나는 각종 도시문제로 정부의 개입이 물리적인 기반시설 확대나 공공서비스의 투자 및 펀드를 제한하고 있다.

지 하 경 제 와　도 시 확 산　그 리 고　빈 부 격 차

　　라파스-엘알토 광역권의 노동력은 대부분 비공식 노동력이다. 두 도시의 경제활동은 서로 다른 양상을 보이고 있는데, 라파스의 경우 공무원,

▌남아메리카 전통의상인 아이마라를 입은 여인들
(ⓒ Pedro Szekely)

국제협력, 서비스 등 3차 산업 종사자들이 주로 활동하고 있다. 엘알토의 종사자는 대부분 제조업 공장에서 근무하고 있다. 수천 명의 엘알토의 노동자가 도시경제를 이끌어가고 있다.

1970년대부터 볼리비아의 산업구조는 광업과 제조업에서 상업과 서비스업으로 변화됐다. 1976년과 1984년 사이 전체 경제활동 인구 중 비공식적인 경제활동 인구는 47%에서 58%로 증가했다. 가장 최근의 자료에 의하면 무려 73.5%에 육박한다. 농업에 종사하는 인구가 도시에 유입되면서 노동력이 풍부해짐에 따라 인건비는 더욱 저렴해졌고 물가는 상승함에 따라 더욱 많은 노동력이 도시에 유입됐다. 라파스와 엘알토의 경제구조와 인구증가는 연관성이 매우 크다는 것을 알 수 있다.

1990년대 남아메리카의 새로운 직업은 10개 중 3개가 비공식 경제활동 부문에서 나왔다. 그러나 이러한 증가의 이유는 두 도시 간에 서로 다른 양상으로 나타난다. 경제활동 인구가 전체 인구의 증가보다 빠르게 진행됨에 따라 노동력의 수요는 증가할 수밖에 없기 때문이다. 엘알토의 경우 지속적인 인구유입으로 인해 경제활동 인구의 증가는 전체 인구와 노동력의 수요를 동시에 증가시키고 있다. 반면 라파스의 경제활동 인구의 증가는 오히려 경제 불안정을 초래해, 라파스의 비공식 경제활동 부문이 60%로 증가할 때 엘알토는 162%라는 경이로운 수치를 기록했다. 결국 엘알토의 높은 비공식 경제활동 부문 비율이 빈부격차를 심화시키고 도시구조 또한 많은 영향을 미친다는 것을 알 수 있다. 비공식 부문은 저임금현상을 초래할 뿐 아니라 세금감소의 원인이기도 해 국가 전체에 치명적인 손실을 안겨주고 있다. 효과적인 고용정책을 찾지 못한 정부는 정치적 전략과 분권전략에 의지할 수밖에 없게 된다.

라파스-엘알토 광역권이 성립되기 전 엘알토는 라파스의 행정구역 중 하나였다. 1988년 정치가들은 엘알토를 라파스에서 행정상으로 분리하는 것이 이득이라는 판단을 하게 된다. 그 이유는 크게 두 가지로 압축할 수 있는데, 첫째는 엘알토의 급격한 인구증가와 도시확산에 의한 라파스의 경제적 손실, 그리고 둘째는 1989년 선거를 앞둔 정치인들의 불안이었다. 볼리비아의 정치세력에 불만이 많은 빈곤층이 빠른 속도로 증가하자 선거를 앞둔 정치인들은 엘알토를 행정상으로 분리시키는 것이 유리하다고

│ 세계 최대의 소금호수인 우유니 호수(왼쪽)(© Steffen Sledz), 만년설로 뒤덮인 일리마니 산과 라파스 전경
(오른쪽)(© Chacaltaia)

판단한 것이다. 이 정책은 엘알토의 발전을 목표로 하고 있지만, 실질적으로는 라파스
의 엘리트층을 보호하는 정책으로 해석할 수 있다.

엘알토가 독립 행정구역으로 분리된 뒤 자체적으로 운영예산을 확보했으나, 이는
라파스와 비교도 할 수 없는 작은 규모였다. 엘알토의 적은 예산은 낙후된 도시를 재
개발하고 해외기업을 유치하기에는 턱없이 부족했다. 엘알토와 라파스의 도시규모는
비슷한 크기였으나, 세금규모는 라파스가 다섯 배나 많았다. 이러한 차이는 엘알토와
라파스의 빈부격차가 얼마나 심한지 다시 한 번 말해주고 있다.

라 파 스 의 새 로 운 희 망 과 도 전

지난 20년간 신자유주의 정책 속에서 라파스와 엘알토는 급속한 도시성장을 경험
했다. 특히 엘알토의 경우 수많은 인구유입과 빠른 도시성장 속에서 신자유주의에 대
한 불만을 키운 도시이기도 하다. 신자유주의 정책 속에서 지하경제의 발전은 라파스
와 엘알토를 사회경제적으로 양분화시켰고, 이는 곧 도시구조에까지 영향을 주었다.
이는 신자유주의 정책이 사회조직과 도시구조에 직접적인 영향을 준다는 사실을 다시
한 번 확인시켜준다.

현재 엘알토의 인구는 이미 라파스를 넘어서고 있다. 동시에 민주주의의 확산은 엘
알토를 넘어 지속적으로 퍼질 것이고, 볼리비아 전국에 새로운 의미로 부각될 것이다.

라파스와 엘알토의 주민들은 자신들의 민족성과 사회계급의 차이에 따라 민주주의에 대한 이해가 명백히 다를 것이다. 2003년 대통령에 대한 주민 반란은 라파스와 엘알토의 빈곤층에게 새로운 희망과 용기, 그리고 자기 권리에 대한 명백한 인식을 심어주었다. 앞으로도 라파스와 엘알토의 빈곤층은 자신들의 불합리함과 차별화에 따른 불이익을 막기 위해 지속적으로 싸울 것이며, 공평한 지역자원의 분배를 더욱 강력히 주장할 것이다. 이에 따라 주민과 정부의 대립은 더욱 악화될 것으로 예상된다. 이는 라파스와 엘알토, 그리고 볼리비아 전국이 풀어나가야 할 과제이자 대부분의 남아메리카 국가들이 안고 있는 공통적인 과제이기도 하다.

/ 이승욱(국토연구원 책임연구원)

ｌ 참 고 문 헌 ｌ

• Arbona, Juan M. 2004. Cities 21, 3: 255~265.

• Instituto National de Estadisticas. 1988, 1993, 2001.

• La Paz. 2000, 2001. Plan de Desarrollo Municipal.

• Sandoval, F. and F. Sostress. 1989. La Cuidad Prometida: Pobladoresy Organizaciones Sociales en el Alto. ILDIS: La Paz.

• http://en.wikipedia.org/wiki/La_Paz

• http://www.ci-lapaz.gov.bo/

• http://ubin.krihs.re.kr

IV. 오세아니아

오스트레일리아 애들레이드, 캔버라

청정에너지도시로 변모하는
애들레이드

Adelaide

▌ 애들레이드 시 전경(ⓒ Douglas Barber, 위키피디아)

애들레이드Adelaide는 오스트레일리아에서 인구가 다섯 번째로 많은 도시로서 총인구는 114만 명이고, 사우스오스트레일리아 주에서 가장 인구밀도가 높은 주도이다. 세인트빈센트Saint Vincent 만의 동쪽 해안 중앙에서 내륙에 위치했으며, 마운트로프티Mount Lofty 산맥의 기저부 서쪽 기슭에 자리 잡고 있다. 토런스Torrens 강을 중심으로 완만하게 솟아오른 지대는 남부의 상업지구와 북부의 주거지구로 양분화돼 있으며, 시가지는 강의 남안에 위치하고 애들레이드와 교외지역 사이에는 넓은 공원지대가 이루어져 있다.

주요 수원水源은 마운트로프티 산맥이며, 동쪽의 머리Murray 강의 물도 유입된다. 시가지는 27개의 지방자치체에 걸쳐 있고, 도시권 인구는 주의 70%를 차지한다. 주도로서 정치·경제·문화의 기능이 집중돼 있으며, 여러 가지 공업도 발달했고, 고용능력과 생산액은 주의 약 80%를 차지하고 있다.

애들레이드는 문화적·경제적 중심지일 뿐만 아니라 오스트레일리아 철도·항공·도로·선박 등 교통의 연결점으로서 중요한 위치를 차지한다. 오스트레일리아에서 가장 매력적인 도시로 알려진 애들레이드는 아름답게 가꾼 자연과 현대적인 분위기가 잘 어우러져 있어 많은 사람들의 발길이 끊이질 않는다.

위치 오스트레일리아 사우스오스트레일리아 주
면적 1,826.9㎢
인구 1,105,839명(2006년 기준)
주요 기능 경제산업

토런스 강과 하얏트 호텔, 페스티벌센터(© Own Work)

계획도시, 애들레이드

유럽인들이 이주할 무렵 현재의 애들레이드 지역에는 평화를 사랑하는 카우너
Kaurna인 300명 정도가 살고 있었다. 이들 부족의 영토는 서쪽으로는 케이프 저비스
Cape Jervis, 북쪽으로는 포트 웨이크필드Port Wakefield 일대까지 뻗어 있었고, 요크Yorke 반
도의 나룬가Narungga 사람들과 친밀한 관계를 형성하고 있었다. 오늘날에는 카우너인
의 사회생활이 어떠했는지 알려진 바가 거의 없지만, 가죽과 직물을 다루는 솜씨가 뛰
어났던 것으로 보인다. 사우스오스트레일리아South Australia에 백인이 이주하기에 앞서
이미 카우너인들은 천연두와 전염병으로 고통을 받았고, 이 전염병은 뉴사우스웨일스
New South Wales: NSW에서 머리Murray까지 영향을 미쳤다.

1836년 사우스오스트레일리아의 초대 식민지 감독관인 윌리엄 라이트^{William Light}는 이 지역을 정착지로 선정해 도시를 건설했다. 도시는 배수 시설이 잘 갖춰져 있고 기름진 토양에다 토런스 강이 도시 사이로 흐르고 있어 풍부한 용수 공급을 책임졌다. 이곳 지명은 영국의 윌리엄 4세의 왕비인 애들레이드 여왕의 이름을 따 명명됐다. 애들레이드는 유형지로 건립된 곳이 아닌 자유민들이 건설한 도시라는 점에서 다른 도시와는 차이가 있다. 또한 이곳은 영국 정부의 재정적인 지원을 전혀 받지 못했다는 점에서도 다른 도시와는 달랐다. 이러한 이유로 도시경제가 활성화되면서 모든 재원이 고스란히 이곳에 남을 수 있었다.

애들레이드는 이주민들에게 시민으로서의 자유와 종교의 자유를 허용했는데, 이런 까닭에 1839년 무렵 종교 박해를 피해 루터파 교도들이 독일에서 이주해왔다. 1840년 애들레이드에 살고 있던 유럽인은 6557명에 불과했지만 1851년까지 1만 4577명으로 늘었다. 1840년대 초반 무렵 이 지역의 위성도시에 독일인들이 정착하면서 한도르프^{Hahndorf}, 클렘지그^{Klemzig}, 로베틀^{Lobethal} 등을 포함해 대략 30여 개의 와인 산지가 개척됐다.

애들레이드의 성장은 사우스오스트레일리아 주의 경제 호황 및 침체를 그대로 반영하고 있다. 밀 생산이 최대 호황을 누리던 1870년대와 1880년대에 건축붐이 일었는데, 애들레이드 거리를 수놓은 여러 채의 아름다운 건물 대부분이 이 시기에 지어진 건축물이다. 제1차 세계대전과 1920년대, 제2차 세계대전 당시에도 도시는 빠르게 성장해나갔다. 제2차 세계대전 후 유럽 각지(특히 이탈리아)에서 새로운 이민 행렬이 몰려들어 현재 애들레이드의 안락한 분위기를 형성하는 데 큰 역할을 하는 카페 문화가 유입됐다.

1960년대와 1970년대를 거치면서 사우스오스트레일리아는 남녀 성차별 및 인종 차별을 철폐하고, 사형 제도를 금하며, 토착민에게 영토권을 인정¹⁾하는 등 획기적인 정치 개혁을 단행했다. 도시가 남부의 마슬린즈 비치^{Maslins Beach}와 북부의 골러^{Gawler}로 확장됨에 따라 애들레이드는 마운트로프티 산맥과 바다 사이에서 그 모양이 일자로 형성됐다. 최근 바로사 밸리^{Barossa Valley}, 애들레이드 힐^{Adelaide Hills}, 서던 베일스^{Southern}

Vales 등에 주택건설을 제한하는 도시계획에도 불구하고, 이 근처는 도시 노동자들의 교외 주택지로 변모해가고 있다.

애들레이드의 인구

2006년 센서스에 의하면 애들레이드는 오스트레일리아에서 다섯 번째로 큰 도시이며 인구가 110만 5839명에 이른다. 2002~2003년 1년간 0.6%의 인구성장률을 보였으며, 국가 평균 인구성장률은 1.2%이다. 사우스오스트레일리아 인구의 약 70.3%가 애들레이드 도시지역에 거주하고 있어 사우스오스트레일리아의 중심지역으로 거듭나고 있다. 최근에 Mawson Lakes, Golden Grove와 같은 교외지역의 인구성장이 높아지고 있다.

애들레이드의 주거지 유형은 크게 단독주택(34만 1227가구), 연립주택(5만 4826가구), 공동주택(4만 9327가구)으로 구분된다. 고소득자들은 교외 해안지역에 밀집해 거주하고 있다. 인구의 17.9%가 대졸자들이다. 소매상과 같은 직업을 가진 시민이 대부분이며, 노동자는 1991년 62.1%에서 2001년 52.4%로 낮아지고 있는 추세이다. 종교를 살펴보면 시민의 반 이상이 기독교인이며 다음으로는 가톨릭교도가 많다.

애들레이드는 다른 오스트레일리아 주도보다 빠르게 고령화돼가고 있다. 인구의 26.7%가 55세 이상으로 국가 평균 24.3%보다 높게 나타나고 있다. 반면 15세 이하의 청소년도 국가 평균이 19.8%를 차지하고 있는 데 반해 17.8%로 대비를 보이고 있다.

해외에서 태어난 애들레이드 시민은 전체 인구의 23.7%를 차지하고 있다. 이를 크게 대별해보면 잉글랜드(7.3%), 이탈리아(1.9%), 스코틀랜드(1.0%), 베트남(0.9%), 그리스(0.9%)로 구분된다.

해양산업의 기지

애들레이드는 제1차 세계대전 후 철광개발과 함께 근대 공업이 발달했다. 지중해성 기후에 과거에는 비옥한 농목지가 있어 밀, 과일, 양모, 포도주 등을 취급하는 농산물 시장 중심이었지만, 지리적 여건으로 인해 자동차공업을 비롯해 제분업과 직물공업,

화학약품의 활성화가 이루어졌다. 특히 밀의 적출항으로 유명하다. 또한 해양 생물학 관련 기술은 세계적으로 인정받았고, 풍부한 수산물 자원을 전 세계에 수출하고 있으며 주 어종은 굴, 참치 등으로 2003년 수출 물량은 대략 3억 4000만 달러에 달했다.

1962년 애들레이드 남쪽 노아룽가Noarlunga 항 근처의 할렛Hallett 만에 정유시설이 만들어졌고 그 뒤 제2의 정유 시설이 준공됐다. 사우스오스트레일리아 주 북동쪽의 쿠퍼Cooper 분지에 있는 기드게알파Gidgealpa 천연가스 지대와는 수송관으로 연결돼 있다. 특히 군수, 우주 산업의 중심지로 오스트레일리아 대부분의 전략 기술을 담당하는 DSTO 연구소가 위치하며 사우스오스트레일리아에서 중장기적으로 지향하는 산업 분야가 첨단우주방위산업 분야이다. 남반구 인터넷 통신의 중심지이며 모토롤라 등 첨단통신기기사의 연구소가 위치하고 있다.

사우스오스트레일리아의 경제는 애들레이드 경제와 매우 깊이 연결돼 있다. 무역수지 흑자를 기록하고 있으며, 전체 오스트레일리아의 1인당 수입보다 높은 비율을 보이고 있다. 애들레이드의 주거비와 생활비는 오스트레일리아의 다른 도시들보다 대체로 낮으며, 특히 주거비는 매우 낮게 나타나고 있다. 일반적 주택의 가격은 시드니의 절반이고 멜버른의 3분의 2 가격이다. 고용인구의 62.3%가 정규직이고 35.1%가 비정규직이다. 최근 비정규직의 비중이 늘어나고 있는 추세이다. 사업별 근로자 비율은 제조업(15%), 건설업(5%), 소매업(15%), 사업서비스(11%), 교육(7%), 건강(12%) 등으로 나타난다.

격 자 형   도 시

애들레이드는 1836년에 개발됐고, 1840년 오스트레일리아 최초의 지방자치도시가 됐으며, 1919년 시제市制가 시행됐다. 도심의 북서쪽 약 20㎞에 항만지구 포트애들레이드가 위치하고 있고, 주州 무역액의 약 3분의 2를 취급하고 있다.

초기 정착민들이 애들레이드를 건립할 당시 대부분 석조로 건물을 설계했기 때문에, 이곳은 세련미와 정적인 미를 고루 갖춘 견고하면서도 웅장한 도시의 이미지로 다른 도시와는 사뭇 다른 느낌을 자아낸다. 이런 견고함은 건축 양식을 넘어 다른 차원에서도 나타나는데, 애들레이드 하면 한때 '청교도 도시'로 인식될 정도로 수많은 교구가 응집해 있었다.

　도심부에 해당되는 좁은 뜻의 애들레이드 시(인구 약 1만 4000명)에는 개발 당시의 도시계획에 의해 건설된 격자 모양의 도로가 녹지에 둘러싸여 있다. 이는 초대 식민지 감독관인 윌리엄 라이트에 의해 계획됐다. 'Light's 비전'으로 알려진 이 계획에 의하면 애들레이드 도시 내부에 있는 5개의 광장과 격자 모양의 도로가 녹지로 둘러싸여 있다. 이 계획은 사우스오스트레일리아 초대 총독인 존 힌드마시John Hindmarsh뿐만 아니라 초기 정착민들에게도 인기가 없었지만, 라이트는 그의 주장을 굽히지 않았다. 라이트의 도시설계에는 다양한 장점이 있었다. 특히 넓고 다양한 체계의 도로를 가지고 있으며, 쉽게 구분되는 격자형 도시에 무엇보다 아름다운 녹지로 둘러싸여 있었다.

　기존설계에서부터 2개의 순환도로가 있었는데, 내부순환도로는 공원들을 경계로 하고 외부 순환도로 등을 통해 도심을 우회하고 있다. 최근의 도로는 과거 라이트의 계획에 비해 약간 확장됐다. 다수의 위성도시는 20세기 중반에 건설됐다. 도심의 북쪽 약 25km에는 솔즈베리Salisbury와 엘리자베스 신도시가 있으나 도시확장으로 인해 연담화현상이 벌어지고 있다. 최근 도시성장을 해결하기 위해 애들레이드 힐에 새로운 개발로 사우스이스턴South Eastern 고속도로 건설을 촉진하고 있다. 더불어 애들레이드 남쪽에서 일어나는 개발붐 또한 고속도로의 건설을 가속화시키고 있다.

〈그림〉 애들레이드 시내 교통망을 나타낸 지도

자료: http://sg.southaustralia.com/

The O-Bahn Busway(왼쪽)(ⓒ AtD)와 Glenelg 트램(오른쪽)(ⓒ Normangerman)

그러나 교통 기반시설은 도시확장을 해결하기 위해 건설된 것만은 아니다. The O-Bahn Busway는 1980년대 Tea Tree Gully의 혼잡한 교통문제 해결책의 한 예이다. 1980년 후반 교외지역 근처의 Golden Grove 개발은 도시계획의 좋은 예이다. 그러나 새로이 계획된 도시지역은 과거에 계획된 지역만큼 도시체계가 조화를 이루지 못하고 있어 애들레이드 교통시스템에 더욱 스트레스를 가중시키고 있다.

도시 내부에는 제한된 대중교통 수단이 있는데 애들레이드 Metro로 알려져 있다. 이는 The O-Bahn Busway, 도시철도, 최근에 도시 중심부를 관통할 수 있도록 확장된 Glenelg 트램을 포함한 교통체계를 가지고 있다. 도로 교통은 다른 어느 오스트레일리아 도시들보다 쉽게 돼 있고 도시를 잘 구획하고 있으며, 초기 개발부터 넓고 다양한 차선을 가지고 있다. 역사적으로 애들레이드는 20분 도시20 Minutes로 알려져 있다. 통근자들이 대도시 교외로부터 도시까지 20분 정도면 출근을 할 수 있었기 때문이다. 그러나 이러한 도로들이 최근에 늘어나는 교통량 증가에 적응을 하지 못하고 있는 실정이다.

복합용도개발(Mix Use Development)[2]

애들레이드 시는 복합용도개발을 시도하고 있으며 최근에는 지침서를 작성했다. 이 지침서는 개발업자나 투자자에게 참여를 유도하고, 건축가나 설계가에게 정보를 제공하고 있다. 복합용도개발은 개발업자, 투자자, 공공, 환경에 큰 이익을 가져다줄

| 킹 윌리엄 거리(ⓒ Unclespitfire)

것으로 기대하고 있다. 복합용도개발의 주요 사항으로는 부동산 시장의 선호도와 동태의 이해, 적절한 디자인, 효율적 그린에너지 이용, 소음 감소, 대기질 향상 등을 들 수 있다. 무엇보다도 다른 토지이용에 혼란을 주지 않기 위해 매우 세심히 관리할 것을 제시하고 있다.

최근 대규모 소매, 상업 및 주거 등을 복합용도개발한 성공 사례를 통해 경제성과 쾌적성 둘 다를 얻는 시너지 효과를 누리고 있다. 주요 성공 사례로는 벤트 거리Bent Street와 요크 거리York Street 코너, 킹 윌리엄 거리King William Street의 타워아파트, 플린더스 거리Flinders Street의 아쿠아 아파트Aqua Apartment 등이 있다. 향후 애들레이드에 쾌적한 도시를 만들어줄 도시개발 방식으로 기대하고 있다.

에 너 지 도 시

노스애들레이드 시가 오스트레일리아 최초로 태양열 시범도시Solar City로 선정됐다. 노스애들레이드 시는 연방정부의 지원을 받아 태양열을 활용한 에너지 시스템을 구축함으로써 청정에너지도시로 변모하게 됐다. 태양열 도시 시범사업Solar City Trial은 기후변화에 효과적으로 대처하고 깨끗하고 낮은 오염물질의 배출기술 향상을 목표로 야심차게 추진하는 연방정부 주도의 프로젝트다. 앞으로 노스애들레이드 시는 주택과 공공청사 및 학교 등의 공공시설에 태양열 및 태양광 시스템을 도입해 냉·난방과 조명 등에 활용한다. 태양열 및 태양광 시스템의 도입으로 연간 3만 톤의 온실가스 배출량이 감소하고 1인당 200오스트레일리아달러(약 14만 원)의 에너지 비용을 절감하게 될 것으로 예상하고 있다.

/ 이재원(경기도시공사 책임연구원)

| 주 |

1　사우스오스트레일리아가 원주민에게 그들의 영토권을 인정해준 최초의 주이긴 하지만 이들로부터의 영토 침범 행위는 여전히 중지되지 않고 있다.
2　Guide to Mixed Use Development, Adelaide City Council.
3　오스트레일리아연방정부 총리실 보도자료, 2006(www.greenhouse.gov.au/solarcities/index.html).

| 참 고 문 헌 |

• Australian Bureau of Statistics. 2008. Geographic distribution of the population.
• _____. 2006. Explore Your City Through the 2006 Census Social Atlas Series.
• _____. 2006. Regional Population Growth.
• http://www.adelaidecitycouncil.com/
• http://www.flickr.com/photos
• http://en.wikipedia.org/wiki/Adelaide
• http://www.greenhouse.gov.au/solarcities/index.html
• http://www.sa.gov.au/site/page.cfm

전원도시에서 국가수도로
캔버라

Canberra

▌캔버라 전경

　남한 면적의 77배에 달하는 광대한 영토를 가진 오스트레일리아의 수도는 우리에게 잘 알려진 시드니Sydney나 멜버른Melbourne이 아니라 인구 32만 명의 계획도시인 캔버라Canberra다. 1901년 영국으로부터 독립하는 과정에서 국가수도의 건설이 논의됐으며, 1913년부터는 도시건설이 공식적으로 시작됐다. '만남의 장소'라는 의미를 가진 캔버라의 입지선정, 계획

및 설계, 건설과정에서 제기된 다양한 논의와 사업진행방식은 행정중심복합도시를 건설하는 우리에게 중요한 시사점을 제공한다.

수도 건설의 배경

　캔버라 건설은 영국으로부터의 정치적 독립과 밀접한 관련이 있다. 자치권을 요구하는 식민지 주민들

의 목소리가 높아지자 빅토리아 여왕은 1900년 사실
상의 독립을 명시한 오스트레일리아연방헌법에 서명
하게 됐고, 1901년 1월 1일 오스트레일리아연방이
정식 출범했다. 오스트레일리아는 6개의 주^{State}로 이
루어진 연방국가로 출발했는데, 가장 큰 문제는 상징
성이 높은 국가수도를 어디에 건설할 것인가 결정하
는 것이었다.

오스트레일리아 국회의사당

위치 오스트레일리아 남동쪽
면적 814.2㎢
인구 367,752명(2012년 기준)
주요 기능 정치 · 행정

| 캔버라 시내

입 지 선 정 을 위 한 치 열 한 경 쟁

　연방헌법에서는 수도를 신도시의 형태로 건설한다는 내용만 포함돼 있을 뿐 구체적인 위치는 결정되지 않아 많은 논란이 있었다. 특히 시드니가 있는 뉴사우스웨일스 주와 멜버른이 있는 빅토리아 주는 수도를 유치하기 위해 경쟁했다. 시드니는 1788년 최초의 백인 정착지로 건설된 이후 중심도시로서 역할을 수행해왔다. 그러나 멜버른에서 금광이 발견되면서 19세기 후반부터 급성장하자 시드니는 중심도시의 지위를 위협받게 됐다.

　1899년 1월 주지사 회의에서 수도는 뉴사우스웨일스 주에 건설하되 임시수도는 멜버른으로 하자는 정치적 타협이 이루어졌다. 연방정부는 입지선정을 의회에 위임했는데 의회는 토론을 거쳐 수도의 입지기준을 다음과 같이 최종 결정했다. 첫째, 뉴사우스웨일스 주에 위치하되 시드니로부터 100마일(약 161㎞) 이상 떨어진 지역에 있어야 한다. 둘째, 다습하지 않고 쾌적한 기후조건을 갖추어야 한다. 셋째, 주민을 위한 생활용수뿐만 아니라 도시경관을 형성할 수 있는 충분한 수자원을 확보할 수 있어야 한다.

넷째, 100제곱마일(약 259㎢) 이상의 토지를 연방정부에 무상으로 제공할 수 있는 지역이어야 한다.

　40개 지역을 추천받아 이 중 23개 지역이 검토됐다. 상·하원에서 선발된 조사단은 1902년부터 조사에 착수해 앨버리Albury, 아미데일Armidale, 봄발라Bombala, 레이크조지Lake George, 오렌지-배서스트Orange-Bathurst, 투무트Tumut 등 6개 지역을 후보지로 선정했다. 최종 후보지를 선정하기 위해 위원회를 구성했으나 참여위원들조차도 의견이 달랐다. 처음에는 앨버리 지역을 추천했으나 최종 후보지는 투무트와 오렌지 지역으로 변경됐다. 결국 의회에 이관됐으나 해결되지 않았다. 1904년 상원의원과 전문가로 구성된 조사단이 현지조사에 착수해 달게티Dalgaty 지역을 최종 후보지로 추천했으나 빅토리아 주의 경계와 너무 근접해 있다는 이유로 반대여론이 비등하자 조사단은 마쿨마Mahkoolma, 캔버라, 레이크조지 지역을 후보지에 추가했으며 1906년 재조사가 진행됐다. 1908년 연방의회는 재투표를 통해 야스Yass, 레이크조지, 무룸비쥐Murrumbidge 지역을 경계로 하는 야스-캔버라 지역을 개략적인 대상지로 최종 선정했다. 그러나 뉴사우스웨일스 주정부가 퀸베얀Queanbeyan 시를 제외해줄 것을 요청해옴에 따라 현재의 행정구역으로 변경됐다.

최종 후보지의 확정과정

　구역 내에서 가장 적정한 위치를 선정하는 과제는 찰스 스크리브너Charles Scrivener 조사팀에 의해 이루어졌다. 조사팀은 5개월 동안의 현지조사를 통해 캔버라, 야라룸라Yarralumla, 무가무가Mugga Mugga, 제라봄베라Jerrabomberra를 후보지로 추천했으며, 몰롱그로Molonglo 강의 광활한 범람원인 캔버라를 최적의 대상지로 판단했다. 캔버라 지역은 남쪽과 서쪽에서 불어오는 바람을 막을 수 있고, 북쪽과 북동쪽 지역의 양호한 조망을 확보할 수 있었다. 또한 캔버라는 몰롱그로 강의 범람원이므로 인공 댐을 건설할 경우 도시의 중심지역에 양호한 경관을 갖춘 인공호수를 건설할 수 있다고 판단했다. 조사팀의 추천이 승인돼 1909년 연방소재지수용법the Seat of Government Acceptance Act이 인준됐으며, 1911년 1월 1일 정부소재지법안the Seat of Government Bill이 의회를 통과함으로써

910제곱마일(약 2357㎢)의 수도지역Federal Capital Territory이 최종 확정됐다. 결과적으로 입지기준을 선정하고 최종 대상지를 확정하는 데만 10년이 걸린 셈이다.

건 설 의 초 기 단 계

1823년 최초의 유럽인이 정착하기 시작한 캔버라 지역은 수도로 건설되기에는 부적절한 초원지역이었다. 연 강우량이 580mm 정도로서 여름에는 가뭄과 화재가 빈번했고, 척박한 토양에 있던 수목들은 방목된 가축에 의해 이미 황폐한 상태였다. 따라서 수도를 건설하기 전에 토양침식을 막을 수 있도록 1200만 그루의 나무를 심어야 했다. 수도지역으로 결정된 1911년 캔버라 지역의 전체 인구는 1714명에 불과했다.

정부는 1911년 4월 수도건설에 필요한 최고수준의 계획을 수립하기 위해 국제현상 설계방식을 채택했다. 세계 각국에서 공모한 137개의 설계안 중에서 시카고 출신의 건축 및 조경가인 월터 벌리 그리핀Walter Burley Griffin의 안이 1등을 차지했다. 그리핀의 설계안은 대상지의 자연지형, 즉 언덕과 몰롱그로 강을 도시의 기하학적 공간구조와 절묘하게 조화시켰다는 점에서 우수성을 인정받았다. 그리핀 계획의 기본이념은 공공공간을 기념비적인 형태로 연결함으로써 강력한 축을 형성하는 도시미화계획의 전통과 주거지역을 간선도로와 공공, 상업용지로부터 분리하고 식재계획에 충실한 전원도시 개념을 혼합한 것이라고 할 수 있다.

1913년 10월 18일 정부는 국제현상공모에 당선된 월터 그리핀을 연방수도설계 및 건설책임자로 임명하고 부처위원회를 해체했다. 그러나 그리핀과 정부가 임명한 위원들 사이에는 기본적인 시각차가 존재했다. 그리핀은 그의 설계안이 1등으로 당선됐기 때문에 사업집행을 위한 계획으로 인정된 것이라고 생각한 반면, 위원들은 그리핀의 계획안이 하나의 참고사항이며 실행계획을 위한 최종결정이라고는 생각하지 않았다. 따라서 양자 간에는 지속적인 긴장과 불화가 조성됐다. 호수 형태와 다리 위치 등 중요한 설계요소에 대한 그리핀의 계획은 건설과정에서 자주 변경됐다. 계획안을 유지하려는 그리핀의 제안이 거부되고 재계약도 이루어지지 않아 그리핀은 1920년 캔버라를 떠나게 됐다. 그때까지 그리핀의 계획에 따라 완성된 건물은 없었다.

1921년 1월 22일 연방
수도자문위원회Federal Capi-
tal Advisory Committee가 구성
돼 1924년까지 운영됐다.
위원회는 "기념비적인 건
축물과 장식적인 토목사업
으로 이루어진 그리핀의 계
획은 스케치계획에 불과하
다"며, "도시 전체를 동시
에 개발해야 하기 때문에

| 전쟁기념관

그리핀의 계획은 재고돼야 하며 의회와 정부부처를 위한 항구적인 건설계획도 경제상
황으로 인해 연기돼야 한다"고 주장했다. 이러한 주장이 받아들여져 위원회는 그들이
원하는 장소에 어떠한 건물이든 지을 수 있는 권한을 가지게 됐다. 위원회가 원하는
형태는 그리핀의 설계를 일부 변경하는 것이 아니라 설계와 건축물의 배치를 완전히
바꾸는 것이었다. 정부는 1923년 비용절감을 위해 임시의회를 캠프힐Camp Hill의 경사
면에 건설할 것을 결정했으며, 의회건물은 1927년 완공돼 공식적인 업무를 시행했다.
이러한 결정은 그리핀이 제시한 중요한 설계개념인 의회를 중심으로 한 삼각형의 중
심축을 변화시키는 것이었다. 그러나 위원회는 도시에 대한 장기적인 계획이 없었다.

1925년에는 연방수도위원회Federal Capital Commission가 창설됐는데 위원들은 건설사
업에 대한 막강한 권한을 부여받았다. 위원회는 최초로 정치적인 지원을 받게 됨으로
써 개발의 초기단계에서 문제가 된 재정적 제약요건을 극복할 수 있었다. 위원회는 연
방수도자문위원회처럼 그리핀의 계획을 비판하고 연방수도자문위원회가 계획한 전원
도시형 개발계획을 고수하려 했다. 연방수도위원회의 캔버라 건설계획은 상징적인 수
도를 건설하기보다 초점 없이 교외지역으로 확산되는 주거지를 개발한다는 의미에 가
까웠다.

1930년부터 1955년에 걸친 대공황, 제2차 세계대전, 전후 복구사업에 따른 물자부

족 등으로 인해 캔버라 건설은 다른 사업에 비해 우선순위에서 뒤지게 됐다. 내무부가 캔버라 건설을 책임지고 있었으나 도시계획은 부서의 중심업무도 아니었다. 담당 부서는 개발 사업을 어떻게 추진할 것인가에 대한 확신도 없었기 때문에 도시의 일부 지역에 대한 설계안을 제출하는 데 그 역할이 한정됐다. 1938년 12월 17일 국가수도계획 및 개발위원회National Capital Planning and Development Committee가 설립됐고, 1946년 시청을 중심으로 한 주변지역Civic Center과 의회의 삼각형지역Parliamentary Triangle에 대한 독자적인 설계안을 준비했다. 이것 역시 그리핀의 중요 설계개념을 완전히 무시하는 것이었다.

건설사업의 본격화

1957년 10월 국가수도개발위원회법The National Capital Development Commission Act 1957이 통과됨으로써 캔버라 건설은 새로운 전환기를 맞았다. 제2차 세계대전을 통해 중앙정부의 역할이 중요시됨으로써 과거 주정부에서 다루던 업무들이 1950년대 후반부터 중앙정부로 이양되기 시작한 것도 중요한 변화요인이었다. 총리인 로버트 멘지스Robert Menzies는 도시계획가인 윌리엄 홀퍼드William Holford의 자문을 얻고 국가수도개발위원회National Capital Development Commission를 발족시키면서 캔버라 건설은 활기를 띠었다. 위원회는 다양한 부서로 나누어진 창구를 일원화했고 계획과 건설에 필요한 주거용 토지, 주택, 학교, 커뮤니티 시설을 공급하는 역할을 담당했다. 개별부처나 장관에 소속된 것이 아니라 실질적인 권한을 가진 집행위원회의 성격을 가짐으로써 일반적으로 거쳐야 하는 공공사업위원회Public Works Committee의 심의를 거치지 않아도 되는 권한도 가지게 됐다. 홀퍼드는 1958년 그리핀의 기하학적 계획안을 검토한 후 경관효과를 중시했고, 의회건물을 벌리그리핀Burley Griffin 호수 주변에 배치하는 계획안을 준비했다. 1964년 공공건축물의 배치계획이 실현됐고, 레크리에이션 시설로 활용될 수 있는 벌리그리핀 호수가 완성됐다. 1961년부터 1965년까지 도심 주변에 있던 상업·업무지역은 대부분 사무실, 상가, 은행, 극장, 법원 등의 용도로 채워졌다.

국가수도개발위원회의 초대 의장이며 1958년부터 1972년까지 국가수도개발위원회의 위원으로 활동한 존 오버롤John Overall은 그리핀이 주장한 기하학적 도시형태를 무시했다. 그는 캔버라가 현대도시에서 발생하는 교통수요를 수용할 수 있는 전원도시가 돼야 한다는 확신을 가지고 도시의 물리적 확산과 증가하는 인구를 수용하기 위한 개발사업을 진행했다. 이전에 홀퍼드가 수립한 계획에 따라 인공호수와 우덴^{Woden}, 웨스턴 크릭^{Weston Creek}, 벨콘넨^{Belconnen}과 같은 전원형 신도시가 캔버라의 북쪽과 남쪽 지역에서 건설되기 시작했다. 1962년 캔버라 도심에서 남쪽으로 12㎞ 떨어진 거리에 최초의 위성도시인 우덴과 6만 명의 인구를 수용하기 위한 웨스턴 크릭이 건설되면서 1964년 주민이주가 시작됐다. 우덴과 웨스턴 크릭은 현재 독자적인 도심을 가지고 있으며 정부행정, 소매 및 서비스업에 종사하는 인력규모가 약 8000명에 달한다. 1966년에는 북쪽 지역에 벨콘넨, 1973년에는 우덴-웨스턴 크릭의 남쪽 지역에 약 10만 명의 인구를 수용할 수 있는 투거라농^{Tuggeranong}, 1975년에는 캔버라의 북쪽에 있는 궁가린^{Gungahlin}이 차례로 건설되기 시작했다. 궁가린에는 현재 미첼공업단지가 개발됐으

▎시민들이 휴식공간으로 이용하는 벌리그리핀 호수

며 8만 5000명의 인구를 수용할 계획이다.

캔버라 주변의 신도시들은 개별적인 상업중심시설과 고용규모를 유지하고 있기 때문에 자족성을 가지고 있으며 개성 있는 도시로 개발될 잠재력도 가지고 있다. 도시들은 도로, 자전거전용로, 도시 간 대중교통 연결망을 포함한 종합교통시스템에 의해 상호 연계돼 있으며, 각 도시들은 국가수도로서 캔버라가 수행하게 될 기능의 일부를 담당하고 있다.

현재 캔버라는 시민들이 휴식공간으로 이용하는 벌리그리핀 호수를 중심으로 남과 북으로 나뉘어, 호수 남쪽에는 연방정부의 의회와 각종 관공서가 입지해 있고 그 주변지역에는 주택지가 형성돼 있다. 호수 북쪽에는 교육지구, 시청사지구가 형성돼 있으며 배후지역에는 공업지역과 주택지역이 형성돼 있다.

캔버라는 국가의 수도로서 갖추어야 할 웅장함과 상징성뿐만 아니라 도시에서 생활하고 있는 주민도 동시에 고려한 설계가 이루어져야 한다는 필요성을 제기하고 있다. 중요한 국가기관이나 공공시설물 간의 거리가 너무 멀어 걸어서 접근하는 것이 사실상 불가능하며 도시에서 보행자를 찾아보기 힘들다. 또한 도시가 제공하는 다양한 즐거움 중 하나인 유흥이나 위락시설을 찾아보기도 힘들다. 저녁시간 이후 소위 도심이라고 하는 지역에서도 시민들이 별로 없어 도시의 활력을 찾아볼 수 없는 적막한 분위기가 만들어지고 있다. 주말에 사람들이 해변이나 시드니, 멜버른 등의 대도시로 이동하는 모습을 볼 수 있다.

현재의 관리체계 및 특성

1988년 수도지역이 자치권을 확보함에 따라 수도지역은 중앙정부인 국가수도청 National Capital Authority과 자치정부인 오스트레일리아수도지역Australian Capital Territory 정부에 의해 관할되는 지역으로 나뉘어 관리·운영되고 있다. 국가수도개발위원회는 1989년 국가수도계획공사National Capital Planning Authority: NCPA, 1997년 국가수도청으로 명칭이 변경되고 역할도 축소됐다. 국가수도청은 국가수도로서의 상징성을 확보하기 위해 필요한 벌리그리핀 호수와 주변지역, 의회삼각지역, 국가중심시설지역, 주요간

선도로 및 주변 등을 관할하고 있으며 나머지 지역은 자치정부에 의해 관리되고 있다. 동일한 행정구역에 대해 각 주체가 별도로 개발 및 관리계획을 수립해 관리함으로써 양자 간에 불필요한 긴장관계가 형성되고 비효율성이 제기되고 있다.

캔버라의 다른 두드러진 특징은 토지의 국·공유화정책이다. 이러한 방식은 도시개발과정에서 난개발과 부동산투기를 원천적으로 방지할 수 있는 효과가 있었다. 외교단지의 일부 토지를 제외하고는 100년 동안 장기 임대하는 방식으로 토지자산을 관리하고 있다.

• 사진 제공: 이미지투데이

/ 이왕건(국토연구원 선임연구위원)

엮은이 **국토연구원**

국토연구원은 국토자원의 효율적인 이용·개발·보전에 관한 정책을 종합적으로 연구함으로써 국토의 균형발전과 국민생활의 질 향상에 기여하기 위하여 1978년에 설립되었습니다. 설립 이래 지속가능한 국토발전, 개발과 보전의 조화, 주택과 인프라시설 공급을 위한 연구를 수행함으로써 아름다운 국토를 창조하여 국민의 행복을 향상하기 위해 노력해왔습니다.

지은이(가나다순)

강미나	국토연구원 연구위원
강현수	중부대학교 도시행정학과 교수
권대한	창조도시 소장
권오혁	부경대학교 경제학부 교수
권태호	세명대학교 건축공학과 교수
김중은	국토연구원 책임연구원
김진범	국토연구원 책임연구원
남기범	서울시립대학교 도시사회학과 교수
남 진	서울시립대학교 도시공학과 교수
박정은	국토연구원 책임연구원
서안선	전 국토연구원 연구원
신혜란	서울대학교 지리학과 교수
오성호	국토연구원 연구위원
오은주	한국지방행정연구원 연구위원
윤준도	행림종합건축사사무소 소장
이승욱	국토연구원 책임연구원
이왕건	국토연구원 선임연구위원
이재원	경기도시공사 책임연구원
정주철	부산대학교 도시공학과 교수
정진규	국토연구원 연구위원
조남건	국토연구원 선임연구위원
조순애	중국 광저우 화남농업대학교 박사
주미진	중앙대학교 도시계획·부동산학과 조교수
최현선	명지대학교 행정학부 부교수

국토연구원 엮음 | 강현수 외 지음 | 564면

도시계획가가 본 베스트 53
Cities of world

세계의 도시

도시계획가들로 구성된 필자들의 '도시읽기'
는 단순한 '현상의 기술'을 넘어선 '삶으로서
의 도시읽기'이다.
이 책은 도시의 형성과정, 기능 및 도시계획적
특성을 소개함으로써 바람직한 미래의 도시
상을 찾아나가는 데 길잡이가 될 것이다.

이 책은 도시계획가가 선정한 세계의 53개 도시를 고유한 특성에 따라
다섯 분야로 나누어 도시의 성장과정과 도시이미지, 역할 등을 설명하고 있다.

1부 국제 금융과 업무의 도시

런던, 뉴욕, 도쿄, 베를린, 토론토, 시카고, 로스앤젤레스, 프랑크푸르트, 모스크바, 워싱턴 D.C.,
서울, 파리

2부 환경과 생태의 도시

오슬로, 꾸리찌바, 카를스루에, 스트라스부르, 레스터, 프라이부르크, 무사시노

3부 역사와 문화의 도시

교토, 라스베이거스, 버펄로, 하노이, 로마, 이스탄불, 바르셀로나, 카이로, 경주

4부 산업과 물류의 도시

디트로이트, 도르트문트, 상하이, 뉴캐슬, 휴스턴.. 베이징, 자카르타, 싱가포르, 홍콩, 시드니,
선전, 글래스고, 로테르담, 부산

5부 신도시와 대학도시

밀턴 케인스, 옥스퍼드 · 케임브리지, 어바인, 보스턴, 쓰쿠바, 본, 영국 · 미국 · 프랑스 파리 ·
일본 · 한국의 수도권 신도시

국토연구원과 한울이 함께 낸 도시 이야기

실패로 배우는 중심시가지 활성화
영국과 일본의 콤팩트한 도시 만들기
선진사례

요코모리 도요오·구바 기요히로·나가사카 야스유키 지음/ 국토연구원 도시재생지원사업단 기획·옮김/ 288면

프라이부르크의 마치즈쿠리
소설 에콜로지 주택지 보방

무라카미 아쓰시 지음/ 최선주 옮김/ 국토연구원 기획/ 308면

영국의 지속가능한 지역만들기
파트너십과 지방화

나카지마 에리 지음/ 김상용 옮김/ 국토연구원 기획/ 212면

이 책은 지방 중소도시의 침체된 중심시가지에 새로운 활력을 되찾는 방안에 대해 고찰한다. 현장에서 상업 마치즈쿠리를 연구·실행하는 전문가들의 관점을 통해 도시재생을 위한 중심시가지 활성화의 필요성과 관련 정책의 성공과 실패, 그리고 현재의 동향을 살펴볼 수 있는 기회를 제공한다. 특히 중심시가지 활성화 정책을 성공적으로 시행하고 있는 영국과 일본의 도시 만들기 선진사례를 분석하여 지역특성과 중심시가지의 여건을 감안한 도시 만들기 전략을 제시한다.

이 책의 저자 무라카미 아쓰시는 대형 종합건설회사의 현장감독으로 재직하던 시절 수도권의 인공매립지 공사 현장을 지휘하면서 환경파괴의 참상을 직접 목격했다. 그 후 깨달은 바가 있어 환경수도로 유명한 독일의 프라이부르크 시로 유학하여 독일의 환경행정을 독학했다. 현재 보방 주택지에 거주하고 있는 저자는 보방에 거주하는 이점을 살려, 이 주택지에 적용된 '도시를 매력적이게 하는 방법', '장래성 있는 도시로 만들기 위한 법칙'을 주로 일본의 실정과 비교·분석한다. 또한 최근 유행하는 '지속가능한 개발'이라는 구호의 허와 실을 꼼꼼히 따져 미래 도시가 나아가야 할 방향을 제시한다.

필자인 나카지마 에리는 1999년부터 2000년까지의 2년 동안 '지속가능한 지역만들기'를 연구하는 영국으로 뛰어들었다. 그 과정에서 수많은 흥미로운 활동을 접했고, 이러한 활동의 시작부터 구체적인 전개과정까지를 조사했다. 다양한 사회적·경제적 배경에서 활동이 이루어지는 가운데, 과정에 따른 각각의 접근법과 그들이 지향하는 방향성의 공통점을 도출해냈다.

이 책은 이렇게 지역만들기에 관한 새로운 시점과 아이디어를 제공하고, 지역만들기에 대한 열기를 전달할 수 있기를 바라는 필자의 영국에서의 경험을 바탕으로 가능한 한 구체적인 사례를 소개하며 지역만들기 현장의 목소리를 전달하고자 했다.

환경수도 기타큐슈시
녹색도시로 소생시키기 위한 실천과정

시민이 참가하는 마치즈쿠리(전략편)
참가와 리더십·자립과 파트너십

시민이 참가하는 마치즈쿠리(사례편)
NPO·시민·자치단체의 참여에서

나가타 가쓰야 감수/ 기타큐슈시 환경수도연구회 엮음/ 김진범·진영환 옮김/ 국토연구원 기획/ 256면

국가균형발전위원회, 국토연구원 공동기획/ 마쓰오 다다스·니시카와 요시아키·이사 아쓰시 엮음/진영환·임정민·정윤희 옮김/ 272면

니시카와 요시아키·이사 아쓰시·마쓰오 다다스 엮음/ 진영환·진영효·정윤희 옮김/ 국가균형발전위원회·국토연구원 공동기획/ 280면

전후 일본의 환경문제는 산업공해에서 도시생활형 공해, 자연환경 문제, 폐기물 문제, 그리고 지구환경 문제로 점차 그 중심 과제가 바뀌고 있다. 일본의 각 도시와 지자체는 때로는 조직을 강화하거나 창의적인 발상으로 독자적인 정책을 전개했고 한편으론 시민과 기업 등 다양한 이해당사자와의 협력을 추진해왔다. 이 책은 일본의 기타큐슈시가 반세기에 걸쳐 실천한 환경정책의 기록을 기타큐슈시 시장을 비롯해 제일선에서 실무를 담당하고 있는 시 공무원과 NPO 등이 공동으로 정리한 것이다.

이 책에서는 어느 정도 성과를 거두고 있는 일본의 마치즈쿠리를 한층 더 성숙시키기 위해, 실제 현장에서 직면하게 되는 여러 문제의 해결방법에 대한 실마리를 푸는 전략적 방법을 담았다. 특히 일본의 시민사업, 마치즈쿠리를 포함한 여러 문제 중에서 다음 두 가지 주제를 중심으로 담았다. 하나는 시민참가형과 리더십의 바람직한 모습에 대한 문제이고, 다른 하나는 시민사업과 마치즈쿠리를 둘러싼 영리기업, 행정, 지역공동체의 바람직한 관계에 대한 문제이다. 현장에서 NPO 같은 시민참가형 마치즈쿠리를 담당하고 있는 11명의 전문가들이 이러한 문제에 대해 실제 체험을 바탕으로 각각의 전문 분야에 따라 논의를 자유롭게 전개하고 있다.

이 책은 〈市民參加のまちづくりー NPO市民·自治體の取り組みから〉라는 일본의 마치즈쿠리 사례집을 완역한 것이다. 마치즈쿠리는 주민이 직접 참여하여 도시를 만들자는 주민참여 운동으로, 이제는 일본 고유의 도시계획 활동이 되었다. 최근 일본의 마치즈쿠리는 도시라는 영역을 초월하여 사회시스템 전반에 걸쳐 확산되면서 새로운 시대를 열어가고 있다.

이 책을 통해서 우리는 참신한 발상의 NPO들에 놀라고, 새로운 형태의 시민조직이 얼마든지 가능할 수 있음을 이해하게 될 것이다. 또한 시민조직에 의해 지역이 관리되고 지역문제가 해결되는 과정들이 얼마나 무한한지, 그 원동력은 무엇인지를 깨닫게 될 것이다.

한울아카데미 1754

세계의 도시를 가다 2

아시아,
아메리카,
오세아니아의
도시들

ⓒ 국토연구원, 2015

엮은이 | 국토연구원
펴낸이 | 김종수
펴낸곳 | 도서출판 한울
편집책임 | 이교혜

초판 1쇄 인쇄 | 2015년 2월 6일
초판 1쇄 발행 | 2015년 2월 16일

주소 | 413-120 경기도 파주시 광인사길 153 한울시소빌딩 3층
전화 | 031-955-0655
팩스 | 031-955-0656
홈페이지 | www.hanulbooks.co.kr
등록번호 | 제406-2003-000051호

Printed in Korea
ISBN 978-89-460-5754-8 04530(양장)
      978-89-460-4950-5 04530(반양장)
      978-89-460-4935-2(양장)(세트)
      978-89-460-4951-2(반양장)(세트)

* 책값은 겉표지에 있습니다.
* 이 도서는 강의를 위한 학생판 교재를 따로 준비했습니다.
  강의 교재로 사용하실 때에는 본사로 연락해주십시오.